湖北省学术著作出版专项资金资助项目

数字制造科学与技术前沿研究丛书

高温工业炉衬CAE及其长寿化技术

孔建益　蒋国璋　王志刚
李公法　王兴东　著

武汉理工大学出版社
·武汉·

内容提要

高温工业炉衬及其设备寿命的延长和提高保温性能是钢铁企业提升产品质量、降低成本和提升效益的重要途径。随着钢铁行业的快速发展，钢包、水口、电炉盖、混铁炉、回转窑等高温工业炉衬及其设备的设计制造、使用维护等不断优化，但仍存在高温设备生产效率较低，炉衬使用寿命较短，保温效果不够理想，设备服役时间不够长等问题。如何解决这些问题成为钢铁企业的重要研究课题。

本书以工业炉衬及其高温设备为研究对象，运用各种数值模拟与仿真技术、建模技术、优化设计分析技术，基于有限单元法，建立了各种炉衬设备的CAD模型、三维模型和有限元模型，并对高温条件下温度场与应力场进行仿真以及热机械应力分析，对结构、材料、工艺进行优化，对寿命进行预测、分析及评价。在此基础上，建立工业炉衬寿命评价方法，提出长寿化解决方案。

本书对高温工业炉衬设计制造、使用维护以及炉衬设备温度场与应力场和长寿化机理研究等方面具有一定的理论和应用价值。

本书可供冶金工业及相关领域的科研人员、技术人员以及高等院校的师生参考。

图书在版编目(CIP)数据

高温工业炉衬CAE及其长寿化技术/孔建益等著. —武汉:武汉理工大学出版社,2018.1
(数字制造科学与技术前沿研究丛书)
ISBN 978-7-5629-5525-2

Ⅰ.①高… Ⅱ.①孔… Ⅲ.①炉衬寿命 Ⅳ.①TF063

中国版本图书馆CIP数据核字(2017)第265777号

项目负责人:田 高 王兆国　　**责任编辑:**黄玲玲
责任校对:刘 凯　　**封面设计:**兴和设计
出版发行:武汉理工大学出版社(武汉市洪山区珞狮路122号 邮编:430070)
http://www.wutp.com.cn
经 销 者:各地新华书店
印 刷 者:武汉中远印务有限公司
开　　本:787mm×1092mm 1/16
印　　张:14.25
字　　数:365千字
版　　次:2018年1月第1版
印　　次:2018年1月第1次印刷
印　　数:1000册
定　　价:86.00元
凡购本书,如有缺页、倒页、脱页等印装质量问题,请向出版社发行部调换。
本社购书热线电话:027-87515778 87515848 87785758 87165708(传真)

总 序

当前，中国制造 2025 和德国工业 4.0 以信息技术与制造技术深度融合为核心，以数字化、网络化、智能化为主线，将互联网＋与先进制造业结合，正在兴起全球新一轮数字化制造的浪潮。发达国家特别是美、德、英、日等制造技术领先的国家，面对近年来制造业竞争力的下降，大力倡导“再工业化、再制造化”的战略，明确提出智能机器人、人工智能、3D 打印、数字孪生是实现数字化制造的关键技术，并希望通过这几大数字化制造技术的突破，打造数字化设计与制造的高地，巩固和提升制造业的主导权。近年来，随着我国制造业信息化的推广和深入，数字车间、数字企业和数字化服务等数字技术已成为企业技术进步的重要标志，同时也是提高企业核心竞争力的重要手段。由此可见，在知识经济时代的今天，随着第三次工业革命的深入开展，数字化制造作为新的制造技术和制造模式，同时作为第三次工业革命的一个重要标志性内容，已成为推动 21 世纪制造业向前发展的强大动力，数字化制造的相关技术已逐步融入制造产品的全生命周期，成为制造业产品全生命周期中不可缺少的驱动因素。

数字制造科学与技术是以数字制造系统的基本理论和关键技术为主要研究内容，以信息科学和系统工程科学的方法论为主要研究方法，以制造系统的优化运行为主要研究目标的一门科学。它是一门新兴的交叉学科，是在数字科学与技术、网络信息技术及其他(如自动化技术、新材料科学、管理科学和系统科学等)跟制造科学与技术不断融合、发展和广泛交叉应用的基础上诞生的，也是制造企业、制造系统和制造过程不断实现数字化的必然结果。其研究内容涉及产品需求、产品设计与仿真、产品生产过程优化、产品生产装备的运行控制、产品质量管理、产品销售与维护、产品全生命周期的信息化与服务化等各个环节的数字化分析、设计与规划、运行与管理，以及产品全生命周期所依托的运行环境数字化实现。数字化制造的研究已经从一种技术性研究演变成为包含基础理论和系统技术的系统科学研究。

作为一门新兴学科，其科学问题与关键技术包括：制造产品的数字化描述与创新设计，加工对象的物体形位空间和旋量空间的数字表示，几何计算和几何推理、加工过程多物理场的交互作用规律及其数字表示，几何约束、物理约束和产品性能约束的相容性及混合约束问题求解，制造系统中的模糊信息、不确定信息、不完整信息以及经验与技能的形式化和数字化表示，异构制造环境下的信息融合、信息集成和信息共享，制造装备与过程的数字化智能控制、制造能力与制造全生命周期的服务优化等。本系列丛书试图从数字制造的基本理论和关键技术、数字制造计算几何学、数字制造信息学、数字制造机械动力学、数字制造可靠性基础、数字制造智能控制理论、数字制造误差理论与数据处理、数字制造资源智能管控等多个视角构成数字制造科学的完整学科体系。在此基础上，根据数字化制造技术的特点，从不同的角度介绍数字化制造的广泛应用和学术成果，包括产品数字化协同设计、机械系统数字化建模与分析、机械装置数字监测与诊断、动力学建模与应用、基于数字样机的维修技术与方法、磁悬浮转子机电耦合动力学、汽车信息物理融合系统、动力学与振动的数值模拟、压电换能器设计原理、复杂多环耦合机构构型综合及应用、大数据时代的产品智能配置理论与方法等。

围绕上述内容，以丁汉院士为代表的一批我国制造领域的教授、专家为此系列丛书的初步形成提供了宝贵的经验和知识，付出了辛勤的劳动，在此谨表示最衷心的感谢！对于该丛书，经与闻邦椿、徐滨士、熊有伦、赵淳生、高金吉、郭东明和雷源忠等制造领域资深专家及编委会成员讨论，拟将其分为基础篇、技术篇和应用篇三个部分。上述专家和编委会成员对该系列丛书提出了许多宝贵意见，在此一并表示由衷的感谢！

数字制造科学与技术是一个内涵十分丰富、内容非常广泛的领域，而且还在不断地深化和发展之中，因此本丛书对数字制造科学的阐述只是一个初步的探索。可以预见，随着数字制造理论和方法的不断充实和发展，尤其是随着数字制造科学与技术在制造企业的广泛推广和应用，本系列丛书的内容将会得到不断的充实和完善。

《数字制造科学与技术前沿研究丛书》编审委员会

前　言

高温工业炉衬及设备是冶金、电力、建材、石化等高温过程工业的核心装备，其能耗约占我国工业总能耗的60%，热效率平均低于30%（国际≥50%），且炉衬耐火材料单耗大，年耗近3000万吨。同时，现代工业炉的大型化和高效化，以及新工艺的发展对炉衬材料的功能和寿命提出了更高要求。高温工业炉衬CAE及其长寿技术研究是本书作者十余年来在对钢铁生产工艺流程、高温设备建模、温度场和应力场分析、高温工业设备长寿化研究的基础上，总结提炼而成。

高温条件下工业炉衬及设备由于结构形状、材料和工艺以及变温条件的复杂性，仅依靠传统的解析方法精确地确定温度场和应力场往往是不可能的，有限单元法则是解决这些问题的方便而有效的工具。

本书采用有限元方法建立了常见的几种高温设备（长水口、钢包、电炉盖、混铁炉、回转窑）的CAD模型、三维模型和有限元模型，并对高温条件下温度场与应力场进行仿真及热机械应力分析，得到各种不同条件和状态下的温度云图和应力云图。

本书将高温工业炉衬的寿命作为研究重点，同时结合保温性能的研究，提出一种适用于耐火材料寿命预测的数学模型，对钢厂精准更换工作层耐火材料具有重要的指导意义。运用热震损伤公式计算分析了钢包内衬热机械应力寿命，实际计算分析结果和实测数据对比证明了预测结果的正确性，在此基础上，提出了延长其使用寿命的方法。高温工业炉衬CAE及其长寿化技术研究成果在钢铁企业的运用实践证明，高温工业炉衬寿命提升的效果是明显的。

参加本书撰写工作的有孔建益、蒋国璋、王志刚、李公法、王兴东，书中还吸取了课题组其他研究人员研究工作中所取得的一些成果，他们是李楠、祝洪喜、邓承继、张美杰、白晨、韩兵强、陈荣、陈世杰、何涛、郭志清、陈义峰、高真、刘佳、程福维、常文俊等，同时，武汉科技大学机械自动化学院、材料与冶金学院等单位都给予了支持和帮助，在此一并致谢。

由于作者水平有限，书中难免会有不足之处，恳请读者批评指正。

作　者

2017年3月

目　　录

1 绪　论

1.1 数字化钢铁生产工艺流程的发展

1.1.1 钢铁生产基本工艺流程

钢铁工业是国民经济的重要产业，为改变钢铁企业当前的生产现状，实现钢铁企业技术结构升级，钢材产品结构改善，生产效率不断提高，同时解决生产工序的“不同步”衔接问题，在产能过剩、资源有限、运力不足等约束情况下，必须通过有序合理的生产计划与调度，统筹优化整个生产过程，实现钢铁生产工艺流程的数字化[1-2]。

2000 年以后国内钢铁企业重点开展钢铁生产流程与工艺结构的优化，基本建立起现代化炼钢生产工艺流程，如图 1.1 所示。钢铁生产流程工序繁多，其生产工艺流程一般简要概括为烧结、炼铁、炼钢、连铸、轧制五个主要工序。

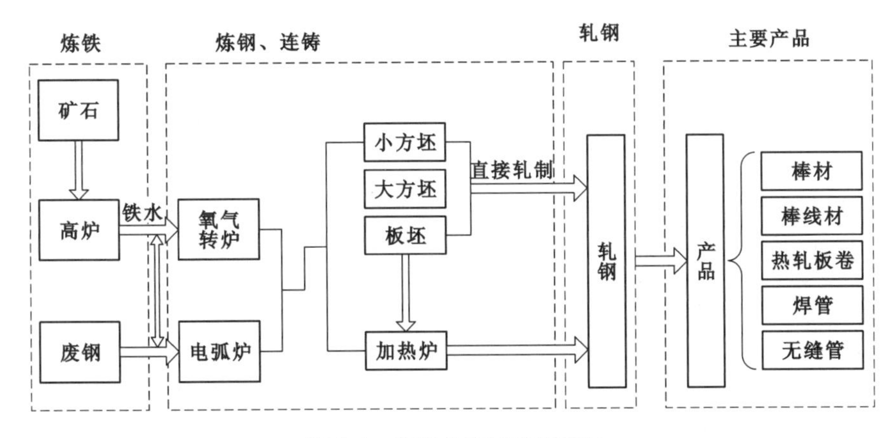

图 1.1　钢铁生产工艺流程图

(1) 烧结

铁矿粉在一定的高温作用下，部分颗粒表面发生软化和熔化，产生一定量的液相，并与其他未熔矿石颗粒作用，冷却后，液相将矿粉颗粒黏结成块，这个过程称为烧结。烧结是为高炉提供精料的一种方法，是利用铁矿粉、熔剂、燃料及返矿按一定比例制成块状冶炼原料的一个过程，烧结的目的及意义是使其致密性能更好。

(2) 炼铁

炼铁实际上是把块矿和烧结矿里的铁在高炉里进行还原的过程。高炉的冶炼过程主要目的是用铁矿石经济高效地得到温度和成分合乎要求的液态生铁。高炉冶炼的全过程可以概括为：在尽量低能耗的条件下，通过受控炉料及煤气流的逆向运动，高效率地完成还原、造渣、传热及渣铁反应等过程，得到化学成分与温度较为理想的液态金属产品。高炉炉料经各种化学还原反应生产出合格铁水后通过鱼雷罐，作为炼钢原料入转炉冶炼成钢。炉渣经水冲渣排入渣池，通过渣水分离，炉渣排走，水循环利用。

(3) 炼钢

根据相应冶炼钢种的成分、质量需求，运用氧化原理在冶炼的原料熔化过程中，加入一定量的钛合金，从而将铁水中碳、磷、硫、锰以及其他一些元素的含量控制在规定的范围之内，同时满足规定的出钢温度。炼钢广义上说就是铁水通过氧化反应脱碳、升温、合金化的过程。它的主要任务是脱碳、脱氧、升温、去除气体和非金属夹杂、合金化。转炉炼钢、电炉炼钢流程图如图 1.2 所示。

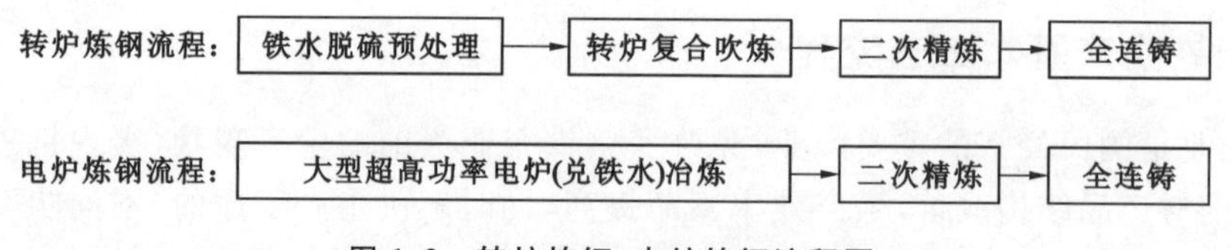

图 1.2　转炉炼钢、电炉炼钢流程图

(4) 连铸

连铸就是使钢水变成钢坯的过程，转炉中达到要求的钢水经由连铸机加工，并按照相应的参数(宽度、长度、厚度、重量和钢级)进行浇铸，形成具有一定规格的板坯。

(5) 轧制

以上道工序运送的板坯为原料，并对板坯进行加热处理，使其达到预设温度并在高压水除磷后，经过粗轧、精轧、层流冷却、卷取过程，形成生产成品，等待入库。整个轧制过程由计算机全程控制。

数字化钢铁生产工艺流程将现代数字化管理技术运用到钢铁生产工艺过程中，利用计算机、通信、网络等技术，通过统计技术量化管理对象与管理行为，实现钢铁生产工艺流程计划、组织、生产、协调、服务和管理的数字化。

1.1.2　钢铁生产工艺流程的演变

1855 年，英国人贝塞麦向熔化的铁水中吹入空气，成功地冶炼出第一炉钢，结束了半固态炼钢生产史，奠定了现代化钢铁生产基础。

1856 年，英国人西门子使用了蓄热室，为平炉的构造奠定了基础[3-4]。1864 年，法国人马丁利用有蓄热室的火焰炉，用废钢、生铁成功地炼出了钢液，从此发展了平炉炼钢法，在欧洲一些国家称平炉为西门子-马丁炉或马丁炉。平炉炼钢法即以煤气、天然气或重油等为燃料，在燃烧火焰直接加热的状态下，将生铁和废钢等原料熔化并精炼成钢液的炼钢方法。此法同空气转炉炼钢法比较有下述特点：① 可大量使用废钢，且生铁和废钢配比灵活；② 对铁水成分的要求不像转炉那样严格，可使用普通生铁；③ 能炼的钢种比转炉的多，质量较好。在 1930—1960 年的 30 年间，全世界每年冶炼出的钢中近 80％是平炉钢。

氧气转炉、连续铸钢的问世，逐步取代了平炉、模铸开坯流程。1935 年，林德-佛林克尔制氧法的出现使氧气炼钢成为可能[5]。20 世纪 30 年代,罗伯特·杜勒尔在柏林大学进行了氧气炼钢的研究。1952 年在奥地利林茨城和 1953 年在多纳维茨城先后建成了 30 t 氧气转炉车间并投入生产,这一方法被称为 LD 法(美国称为 BOF 法或 BOP 法)。

平炉被取代的最主要原因是:被熔化的固体废钢热传导面积极小,一次能源的利用率很低(而此时电能利用率高)。由于氧气转炉反应速度快、热效率高、含氮量也低,还可使用近 30%的废钢,可使冶炼时间几乎缩短到传统平炉炼钢法所需时间的 20%,从而大大提高了冶炼效率,而所需的建设费用却未增加,因此,平炉从 20 世纪 60 年代起逐渐失去其主力地位,逐步被取代。快速发展的日本钢铁工业很快采用了 LD 炼钢技术,到 1965 年,其钢产量的一半以上是用 LD 法生产的。日本于 1976 年、西德于 1982 年关闭了最后一座平炉。在 20 世纪 50 年代前,美国的钢铁行业是一个价格垄断的行业,几乎没有竞争,因此,各种成本上升因素比较容易被转移到价格上,从而造成钢铁业对企业合理化改造、新技术的采用积极性不高。在氧气转炉问世之时,美国新增的炼钢生产能力仍以大型平炉为主,转炉钢占有量比较低。这一投资战略的失误进而又影响到连铸技术、电子计算机管理的采用,加之美国强大的工会使劳动力成本连连升高,这样拉大了它同日本等主要产钢国间的差距,直到 1985 年美国才关闭最后一座平炉。2001 年中国关闭最后一座平炉——包钢 500 t 1 号平炉,这标志着我国在钢铁冶炼技术方面跨入世界先进行列。

20 世纪末,由于电炉强化冶炼技术、炉外精炼技术的发展和成熟,电炉冶炼周期缩短,使之与连铸匹配成为可能,让电弧炉短流程与转炉长流程竞争、并存、部分取代成为事实。1879 年,威廉姆斯、西门子制造出世界上第一台电弧炉。二战期间及战后,由于对合金钢和高质量钢材的需求增加,电炉的产量大幅度增加,推动了电炉大型化和氧气的使用。20 世纪 60 年代中期,美国人施瓦贝等人提出的电炉超高功率作业,70 年代日本 LF 钢包精炼炉的诞生,再加上和连铸技术的配合,电炉工艺装备技术得到飞速发展。百年来,电炉发展经历了传统电炉、现代电炉两个冶炼工艺技术时期。前者用电炉来生产成品钢,后者必须电炉与炉外精炼相结合才能生产出成品钢液,电炉只是一个高效熔化器和氧化精炼器,还原期任务在炉外精炼过程中完成。

短流程的兴起除与钢铁生产工艺装备技术进步、电力资源的充裕等有关外,更与美国的钢铁工业发展战略密不可分。美国在战后 30 年里钢铁工业现代化滞后,跟不上技术进步步伐,在钢材品种和质量上与日、德等主要产钢国间存在很大差距。1960 年前后,在平炉被淘汰的过程中,出现了将电炉(当时用于生产少量特殊钢)与连铸等新技术结合起来的简单高效小钢厂,即短流程钢厂。鉴于这种局面,到 20 世纪 80 年代中期,美国钢铁工业对其结构进行现代化改造和调整优化,决定把大量的投资投向新建的电炉小钢厂,使小钢厂的生产能力得到迅速增加。同时削弱能耗高、原材料消耗高、操作环节多、污染环境、劳动密集型生产工序的投资,甚至把初级冶金产品和炼钢的原料生产放到国外。

随着 20 世纪 80 年代初薄板坯连铸技术的出现,曾被广泛认为超出小钢厂生产范围的扁平材在小钢厂生产中具有了竞争性,打破了高炉-转炉流程生产板材一统天下的局面。

1.2 数字化钢铁生产的主要高温工业炉窑设备

金属与耐火材料复合炉衬构件是高温装备中的核心关键部件,广泛应用于冶金、航空航天、国防等领域。炉衬直接与高温介质接触，是高温装备中最为薄弱的环节。我国是炉衬材料第一生产和消耗大国，年消耗量约3000万吨，每年因炉衬损毁造成的消耗量占总消耗量的50%～60%。进行高温工业炉窑设备一系列研究，实现减排降耗是《国家中长期科学和技术发展规划纲要》、国家《工业转型升级规划》重要内容。

1.2.1 长水口

近年来，为了提高连铸坯的质量，采取了许多技术措施。其中，在连续铸钢方面，主要采用了无氧化浇铸技术，防止钢水的二次氧化，减少钢中夹杂物，提高钢水的纯净度和铸坯质量。在无氧化浇铸技术中，重要的一环是保护钢包至中间包的钢液不被二次氧化。在这个过程中，常常是通过使用长水口密封浇铸来实现的。长水口如图1.3所示。

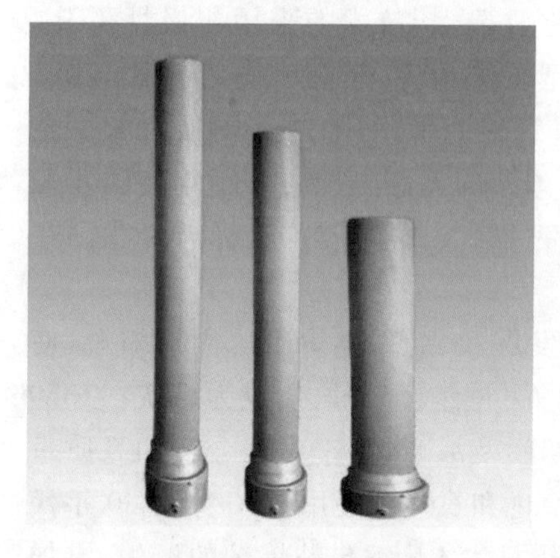

图1.3 长水口实物图

在连铸浇钢过程中，钢水从钢包下水口注入中间包的导流管称为长水口。长水口的作用是防止钢水的二次氧化和飞溅，减少钢中易氧化元素的氧化产物在水口内壁沉积，延长水口使用寿命，提高钢水的浇铸质量。长水口为圆筒形，上端与钢包滑动水口的下水口下端相接，下端浸没在钢水液面之下。浇铸时，筒壁外侧与空气直接接触，中间导流钢水。

长水口的使用为间歇式操作。由于使用次数较多，并且每次使用都要经过加热—冷却过程，这对耐火材料而言，使用条件是非常苛刻的，容易产生较大的热应力，影响其使用寿命。耐火材料的损坏一般基于两种原因，一是化学侵蚀，二是热机械应力。目前，长水口存在的主要问题是使用过程中颈部断裂和抗侵蚀性、抗冲刷性差，不能满足多炉连铸的要求，制约了连铸工艺的发展。长水口使用寿命较短，热机械应力过大是其被破坏的主要原因。因此，研究长水口工作状态下的热机械应力分布状况对提高其使用寿命具有重要的指导意义。

长水口的颈部断裂是由于颈部应力过大造成的。颈部应力由两部分组成，一部分是浇钢过程中温度不均匀产生的热应力，另一部分是由于长水口的振动产生的机械应力。

长水口一般须经预热后才能使用。但由于预热温度较低，浇钢时长水口受到较强的热冲击，在颈部产生很大的热应力。

另外，在工作过程中，长水口上部固定，下部处于自由状态。由于滑动水口节流时钢水发生偏流，使长水口内侧面受到钢水的冲击或内孔中的钢液面受到钢水湍流冲击，导致长水口以上部为支点振动，在其颈部产生较大的机械应力。

1.2.2 传统钢包

钢包是冶金工业的重要容器件，起着储存、转运钢水的作用。随着现代冶金技术的进步，连铸比不断提高，钢包的作用日益突出。同时，人们对钢水的质量要求逐渐提高，钢包的作用和形态也有了重要变化，原来单纯的储存、转运钢水的钢包逐渐成为能进行二次炉外精炼的精炼炉。

图 1.4 钢包实物图

钢包分为钢包壳和由耐火内衬砌筑或浇铸而成的包衬两个部分，如图 1.4 所示。钢包壳本体又可分为包底、包壁、耳轴、支座等，另外还有安装于其上的滑动水口及其驱动装置、钢包倾翻机构等。包衬分为包底工作层、包底永久层、包壁工作层及包壁永久层四个部分。钢包的工作衬可分为整体式和砌筑式两种。

钢包在使用过程中，最常见的损坏是其耐火材料内衬的破裂、蚀损，造成钢水的渗透。耐火材料内衬的损坏原因包括化学侵蚀、机械磨损和热应力。其中热应力的损坏是造成耐火材料内衬开裂破坏的直接原因。

1.2.3 电炉盖

电弧炉炼钢是利用电极电弧产生的高温熔炼矿石和金属的现代大规模炼钢方法之一。

图 1.5 电炉盖实物图

电炉盖是电弧炉炉衬的重要组成部分，炉盖寿命的长短及其保温性能的好坏，与钢的产量、质量、消耗等技术经济指标有着非常密切的关系。电炉盖实物图如图 1.5 所示。国内外学者采取过许多措施来降低电炉盖生产成本、增强其抗热稳定性，如改进炉盖材质、提高砖中氧化铝含量、加大砌砖炉盖的拱度和炉盖中心到熔池面的高度、改进操作、采用全水冷炉盖等。这些措施虽然取得了一定的效果，但仍未能解决耐火砖炉盖的安装困难、使用寿命短、不能满足电弧炉向大容量超高功率发展的需求和全水冷炉盖热损失大的问题。因此电炉盖的安装工期、隔热保温性能和使用寿命就成了制约钢厂效益的主要因素，对钢铁企业的生产率和经济效益有着至关重要的影响。

电炉盖多数是采用高铝质耐火材料高铝砖砌筑而成，具有较高的热震稳定性和热塑性，能够适应工作温度达 1700 ℃的电炉炼钢操作条件，因此采用高铝砖砌筑电炉盖的方法自从电弧炉炼钢技术出现以来一直被国内外许多国家所采用。

不同的电炉生产能力，其炉盖尺寸也不一样，所需耐火砖从 1000～4000 块不等，砖块数太多，工人拼砌麻烦且费工费时，效率低；炉盖本身是弧形结构，再加上 3 个电极孔和加料孔等，工人的劳动强度大，因而其安装周期和砖砌质量均难以保证。经常会出现砖缝处遭到侵蚀损坏而导致砖松动的情况，使用中会出现“抽签”掉砖，加快炉盖损毁；在砖缝过小的部位，由于热应力的作用，砖互相挤压出现裂纹甚至断裂掉块，降低炉盖寿命，有时还出现炉盖水冷圈被挤压胀裂漏水的情况，造成事故，影响正常生产。耐火砖砌筑炉盖主要存在以下不足：

(1) 施工难度大、砌筑时间长。

(2) 砖的厚度大，烧不透，造成生产过程中砖砌拱顶往下塌，变形严重。砌筑炉盖的高强轻质砖的厚度为 250 mm，平均宽度为 115 mm，长度为 152～520 mm，再加上各种原因，造成这类砖的质量很难得到保证，在投入生产后会产生收缩。

(3) 高强轻质砖热稳定性差、接触火焰部位剥落严重。

(4) 隔热性能有限,散热严重。每块耐火砖的材质都是一样的,而焙烧温度高达1280 ℃,炉盖的外壁温度达160～200 ℃,造成大量的热量散失,增加了能耗。

随着电炉炼钢新技术的发展,高功率、超高功率电弧炉比例逐年增加,电炉采取强化冶炼,炼钢节奏加快,熔炼温度提高,周期缩短,急冷急热频繁,电炉盖受到更大强度的热辐射、热震和更多高温熔渣飞溅物的损害,炉衬损耗加快,烧成高铝砖电炉盖的缺点越来越显著地暴露出来。电炉盖使用寿命明显降低,已成为炼钢生产的瓶颈。

国内外有关专家采取了许多措施,主要可分为两个大类:一是采用烧成MgO砖和$MgO\text{-}Cr_2O_3$砖修砌电炉盖。烧成MgO砖和$MgO\text{-}Cr_2O_3$砖对含有氧化铁和氧化钙的碱性渣有良好的抵抗性,但镁质材料热膨胀系数大、弹性模量高、热震稳定性差,且容易导致其结构剥落;另外烧成MgO砖和$MgO\text{-}Cr_2O_3$砖比重大,增加了炉盖的重量,加大了机械负荷,应用不是特别普遍。二是采用优质特级高铝矾土熟料,高压成型和高温烧成,提高电炉盖高铝砖的质量,以延长炉盖的使用寿命。

以上两种措施虽然能改善炉盖的抗热稳定性,对延长炉盖的寿命起到了有益的作用,但仅限于对材质本身的改进,炉盖的制作工艺并未得到显著改善,工人的劳动强度依然很大,且对延长炉盖使用寿命的作用也很有限。

在这种情况下,祝洪喜教授等提出了制作电炉盖预制块的设想。经初步试验表明,高铝质预制块炉盖缓冲热应力的作用强、抗热震性和抗剥落性好,在延长炉盖寿命、降低工人劳动强度、提高经济效益等方面都具有明显的优势,但由于炉盖的尺寸、质量较大,整块电炉盖预制块的制作和运输难度均较大,因此结合浇筑的工艺特点,依照"拼积木"的原理,按照每个电炉盖的大小、厚薄和形状,浇筑成炉盖预制块,结合运输和吊装能力,运到钢厂直接组装使用。

由于预制块炉盖采取拼装组合的工艺,因此安装方便、迅速,能显著缩短电炉盖的安装周期;同时由于采用浇筑成型方法,消除了剥落掉片或掉砖塌顶等不安全因素,能明显降低生产成本。但高铝质预制块炉盖能否取代高铝砖炉盖,关键在于预制块炉盖隔热保温性能的好坏及使用寿命的长短,因此需要从热力学角度对高铝砖炉盖和预制块炉盖的温度和应力水平进行分析和比较。

1.2.4 混铁炉

混铁炉是高炉和转炉之间的炼钢辅助设备,主要用于调节和均衡高炉和转炉之间铁水供求。混铁炉一般分为300 t、600 t、900 t和1300 t,它具有铁水储存、保温、混匀等功能。传统混铁炉传动机构为齿轮齿条式结构,其结构庞大,占地空间较大,相应的设备和土建投资大。混铁炉实物图如图1.6所示。

传统混铁炉的前端传动机构主要由电机、高速端联轴器、制动器、减速机、低速端联轴器和传动轴组成。通过对其结构进行分析,可以发现传统混铁炉传动机构的设计制造存在以下问题:① 炉前前端传动机构庞大,占地面积大,投资成本高。② 齿轮、齿条为大型非标锻件结构且加工难度大,铜套材料为特殊材料,价格高,其整体投资成本较大。③ 尾端传动装置设置铜套来保证齿轮和齿条的啮合,滑动铜套与齿条间存在滑动摩擦,需设置润滑装置,增加了维护成本,降低了传动效率。④ 齿轮、齿条的安装难度大,齿轮、齿条若出现一个齿磨损或断齿,则必须更换整个齿条,更换难度大,维修成本高。

图 1.6 混铁炉实物图

1.2.5 回转窑

回转窑是一种对固体颗粒状物料进行煅烧处理的回转圆筒形热工设备，在冶金、建材、化工和造纸等工业领域得到广泛应用。采用回转窑进行热处理对于绝大多数形状的固体物料的煅烧都适用，并且能够使物料很好地混合，物料在窑内的传输也比较灵活。但是窑内存在比较复杂的物理化学反应和传热过程，对其进行准确的分析存在一定的难度。就物理化学反应而言，窑内存在高温气流和固体物料的相对运动、物料煅烧产生物理化学变化、存在水分蒸发和物料有机成分的挥发；就传热过程而言，热传导、热对流和热辐射 3 种传热方式同时在窑内发生。J. K. Brimacombe 等人的研究表明窑内存在 6 种主要的传热途径：高温烟气与煅烧物料表面的辐射与对流传热；高温烟气与回转窑内壁的辐射与对流传热；被覆盖窑内壁与煅烧物料的辐射与导热；暴露的窑内壁与煅烧物料之间的辐射传热；窑壁内部各层间的导热；由混合引起的煅烧物料表层和内部间的换热等。除此之外，实际生产过程中窑体和物料运动的影响也不能忽略，工作时回转窑内的物料处在不断翻滚状态，窑内壁不时地与物料接触，使得换热界面温度发生周期性变化。回转窑内的换热机理非常复杂，对回转窑的数值模拟难度较大。回转窑实物图如图 1.7 所示。

图 1.7 回转窑实物图

回转窑内部高温气流和低温物料在煅烧过程中发生相对运动并进行传热，伴随而生的传质和物理化学反应过程都会对传热产生影响，很多学者都对此做了大量的研究工作。采用较多的手段就是建立传热数学模型，用来描述窑内温度分布和窑体热工特性。由于窑内的传热伴随有传热介质的运动和燃烧，因而很难从理论上进行解析，通过实验来分析又受到实验条件的限制，给研究带来了困难。

工业生产中使用的回转窑多为大型回转窑，外形近似为巨大的圆筒状设备，外表看似简单，但由于它是一种热工设备，配备有很多热交换装置，因此内部结构比较复杂。

根据不同的工作需要，回转窑工艺特点存在差异，但各类回转窑的工作原理基本上是一样的。回转窑是一个安装有一定斜度的长筒状设备，斜度通常为 3%～3.5%，通过窑的旋转来促使物料在回转窑内翻滚，使物料进行混合、接触后发生反应。窑筒体上有 3～4 个轮带由若干托轮支撑，在靠近入料口一端的轮带附近跨间筒体上固定有一个大齿圈，其下设置有一个小齿轮与其啮合。正常工作时，由电机提供动力，经主减速器传递给开式齿轮装置，进而驱动回转窑旋转。

物料从回转窑进料箱进入窑内煅烧，窑头喷煤粉或煤气燃烧产生大量的热，热量以火焰的辐射、高温气体的对流、窑壁的热传导等形式传给物料。由于筒体的倾斜和连续的回转运动，使得物料颗粒既沿圆周翻滚又沿轴向方向移动，进而完成煅烧和分解的工艺过程。最后，生成的熟料经窑头罩进入冷却机冷却。回转窑一端设置有煤气发生炉，另一端设置有引风机，煤气发生炉主要是为回转窑的煅烧提供热量，引风机的设置是为了保证回转窑内部气流流通顺畅。回转窑由燃烧装置、筒体、传动装置、窑端密封装置及窑头罩等部分组成，其结构示意图如图 1.8 所示。

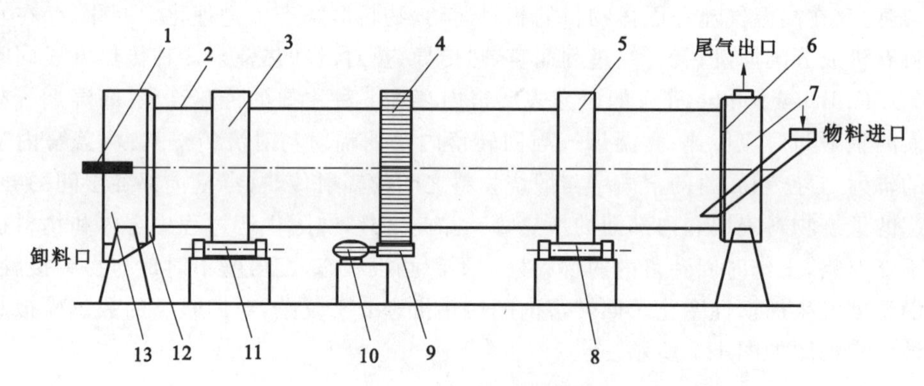

图 1.8 回转窑结构示意图

1—燃烧器；2—筒体；3，5—轮带；4—大齿轮；6，12—密封圈；
7—进料箱；8，11—托轮；9—小齿轮；10—电动机；13—卸料箱

窑筒体采用锅炉用碳素钢经自动焊接而成，其特点是可以大大降低回转窑的重量。筒体上设置有几个矩形实心轮带，轮带由两个托轮支撑和若干挡轮固定。筒体受热后会发生膨胀变形，故轮带与筒体间存在一定的间隙，间隙大小由热膨胀量决定，回转窑正常工作时，轮带与筒体间能保持微量的滑移。

由于回转窑安装时具有一定的倾斜度，故窑体会因重力往下滑移，为了消除窑体滑移的影响，通常配置一套液压推力挡轮装置推动窑体向上移动。轮带的跨度是通过设计计算，合理进行分布的。为了防止低温空气进入和高温烟气粉尘溢出筒体，在筒体的进料端和出料端都设置有可靠密封装置。回转窑的尾气中带有大量的热，通过管道连接回收再利用，可以达到节能的目的。

回转窑传动系统采用单电机传动，由冶金工业中常见的直流调速电动机驱动，经减速器传递动力带动回转窑旋转，为了保证连续生产，还设置有连接备用电源的辅助传动装置，可以保证在主电源异常中断时仍能正常生产。

回转窑既是燃烧设备也是传热设备，一方面煤粉或煤气在其燃烧器中燃烧产生热量，另一方面高温气流将热量传递给物料进行煅烧。另外回转窑还是输送设备，将物料从窑头输送到窑尾。而燃料燃烧、传热及物料运动三者需要合理配合，才能确保燃烧所产生的热量及时传给物料，达到最佳的煅烧效果，也有利于能源的充分利用。

物料颗粒在窑内的运动过程较为复杂，通常取一种较为理想的运动形式进行研究分析，最理想的运动状态就是滚落状态。滚落状态时，最底层的物料颗粒与窑壁没有相对运动，经过回转窑的旋转运动，部分物料被提升到一定高度，物料在重力作用下沿料层向下滑落。由于回转窑安装时具有一定的倾斜度，故物料在向下滑落的过程中会向前运动一定的距离，前进的位移大小由物料的填充率和回转窑的转速决定。

物料在窑内运动的情况将影响到物料在窑内的停留时间，这段时间是物料的受热时间；还会影响到物料的填充系数，也就是物料的受热面积。物料颗粒的翻动情况，会影响到物料的均匀性进而影响到烧成物料的质量。

从整个工艺流程来说，燃料与空气在燃烧器内部和回转窑内同时燃烧，燃烧后产生的高温烟气在向窑尾运动的过程中，将热量传给物料，烟气温度逐渐降低，最后由窑尾排出。生物料在向窑头运动的同时，温度逐渐升高，并伴随着产生一系列物理、化学反应，最后生成的熟料由卸料口卸出进入冷却机，冷却后进入成品库。回转窑不同的煅烧区域温度相差较大，按温度的高低可以划分为不同的煅烧区域，以普通干法回转窑为例，从窑头开始沿窑长方向划分为预热带、烧成带、冷却带。

1.2.6 新型钢包

由于连铸技术和生产迅猛发展，炉外精炼技术被广泛采用，钢包不再仅仅是运输和浇铸钢水的容器，同时也是炉外精炼的精炼炉，这就必然延长钢水在钢包内的滞留时间，增加钢包周转过程中的操作环节，钢水在包时间和浇铸时间都成倍地延长，相应的出钢温度也会更高。为了承受高温钢水的侵蚀，提高钢水的清洁度和钢包使用寿命，在连铸钢包上逐渐采用了高铝、铝镁质或铝镁碳质等高级耐火材料取代黏土砖做包衬。这类耐火材料的导热系数和密度都比较大，增加了钢水的热损失。为补偿这部分热损失，还得提高出钢温度。过高的出钢温度不仅增加了炼钢生产的难度及各种载能体的单耗，而且增加了钢水的氧化和铸坯中的夹杂物，严重影响钢水质量。为了克服这种矛盾本书提出了钢包保温节能衬体。

绝热保温毡是近几年发展起来并得到应用的新型保温隔热材料。它是在硅酸盐复合绝热涂料和硅酸盐复合绝热制品及泡沫石棉制品生产工艺的基础上发展起来的软质绝热材料。绝热保温毡以海泡石为基本料，石棉、硅酸铝纤维为网络骨架，渗透剂为松解助剂，膨胀珍珠岩为填充料，加入无机质黏结剂等制成。上述各种材料按一定比例和顺序经计量后与水搅拌成黏稠状的复合浆体，经充分的浸润和松解后，浇铸入模，然后送入烘房蒸发脱水而成一种多孔、轻质、色白柔软，具有一定抗拉强度的保温绝热制品。

绝热保温毡具有密度小、导热系数低、热稳定性好、使用温度高、有一定的抗拉强度、施工使用方便等特点。

钢包在受钢的时候，钢水温度下降速率较快是因为工作层还处在蓄热状态。要想改变这种状态就需要在工作层上加上一层密度小、导热系数低、热稳定性好、使用温度高、具有一定抗拉强度的材料来降低热量的扩散速率。所以，在钢包工作层表面覆盖一层10 mm厚的保温绝热毡。

钢包内衬新型保温隔热板是用高强度硅酸钙板材料制成的，它具有耐高温、导热系数低、保温隔热性能好、强度高等性能，因而被广泛应用在钢包内衬层里，可以有效地降低钢包壳的温度。

钢包外壳温度不能太高，温度高会使钢包壳产生蠕变，降低钢包壳的强度，所以在钢包壳和永久层之间加上一层保温隔热板。

在不改变钢包内衬厚度的情况下，通过改变内衬的结构来提高钢包的保温性能。传统钢包与新型钢包耐火衬结构和材料对比如表1.1所示。

表1.1 传统钢包与新型钢包耐火衬结构和材料对比

序号	项目	耐火衬的结构(mm)
1	传统钢包	114永久层＋200工作层
2	新型钢包	30保温隔热板＋110永久层＋164工作层＋10绝热毡

随着冶金技术的发展，钢包生产的流程发生了很大的变化，首先是出现了炉外二次精炼，这就对钢包提出了新的要求，在钢包内进行二次精炼使钢水在钢包内停留的时间加长，钢包的内衬受到钢水化学侵蚀的时间加长，这使钢包的寿命大大降低；其次出现了连铸技术，因连铸技术对钢包内钢水的温度要求较高，而提高出钢温度对钢包内衬抗侵蚀的能力要求更高，因此开发了多种抗化学侵蚀的钢包耐火材料，永久层采用高铝镁质整体浇铸内衬，工作层砌筑高铝质耐火砖。新型钢包耐火衬物性参数如表1.2所示。

表1.2 新型钢包耐火衬物性参数

钢包材料 \ 物性参数	热导率[W/(m·K)]	比热容[J/(kg·K)]	密度(kg/m³)	膨胀系数($\alpha\times10^{-6}$ K^{-1})
高温绝热毡	0.093	1430	350	2.87
工作层(铝镁碳质)	1.15	1200	2.95×10^3	8.5
永久层(高铝质)	0.5	1175	2.8×10^3	5.8
保温隔热板	0.24	1240	950	3.65
钢包外壳	39	420	7.8×10^3	13

1.3 数字化钢铁工业炉衬设备长寿化中所采用的技术

1.3.1 建模技术

CAE技术是利用计算机平台来进行工程分析和学术研究的技术，其应用范围涵盖了众多学科专业。CAE技术发展至21世纪，其功能的完整性和强大性已达到较高的解决问题的水平。对于复杂的结构模型的分析，ANSYS有限元分析软件在各领域都体现出极高的分析能力，不但准确度高，而且可供模拟的情况非常全面，结构、电磁、流体以及各场之间的自由耦合都可进行分析。对于建模过程，ANSYS 软件与各种三维建模软件的接口数据传输不存在瓶颈，各种三维软件的建模都可以导入到 ANSYS 有限元软件中，然后再进行网格的划分，边界条件的加载等。ANSYS 软件的核心思想是模型结构离散化，对于一般实体模型，进行有限元网格划分实际作用是将其整体结构离散为数以万计的节点，同时节点与节点之间相互联系，可以传递力、力矩、温度、热流密度、电磁等载荷，然后再根据相关算法计算得出结果。分析包括三个步骤：前处理，加载求解和后处理。前处理需要解决的问题包括模型的建立，有限元单元的选取，材料属性的确定，网格的划分；加载求解即添加相关载荷并进行计算；后处理包括计算结果的查看，数据的提取。在进行有限元的分析过程中，前处理需要大量的时间，对一个具体的模型进行有限元网格的划分，即模型的离散化，每个网格都有与之对应的节点，各个节点相互联系在一起，构成了整个模型，模型的复杂程度直接影响到网格的划分。网格质量可用细长比、锥度比、内角、翘曲量等指标度量，有限元网格质量不高，会影响计算精度。网格的疏密程度和数量又会影响计算的工作量和效率，一般是在保证计算精度的前提下尽可能减少模型的网格数量，这样可以减少计算时间，提高效率。

以钢包建模为例：

(1) 由于钢包整体是对称结构，所以研究时取钢包的对称模型进行分析；

(2) 钢包内壁厚度相对于其高度很小，所以可将钢包模型简化为圆柱体；

(3) 忽略钢包内衬各层之间的接触热阻；

(4) 钢包底部的透气砖、滑动水口及其驱动装置、钢包倾翻机构等对钢包内衬结构的温度场和应力场有限元分析的影响不大，所以在建模时将这些部分省去；

(5) 钢液流体为稳态不可压缩的流体，在温度场计算过程中钢包工作层内壁加载时，钢包内部考虑为恒定温度。

利用 ANSYS 命令流的方式进行建模，从外向内、从下向上依次建模，建模中运用ANSYS 的“add”命令将包壳及包壳上的加强箍、肋板和耳轴结构连接在一起，而工作层、永久层、保护层、纳米绝热层及包壳运用 ANSYS粘接命令“glue”粘接在一起，在有限元网格的划分过程中可以保证网格的连续性，同时也保证了计算的准确性。模型以米为单位 1∶1 建立三维模型，建成的钢包三维模型如图 1.9 所示。分析时采用顺序耦合法，先研究钢包的温度场再分析钢包内衬的应力分布，分析温度场时选用一种单元，待温度场分析后，转换另一种单元再将分析结果加载到模型上进行应力场分析，这种建模方法对于高度非线性的更为灵活有效，可以独立执行两种分析。分析时先选用 ANSYS13.0 中的 SOLID70 单元分析钢包温度场，再将单元转换为 SOILID185 进行应力场分析。钢包网格的划分采用自由划分，单元尺寸为 0.1，自由划分后得到 112663 个网格，23913 个节点。

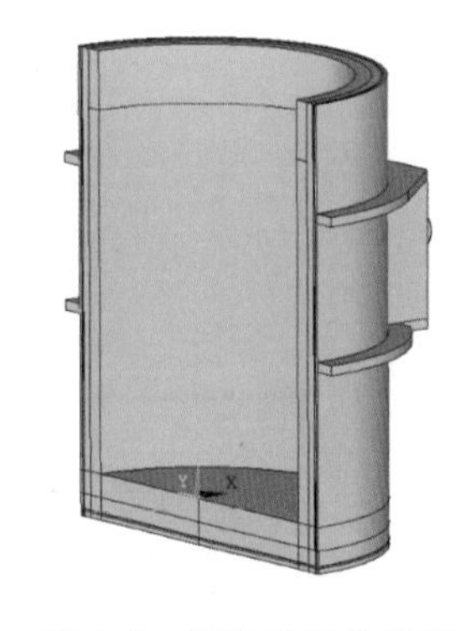

图 1.9 钢包的三维模型

ANSYS 分析的操作方式有命令式和交互式两种。交互式比较直观，便于随时观察程序的运行状态并及时对程序作出调整，但操作过于频繁，影响效率；命令式可以控制参数化定义，提高分析效率。因此分析时采用命令式完成整个分析过程，包括有限元分析过程中的建模、加载、计算及后处理，结合 APDL 语言中宏文件可以相互调用、嵌套的特性，以宏文件的形式来完成。

针对分析的有限元模型，同时为了采用统一的控制方式，以及后续分析参数的调整，应用 APDL 语言共编写五个宏文件。

在 ANSYS 安装目录下的 start100. ans 文件中利用/PSEARCH 命令设置程序的宏搜索路径后，可直接在 ANSYS 输入窗口输入宏文件名运行计算，实现整个分析过程的自动化，大大提高操作效率，同时便于修改程序参数，并且为后续的优化分析提供平台。主宏文件部分命令如下：

```
MULTIPRO,'start',6
    *CSET,1,3,EX,'Enter the EX Value',2.63E5
    *CSET,4,6,DEN,'Enter the DENS Value',3.9E-9
    *CSET,7,9,ALPX,'Enter the ALPX Value',7.3E-9
    *CSET,10,12,KX,'Enter the KXX Value',20
    *CSET,13,15,P,'Enter the P Value',0.3
    *CSET,16,18,N,'The number of prefabricate block',0
    *CSET,61,62,' Graduate Macro'
MULTIPRO,'end'
```

主宏文件界面图如图 1.10 所示。

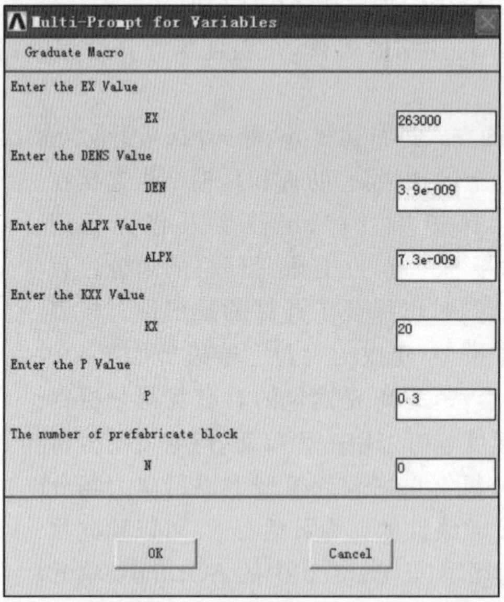

图 1.10 主宏文件界面图

参数化建模是参数（变量）而不是数字建立和分析的模型，通过简单地改变模型中的参数值就能建立和分析新的模型。参数化建模的参数不仅可以是几何参数，也可以是温度、材料等属性参数。在参数化的几何造型系统中，设计参数的作用范围是几何模型，但几何模型不能直接用于进行分析计算，需要将其转化为有限元模型，才能为分析优化程序所用。因此，如果希望以几何模型中的设计参数作为形状优化的设计变量，就必须将设计参数的作用范围延拓至有限元模型，使有限元模型能够根据设计变量的变化，实现有限元模型的参数化。

1.3.2 仿真技术

仿真技术是以相似原理、系统技术、信息技术以及仿真应用领域的有关专业技术为基础，以计算机系统、各种物理效应设备及仿真器为工具，利用模型对已有的或设想的系统进行研究的一门多学科的综合性的技术。随着现代信息技术的高速发展以及军用和民用领域对仿真技术的迫切需求，仿真技术得到了飞速的发展。现代仿真技术的特点可归纳为以下几点：

(1) 仿真技术是一门通用的支撑性技术。在面对一些重大的、棘手的问题时，仿真技术能以其他方法无法替代的特殊功能，为决策者们提供关键性的见解和创新的观点。

(2) 仿真技术具有独特的优越性。仿真技术学科的发展具有相对的独立性，同时又与光、机、电、声，特别是信息等众多专业技术领域的发展互为促进。仿真技术具有学科面广、综合性强、应用领域宽、无破坏性、可多次重复、安全、经济、可控、不受气候条件和场地空间的限制等特点，这是其他技术无法比拟的。

(3) 仿真技术的发展与应用紧密相关。应用需求是推动仿真技术发展的原动力，仿真技术应用效益不但与其技术水平的高低有关，还与应用领域的发展密切相关。

(4) 其他学科的发展促进了仿真技术的发展。近年来信息技术的发展特别是虚拟现实技术的发展，使得建立人机环境一体化的多维信息交互的仿真模型和仿真环境成为可能，虚拟现实仿真成为仿真技术新的发展方向，它强调投入感、沉浸感和多维信息的人机交互性。

(5) 仿真技术应用正向“全系统”“系统全生命周期”“系统全方位管理”方向发展。这些都基于仿真技术本身的发展。

对于需要研究的对象，计算机一般是不能直接认知和处理的，这就要求建立一个既能反映所研究对象的实质，又易于被计算机处理的数学模型。关于研究对象、数学模型和计算机之间的关系，可以用图 1.11 来表示。

图 1.11 研究对象、数学模型和计算机之间的关系图

数学模型将研究对象的实质抽象出来，计算机再来处理这些经过抽象的数学模型，并通过输出这些模型的相关数据来展现研究对象的某些特质，当然，这种展现可以是三维立体的。由于三维显示更加清晰直观，已被越来越多的研究者所采用。通过对这些输出量的分析，就可以更加清楚地认识研究对象。通过这个关系还可以看出，数学建模的精准程度是决定计算机仿真精度的最关键因素。从模型这个角度出发，可以将计算机仿真的实现分为三个步骤：模型的建立、模型的转换和模型的仿真实验。

1.3.3 优化算法

随着科学技术的迅猛发展，计算机技术已经成为解决工程问题的必要手段。然而，近年来科学技术发展的一个新的显著特点是生物理论与工程科学的并行化发展，二者相互交叉，相互促进，相互渗透。因此，研究者们通过观察自然界中存在的现象，在模拟和揭示生命科学的过程中，提出了一种新型的理论——智能优化算法。智能优化算法的内容涵盖了很多学科，是一门多学科的计算科学，是现如今很多专家学者研究的热点项目，其在优化问题上的高效性能和广泛适用性为工程上诸多复杂的优化问题开辟了新思路并提供了有效的解决手段。同时，智能优化算法因其通用性高、鲁棒性强的优点，现已在计算机科学、组合优化、工程优化等领域掀起研究热潮，从中可以看出智能优化算法具有广阔的发展前景。

智能优化算法主要包括：模拟自然界遗传机制和生物进化论的遗传算法，源于对鸟类捕食行为的研究而发明的粒子群算法，模拟金属冷却过程的退火法，模拟人类和动物记忆功能的禁忌搜索法和以人脑结构为参考模型的神经网络法等。对比以往的传统的优化方法，智能优化算法能适应更多情况下的优化设计求解需求。

工程优化设计是实际工程产品设计中的一种极其重要的优化方法，从 20 世纪 60 年代创立开始一直到今天都得到了非常普遍的应用。优化设计力求使设计的产品参数取值、尺寸结果达到最优，从而达到缩小产品体积和减少经济成本的目的。优化设计是一门新兴的学科，现如今已经被广泛应用在很多领域，在国防工业、机械电子、交通建筑、航空造船、石油化工等行业均得到了良好的应用，并在各个行业贡献着巨大的力量，有着蓬勃的发展。在机械设计方向也引入了优化设计这一概念，优化设计应用到机械设计领域，能设计出更优秀的机械产品，在满足各项性能指标的同时，比传统的方法更优越，成本更低，效率更高。采用计算机辅助设计作为设计手段，力求在最短时间内从诸多方案中选取最优方案，减少设计时间，缩短设计周期，提高设计效率。在机械优化设计与数学理论转换的过程中，会出现陷入局部最优和对目标函数可微性有严格要求等问题，以往传统的优化方法很难实现多种工况状态下的设计需求。将智能优化理论运用到实际优化问题当中，有利于解决以往传统优化方法所不能解决的问题，因此，把智能优化算法应用到机械设计的应用研究中十分必要[6]。

智能优化算法是以数学理论为基础，以一组问题的解为初始值，将求解问题的参数按规定进行编码迭代运算。与传统优化算法不同，智能优化算法是一种概率搜索法，其本身有着显著优点：只需要目标函数取值的基本信息，不受目标函数可微性的影响；不存在中心约束控制，不会因为个别算子个体的故障而影响到整体问题的求解，保证了系统更强大的鲁棒性；适用范围广泛，能进行大规模并行式运算。我们将优化算法运用到高温工业炉衬结构优化分析和内衬材料的优化分析中，以满足工业生产需求。

1.3.4 多场耦合

耦合场分析是指考虑了两个或多个物理场之间相互作用的分析。耦合场分析的过程取决于所需解决的问题是由哪些场的耦合作用引起的，耦合场的分析可归结为两种不同的方法：顺序耦合方法和直接耦合方法。顺序耦合方法包括两个或多个按一定顺序排列的分析，每一种属于某一物理场分析。通过将前一个物理场分析的结果作为载荷施加到第二个物理场分析中进行耦合。典型的例子是热-应力顺序耦合分析，将热分析中得到的节点温度作为“体载荷”施加到随后的结构分析中去。直接耦合方法只包含一个分析，它使用包含多场自由度的耦合单元，通过计算包含所需物理量的单元矩阵或载荷矢量的方式进行耦合。

对于不存在高度非线性相互作用的情形，顺序耦合方法更为有效和方便，因为我们可以独立地进行两种场的分析。例如，对于热-应力顺序耦合分析，可以先进行非线性瞬态热分析，再进行线性静态应力分析。而后我们可以用热分析中任意载荷步或时间点的节点温度作为载荷进行应力分析。这里耦合是一个循环过程，其中迭代在两个物理场之间进行，直到结果收敛到所需要的精度。

直接耦合解法在解决耦合场相互作用具有高度非线性时更具优势，并且可利用耦合公式一次性得到最好的计算结果。直接耦合解法的例子包括压电分析伴随流体流动的热传导问题以及电路-电磁场耦合分析，求解这类耦合场相互作用问题都有专门的单元供直接选用。

进行顺序耦合场分析可使用间接法或物理环境法，这里只讨论间接法。

间接法使用不同的数据库和结果文件，每个数据库包含合适的实体模型、单元、载荷等，可以把一个结果文件读入到另一个数据库中，但单元和节点数量编号在数据库和结果文件中必须是相同的。如图 1.12 所示为间接法顺序耦合分析数据流程图。

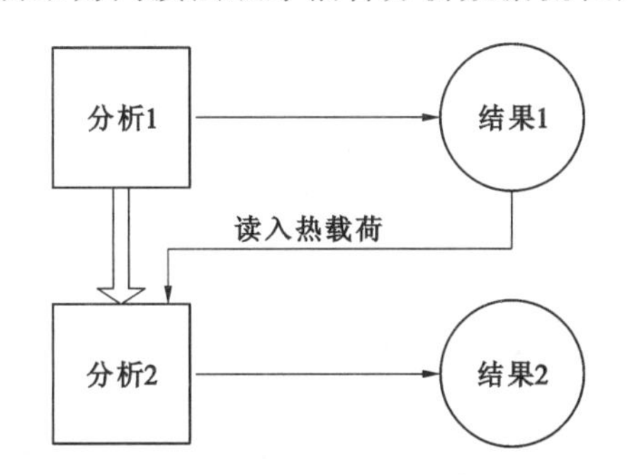

图 1.12 间接法顺序耦合分析数据流程图

在具有直接耦合场分析能力的单元中，只需用耦合场单元进行一次分析。耦合场单元包含所有必要的自由度，通过计算适当的单元矩阵（矩阵耦合）或是单元载荷矢量（载荷矢量耦合）来实现场的耦合。在用矩阵耦合方法计算的线性问题中，通过一次迭代即可完成耦合场相互作用问题的计算，而载荷矢量耦合方法完成一次耦合响应至少需要二次迭代。对于非线性问题，矩阵耦合方法和载荷矢量耦合方法均需迭代。

1.3.5 优化设计方法

提高高温工业炉衬寿命一直是冶金企业追求的目标。要想提高高温工业炉衬寿命，除了研究其结构参数、炉衬容量、内衬的材质、砌筑的方式方法、工艺操作、钢水和铁水的温度、渣的成分和碱度、钢水和铁水在钢包中停留的时间等对高温工业炉衬寿命的影响外，还有必要提出一种或多种适用的寿命预测优化模型，便于及时对高温工业炉衬进行维修，这对于提高高温工业炉衬寿命有着十分重要的意义[6]。

1.3.5.1 无约束优化计算方法

(1) 单变量优化计算方法

一维搜索就是要在初始单峰区间中求单峰函数的极小点，所以找初始单峰区间是一维搜索的第一步。然后将初始单峰区间逐步缩小，直至极小点存在的范围小于给定的一个正数 ε，此 ε 称为收敛精度或迭代精度。此时，如区间为 $[a(k),b(k)]$，即有

$$b(k)-a(k)\leqslant\varepsilon \tag{1.1}$$

可取该区间的中点作为极小点：

$$x^{*}=0.5[a(k)+b(k)] \tag{1.2}$$

① 黄金分割法

在区间 $[a,b]$ 内，适当插入两个内分点 x_1 和 $x_2(x_1<x_2)$，把 $[a,b]$ 分成三段。计算并比较 x_1 和 x_2 两点的函数值 $f(x_1)$ 和 $f(x_2)$，因为 $[a,b]$ 是单峰区间，故当 $f(x_1)>f(x_2)$ 时，极小点必在 $[x_1,b]$ 中；当 $f(x_1)<f(x_2)$ 时，极小点必在 $[a,x_2]$ 中。

无论发生哪种情况，都将包含极小点的区间缩小，即删去最左段或最右段，然后在保留下来的区间上做同样的处理，如此迭代下去，将使搜索区间逐步减小，直到满足预先给定的精度（终止准则）时，即获得一维优化问题的近似最优解。

② 二次插值法

二次插值法的基本思想是利用目标函数在不同点的函数值构成一个与原函数 $f(x)$ 相近似的二次多项式 $p(x)$，以 $p(x)$ 的极值点[即 $p'(x_p^*)=0$ 的根]作为目标函数 $f(x)$ 的近似极值点。

(2) 多变量优化计算方法

① 梯度法

梯度方向是函数增加最快的方向，而负梯度方向是函数下降最快的方向。梯度法以负梯度方向为搜索方向，每次迭代都沿着负梯度方向一维搜索，直到满足精度要求为止。因此，梯度法又称为最速下降法[7]。梯度法的优点是理论明确，程序简单，对初始点要求不严格，有着很好的整体收敛性；缺点是在远离极小点时逼近速度较快，而在接近极小点时逼近速度较慢，收敛速度与目标函数的性质密切相关。

② 牛顿法

牛顿法的基本思想是利用目标函数 $f(x)$ 在点 $x(k)$ 处的二阶 Taylor 展开式去近似目标函数，用二次函数的极小点去逼近目标函数的极小点。如果目标函数 $f(x)$ 在 R 上具有连续的二阶偏导数，其 Hessian 矩阵 $G(x)$ 正定并且可以表达为显式，那么可以使用牛顿法。

③ 修正牛顿法

为了克服牛顿法的缺点，人们保留将牛顿方向作为搜索方向，摒弃其步长恒取 1，而用一维搜索确定最优步长，由此产生的算法称为修正牛顿法（或阻力牛顿法、阻尼牛顿法）。

修正牛顿法克服了牛顿法的主要缺点，特别是当迭代点接近于最优解时，此法具有收敛速度快的优点，且对初始点的选择要求不严；修正牛顿法的缺点是仍然需要计算目标函数的 Hessian 矩阵和逆矩阵，所以求解的计算量和存储量很大，另外当目标函数的 Hessian 矩阵在某点出现奇异时，迭代将无法进行。

④ 共轭方向法

一般地，在 n 维空间可以找出 n 个互相共轭的方向，对于 n 元正定二次函数，从任意初始点出发，顺次沿这 n 个共轭方向最多作 n 次直线搜索就可以求得目标函数的极小点，这就是共轭方向法的算法形成的基本思想。对于 n 元正定二次目标函数，从任意初始点出发，如果经过有限次迭代就能够求得极小点，那么称这种算法具有二次终止性。例如，牛顿法对于二次函数只须经过一次迭代就可以求得极小点，因此是二次终止的，而最速下降法不具有二次终止性，共轭方向法（包括共轭梯度法，变尺度法等）是二次终止的。一般来说，具有二次终止性的算法，在用于一般函数时，收敛速度较快。

1.3.5.2　约束优化设计方法

与无约束优化问题不同的是，约束优化问题的目标函数的最小值是函数在有约束条件限定下的可行域内的最小值,并不一定是目标函数的自然最小值。约束优化方法是用来求解非线性约束优化问题的数值迭代算法。

(1) 可行方向法

可行方向法是用梯度去求解约束非线性最优化问题的一种有代表性的直接解法,它是求解大型约束优化问题的主要方法之一。其收敛速度快、效果好,但程序比较复杂,计算困难且工作量大。

数学基础:梯度法、方向导数、K-T 条件。

适用条件:目标函数和约束函数均为 n 维一阶连续可微函数、可行域是连续闭集、求解不等式约束的一种直接解法。

(2) 惩罚函数法

惩罚函数法的基本思想是将不等式约束函数 $g_u(x) \leqslant 0(u=1,2,\cdots,m)$ 、等式约束函数 $h_v(x)=0(v=1,2,\cdots,p)$ 和待定系数 $r^{(k)}$ (称为加权因子)经加权转化后,和原目标函数一起组成一个新的目标函数(惩罚函数),然后对它求最优解。

把其中不等式约束函数和等式约束函数值经加权处理后,和原目标函数结合成新的目标函数:

$$\min\Phi(X,r_1^{(k)},r_2^{(k)}) = f(X)+r_1^{(k)}\sum_{u=1}^{m}G[g_u(X)]+r_2^{(k)}\sum_{v=1}^{p}H[h_v(X)] \tag{1.3}$$

① 外点惩罚函数法

基本思想:外点惩罚函数法是将惩罚函数定义于可行域的外部。序列迭代点从可行域外部逐渐逼近约束边界上的最优点。

外点惩罚函数法构造惩罚函数的形式为:

$$\Phi(X,r^{(k)}) = f(X)+r^{(k)}\sum_{u=1}^{m}\max[0,g_u(X)]^2+r^{(k)}\sum_{v=1}^{p}[h_v(X)]^2 \tag{1.4}$$

② 内点惩罚函数法

基本思想:内点惩罚函数法是将新目标函数定义于可行域内,序列迭代点在可行域内逐步逼近约束边界上的最优点。内点法只能用来求解具有不等式约束的优化问题。

内点惩罚函数法构造惩罚函数的形式为:

$$\Phi(X,r^{(k)}) = f(X)-r^{(k)}\sum_{u=1}^{m}[1/g_u(X)]$$

或

$$\Phi(X,r^{(k)}) = f(X)-r^{(k)}\sum_{u=1}^{m}\ln[-g_u(X)] \tag{1.5}$$

因内点惩罚函数法将惩罚函数定义在可行域内,故点 $X^{(0)}$ 要严格满足全部的约束条件,且应选择离约束边界较远些,即应使 $g_u(X^{(0)})<0(u=1,2,\cdots,m)$。

③ 初始惩罚因子 $r^{(0)}$ 的选择

初始惩罚因子 $r^{(0)}$ 的选择会影响到迭代计算能否正常进行以及计算效率的高低, $r^{(0)}$ 的值应适当。若 $r^{(0)}$ 太大,则开始几次构造的惩罚函数的无约束极值点会离约束边界很远,将增加迭代次数,使计算效率降低。若 $r^{(0)}$ 太小,惩罚函数中的障碍项的作用就会很小,使惩罚函数性态变坏,甚至难以收敛到原约束目标函数的极值点。目前,还没有一定的有效选择方法,往往要经过多次试算，才能确定一个适当的 $r^{(0)}$ 。多数情况下，一般取 $r^{(0)}=1$，然后根据试算的结果，加以调整。

④ 惩罚因子的缩减系数 C 的选择

在构造序列惩罚函数时，惩罚因子 $r^{(k)}$ 是一个逐次递减到 0 的数列，相邻两次迭代的惩罚因子关系式为：

$$r^{(k)}=Cr^{(k-1)}$$

其中 C——惩罚因子的缩减系数，$0<C<1$，通常取值为 0.1～0.7。

1.3.5.3 软件优化

优化设计是一种寻找确定最优设计方案的技术。所谓“最优设计”，指的是一种方案可以满足所有的设计要求，而且所需的支出（如质量、面积、体积、应力、费用等）最小。也就是说，最优设计方案就是一个最有效率的设计方案。

设计方案的任何方面都是可以优化的，比如说：尺寸（如厚度）、形状（如过渡圆角的大小）、支撑位置、制造费用、自然频率、材料特性等。实际上，所有可以参数化的 ANSYS 选项都可以作优化设计。

ANSYS 程序提供了两种优化的方法，这两种方法可以处理绝大多数的优化问题。零阶方法是一个很完善的处理方法，可以很有效地处理大多数的工程问题。一阶方法基于目标函数对设计变量的敏感程度，因此更加适合于精确的优化分析。

对于这两种方法，ANSYS 程序提供了一系列的分析—评估—修正的循环过程，就是先对初始设计进行分析，然后按设计要求进行评估，最后修正设计。这一循环过程重复进行，直到所有的设计要求都满足为止[8]。

除了这两种优化方法，ANSYS 程序还提供了一系列的优化工具以提高优化过程的效率。例如，随机优化分析的迭代次数是可以指定的；随机计算结果的初始值可以作为优化过程的起点数值。

ANSYS 优化设计中涉及一些基本的概念：设计变量，状态变量，目标函数，合理和不合理的设计，分析文件，迭代，循环，设计序列等。设计变量（DVs）为自变量，优化结果的取得就是通过改变设计变量的数值来实现的。每个设计变量都有上下限，它定义了设计变量的变化范围。ANSYS 优化程序允许定义不超过 60 个设计变量。

状态变量（SVs）是约束设计的数值。它们是因变量，是设计变量的函数。状态变量可能会有上下限，也可能只有单方面的限制，即只有上限或只有下限。在 ANSYS 优化程序中用户可以定义不超过 100 个状态变量。

目标函数是要尽量减小的数值。它必须是设计变量的函数，也就是说，改变设计变量的数值将改变目标函数的数值。在 ANSYS 优化程序中，只能设定一个目标函数。

设计变量、状态变量和目标函数总称为优化变量。在 ANSYS 优化中，这些变量是由用户定义的参数来指定的。用户必须指出在参数集中什么是设计变量，什么是状态变量，什么是目标函数。

设计序列是指确定一个特定模型的参数的集合。一般来说，设计序列是由优化变量的数值来确定的，但所有的模型参数（包括不是优化变量的参数）组成了一个设计序列。

一个合理的设计是指满足所有给定的约束条件（设计变量的约束和状态变量的约束）的设计。如果其中任一约束条件不被满足，设计就被认为是不合理的。而最优设计是既满足所有的约束条件又能得到最小目标函数值的设计。如果所有的设计序列都是不合理的，那么最优设计是最接近于合理的设计，而不考虑目标函数的数值。

分析文件是一个 ANSYS 的命令流输入文件，包括一个完整的分析过程（前处理，求解，后处理）。它必须包含一个参数化的模型，用参数定义模型并指出设计变量、状态变量和目标函数。由这个文件可以自动生成优化循环文件（Jobname.loop），并在优化计算中循环处理。

一次循环指一个分析周期，可以理解为执行一次分析文件。最后一次循环的输出存储在文件 Jobname.opo 中。优化迭代（或仅仅是迭代过程）是产生新的设计序列的一次或多次分析循环。一般来说，一次迭代等同于一次循环。但对于一阶方法，一次迭代代表多次循环。

优化数据库记录当前的优化环境，包括优化变量定义、参数、所有优化设定和设计序列集合。该数据库可以存储（在文件 Jobname.opt），也可以随时读入优化处理器中。

图 1.13 显示出了优化分析中的数据流向。分析文件必须作为一个单独的实体存在，优化数据库不是 ANSYS 模型数据库的一部分。

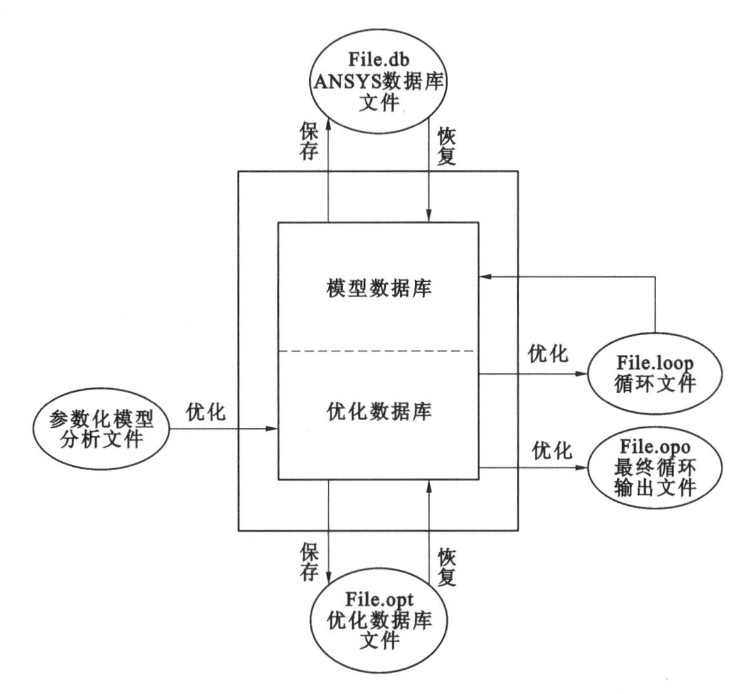

图 1.13 优化数据流向

共有两种方法实现 ANSYS 优化设计：批处理方法和通过 GUI 交互式地完成。这两种方法的选择取决于用户对于 ANSYS 程序的熟悉程度和是否习惯于图形交互方式。如果对于 ANSYS 程序的命令相当熟悉，就可以选择用命令输入整个优化文件并通过批处理方式来进行优化。对于复杂的分析任务来说（如非线性），这种方法更有效率。而交互方式具有更大的灵活性，并且可以实时看到循环过程的结果。在用 GUI 方式进行优化时，首要的是要建立模型的分析文件，然后优化处理器所提供的功能可以交互式地使用，以确定设计空间，便于后续优化处理的进行。这些初期交互式的操作可以帮助用户缩小设计空间的大小，使优化过程得到更高的效率。

优化设计通常包括以下几个步骤，这些步骤根据用户所选用优化方法（批处理或 GUI 方式）的不同而有细微的差别。

(1) 生成循环所用的分析文件。该文件必须包括整个分析的过程，而且必须满足以下条件：参数化建立模型（PREP7）；求解（SOLUTION）；提取并指定状态变量和目标函数（POST1/POST26）。

(2) 在 ANSYS 数据库里建立与分析文件中变量相对应的参数（BEGIN 或 OPT）。这一步是标准的做法，但不是必需的。

(3) 进入优化分析模块 OPT，指定优化分析文件（OPT）。

(4) 声明优化变量。

(5) 选择优化工具或优化方法。

(6) 指定优化循环控制方式。

(7) 进行优化分析。

(8) 查看设计序列结果（OPT）和后处理（POST1 或 POST26）。

参 考 文 献

[1] 刘麟瑞，林彬荫．工业窑炉耐火材料手册[M]．北京：冶金工业出版社，2007.

[2] 李锡蓉，陈磊，徐人平．计算机三维建模技术在工业造型设计中的应用[J]．昆明理工大学学报：自然科学版，2001，26(4)：95-98.

[3] 王志刚，李楠，孔建益，等．钢包底工作衬的热应力分布及结构优化[J]．耐火材料，2004，38(4)：271-274.

[4] 王志刚，李楠，孔建益，等．长水口热机械应力研究[J]．耐火材料，2004，38(2)：118-120.

[5] 王志刚，李楠，孔建益，等．耐火材料热应力分析中的材料本构模型研究[J]．工业炉，2008，30(4)：37-40.

[6] 李远兵，王兴东，李楠，等．有限元法在耐火材料中的应用[J]．耐火材料，2001，35(5)：293-295.

[7] 蒋国璋，孔建益，李公法，等．钢包内衬结构的优化研究[J]．冶金能源，2006，25(4)：41-43.

[8] 刘耀林，孔建益，蒋国璋，等．基于有限元法的中间包流场的数学模拟[J]．钢铁研究学报，2006，18(4)：18-20.

2 工业炉衬热机械应力分析的有限元方法

工业炉衬系统的热机械应力的分析是一个典型的热-结构耦合分析问题，一般需先进行温度场分析，然后在温度场分析的基础上，进行应力分析。下面简要介绍利用有限单元法对炉衬系统进行热机械应力分析的一般过程[1-2]。

2.1 热应力问题有限单元法的基本原理

2.1.1 热传导问题的一般方程

在一般三维问题中，瞬态温度场的场变量 $T(x,y,z,t)$ 在直角坐标系中应满足如下的微分方程：

$$\rho c \frac{\partial T}{\partial t} - \frac{\partial}{\partial x}\left(k_x \frac{\partial T}{\partial x}\right) - \frac{\partial}{\partial y}\left(k_y \frac{\partial T}{\partial y}\right) - \frac{\partial}{\partial z}\left(k_z \frac{\partial T}{\partial z}\right) - \rho Q = 0 \quad (\text{在 } \Omega \text{ 内}) \tag{2.1}$$

边界条件是

$$T = \overline{T} \quad (\text{在 } \Gamma_1 \text{ 边界上}) \tag{2.2}$$

$$k_x \frac{\partial T}{\partial x} n_x + k_y \frac{\partial T}{\partial y} n_y + k_z \frac{\partial T}{\partial z} n_z = q \quad (\text{在 } \Gamma_2 \text{ 边界上}) \tag{2.3}$$

$$k_x \frac{\partial T}{\partial x} n_x + k_y \frac{\partial T}{\partial y} n_y + k_z \frac{\partial T}{\partial z} n_z = h(T_a - T) \quad (\text{在 } \Gamma_3 \text{ 边界上}) \tag{2.4}$$

式中 ρ——材料密度，kg/m^3；

c——材料比热容，J/(kg·K)；

t——时间，s；

k_x,k_y,k_z——材料沿不同方向的导热系数，W/(m·K)；

$Q=Q(x,y,z,t)$——物体内部的热源密度，W/kg；

n_x,n_y,n_z——边界外法线的方向余弦；

$\overline{T}=\overline{T}(\Gamma,t)$——$\Gamma_1$ 边界上的给定温度，K；

$q=q(\Gamma,t)$——Γ_2 边界上的给定热流量，W/m^2；

h——传热系数，W/(m^2·K)；

$T_a=T_a(\Gamma,t)$——在自然对流条件下，T_a 是外界环境温度；在强迫对流条件下，T_a 是边界层的绝热壁温度，K。

边界应满足：

$$\Gamma_1 + \Gamma_2 + \Gamma_3 = \Gamma$$

其中 Γ 是 Ω 域的全部边界。

微分方程式(2.1)是热量平衡方程。式中第一项是微体升温所需的热量；第 2、3、4 项是由 x、y 和 z 方向传入微体的热量；最后一项是微体内热源产生的热量。微分方程表明：微体升温所需的热量应与传入微体的热量以及微体内热源产生的热量相平衡[3]。

式(2.2)是在 Γ_1 边界上给定温度 $\overline{T}(\Gamma,t)$，称为第一类边界条件，它是强制边界条件。式(2.3)是在 Γ_2 边界上给定热流量 $q(\Gamma,t)$，称为第二类边界条件，当 $q=0$ 时就是绝热边界条件。式(2.4)是在 Γ_3 边界上给定对流换热条件，称为第三类边界条件。第二、三类边界条件是自然边界条件。

当在一个方向上，例如 z 方向温度变化为零时，方程式(2.1)就退化为二维问题的热传导微分方程：

$$\rho c\frac{\partial T}{\partial t}-\frac{\partial}{\partial x}\left(k_x\frac{\partial T}{\partial x}\right)-\frac{\partial}{\partial y}\left(k_y\frac{\partial T}{\partial y}\right)-\rho Q=0 \quad (\text{在 } \Omega \text{ 内}) \tag{2.5}$$

这时，场变量 $T(x,y,t)$ 不再是 z 的函数。场变量同时应满足的边界条件是：

$$T=\overline{T}(\Gamma,t) \quad (\text{在 } \Gamma_1 \text{ 边界上}) \tag{2.6}$$

$$k_x\frac{\partial T}{\partial x}n_x+k_y\frac{\partial T}{\partial y}n_y=q(\Gamma,t) \quad (\text{在 } \Gamma_2 \text{ 边界上}) \tag{2.7}$$

$$k_x\frac{\partial T}{\partial x}n_x+k_y\frac{\partial T}{\partial y}n_y=h(T_a-T) \quad (\text{在 } \Gamma_3 \text{ 边界上}) \tag{2.8}$$

对于轴对称问题，在柱坐标中场变量 $\phi(r,z,t)$ 应满足的微分方程是：

$$\rho cr\frac{\partial T}{\partial t}-\frac{\partial}{\partial r}\left(k_r\frac{\partial T}{\partial r}\right)-\frac{\partial}{\partial z}\left(k_z\frac{\partial T}{\partial z}\right)-\rho rQ=0 \quad (\text{在 } \Omega \text{ 内}) \tag{2.9}$$

边界条件是：

$$\left.\begin{aligned}&T=\overline{T}(\Gamma,t) && (\text{在 } \Gamma_1 \text{ 边界上})\\&k_r\frac{\partial T}{\partial r}n_r+k_z\frac{\partial T}{\partial z}n_z=q(\Gamma,t) && (\text{在 } \Gamma_2 \text{ 边界上})\\&k_r\frac{\partial T}{\partial r}n_r+k_z\frac{\partial T}{\partial z}n_z=h(T_a-T) && (\text{在 } \Gamma_3 \text{ 边界上})\end{aligned}\right\} \tag{2.10}$$

在式(2.5)～式(2.10)中，各项符号意义与式(2.1)～式(2.4)中的类同。

求解瞬态温度场问题就是求解在初始条件下，即在

$$\phi=\phi_0 \quad (\text{当 } t=0) \tag{2.11}$$

条件下满足瞬态热传导方程及边界条件的场函数 ϕ，ϕ 应是坐标和时间的函数。如果边界上的 $\overline{T}$、q、T_a 及内部的 Q 不随时间变化，则经过一定时间的热交换后，物体内各点温度也将不再随时间而变化，即：

$$\frac{\partial T}{\partial t}=0 \tag{2.12}$$

这时，瞬态热传导方程就退化为稳态热传导方程。由式(2.1)，考虑式(2.12)的情况，得到三维问题的稳态热传导方程：

$$\frac{\partial}{\partial x}\left(k_x\frac{\partial T}{\partial x}\right)+\frac{\partial}{\partial y}\left(k_y\frac{\partial T}{\partial y}\right)+\frac{\partial}{\partial z}\left(k_z\frac{\partial T}{\partial z}\right)+\rho Q=0 \quad (\text{在 } \Omega \text{ 内}) \tag{2.13}$$

由式(2.5)可得二维问题的稳态热传导方程：

$$\frac{\partial}{\partial x}\left(k_x \frac{\partial T}{\partial x}\right)+\frac{\partial}{\partial y}\left(k_y \frac{\partial T}{\partial y}\right)+\rho Q=0 \qquad (\text{在 } \Omega \text{ 内}) \tag{2.14}$$

由式(2.9)则可得轴对称问题的稳态热传导方程：

$$\frac{\partial}{\partial r}\left(k_r \frac{\partial T}{\partial r}\right)+\frac{\partial}{\partial z}\left(k_z \frac{\partial T}{\partial z}\right)+\rho Q=0 \qquad (\text{在 } \Omega \text{ 内}) \tag{2.15}$$

求解稳态温度场的问题就是求解满足稳态热传导方程及边界条件的场变量函数 ϕ，ϕ 只是坐标的函数，与时间无关。

2.1.2 稳态温度场的有限元方法

将复杂结构离散成为互不重叠的形状简单的单元，在单元局部区域内取近似函数进行插值，再叠加成最后的控制方程，这是用有限元方法进行温度场分析的基本思想。建立稳态热传导问题有限元格式的一般过程可叙述如下。

现以二维问题为例，说明伽辽金法建立稳态热传导问题有限元格式的过程[4]。首先构造近似温度场函数 $\widetilde{T}$，并设 $\widetilde{T}$ 已满足 Γ_1 边界上的强制边界条件式(2.6)。将近似函数代入方程式(2.14)及边界条件式(2.7)和式(2.8)。因 $\widetilde{T}$ 的近似性，将产生余量，即有：

$$\left.\begin{aligned}
R_\Omega &= \frac{\partial}{\partial x}\left(k_x \frac{\partial \widetilde{T}}{\partial x}\right)+\frac{\partial}{\partial y}\left(k_y \frac{\partial \widetilde{T}}{\partial y}\right)+\frac{\partial}{\partial z}\left(k_z \frac{\partial \widetilde{T}}{\partial z}\right)+\rho Q \\
R_{\Gamma_2} &= k_x \frac{\partial \widetilde{T}}{\partial x} n_x + k_y \frac{\partial \widetilde{T}}{\partial y} n_y - q \\
R_{\Gamma_3} &= k_x \frac{\partial \widetilde{T}}{\partial x} n_x + k_y \frac{\partial \widetilde{T}}{\partial y} n_y - h(T_a - \widetilde{T})
\end{aligned}\right\} \tag{2.16}$$

利用加权余量法建立有限元格式的基本思想是使余量的加权积分为零，即

$$\int_\Omega R_\Omega w_1 \mathrm{d}\Omega + \int_{\Gamma_2} R_{\Gamma_2} w_2 \mathrm{d}\Gamma + \int_{\Gamma_3} R_{\Gamma_3} w_3 \mathrm{d}\Gamma = 0 \tag{2.17}$$

式中，w_1、w_2、w_3 是权函数，上式的意义是使微分方程式(2.14)和自然边界条件式(2.7)及式(2.8)在全域及边界上得到加权意义上的满足。

将式(2.16)代入式(2.17)并进行分布积分可以得到：

$$\begin{aligned}
&-\int_\Omega \left[\frac{\partial w_1}{\partial x}\left(k_x \frac{\partial \widetilde{T}}{\partial x}\right)+\frac{\partial w_1}{\partial y}\left(k_y \frac{\partial \widetilde{T}}{\partial y}\right)-\rho Q w_1\right]\mathrm{d}\Omega + \int_\Gamma w_1\left(k_x \frac{\partial \widetilde{T}}{\partial x} n_x + k_y \frac{\partial \widetilde{T}}{\partial y} n_y\right)\mathrm{d}\Gamma \\
&+\int_{\Gamma_2}\left(k_x \frac{\partial \widetilde{T}}{\partial x} n_x + k_y \frac{\partial \widetilde{T}}{\partial y} n_y - q\right) w_2 \mathrm{d}\Gamma + \int_{\Gamma_3}\left[k_x \frac{\partial \widetilde{T}}{\partial x} n_x + k_y \frac{\partial \widetilde{T}}{\partial y} n_y - h(T_a - \widetilde{T})\right] w_3 \mathrm{d}\Gamma = 0
\end{aligned} \tag{2.18}$$

将空间域 Ω 离散为有限个单元体，在典型单元内各点的温度 T 可以近似地用单元的结点温度 T_i 插值得到：

$$T = \widetilde{T} = \sum_{i=1}^{n_e} N_i(x,y) T_i = \boldsymbol{N}\boldsymbol{T}^e \tag{2.19}$$

$$\boldsymbol{N} = [N_1, N_2, \cdots, N_{n_e}] \tag{2.20}$$

式中，n_e 是每个单元的结点个数；$N_i(x,y)$ 是插值函数，它具有下述性质：

$$N_i(x_j, y_j) = \begin{cases} 0, & (j \neq i) \\ 1, & (j = i) \end{cases} \tag{2.21}$$

$$\sum N_i = 1$$

由于近似场函数是构造在单元中的,因此式(2.18)的积分可改写为对单元积分的总和。

用伽辽金法选择权函数:

$$w_1 = N_j \qquad (j = 1,2,\cdots,n_e) \tag{2.22}$$

其中 n_e 是 Ω 域全部离散得到的结点总数。在边界上不失一般性地选择

$$w_2 = w_3 = - w_1 = - N_j \qquad (j = 1,2,\cdots,n) \tag{2.23}$$

因 $\widetilde{T}$ 已满足强制边界条件(在解方程前引入强制边界条件修正方程),因此在 Γ_1 边界上不再产生余量,可令 w_1 在 Γ_1 边界上为零。

将以上各式代入式(2.18)则可以得到:

$$\sum_e \int_{\Omega^e} \left[\frac{\partial N_j}{\partial x}\left(k_x \frac{\partial \boldsymbol{N}}{\partial x}\right) + \frac{\partial N_j}{\partial y}\left(k_y \frac{\partial \boldsymbol{N}}{\partial y}\right) \right] \boldsymbol{T}^e \mathrm{d}\Omega - \sum_e \int_{\Omega^e} \rho Q N_j \mathrm{d}\Omega - \sum_e \int_{\Gamma_2^e} N_j q \mathrm{d}\Gamma$$
$$- \sum_e \int_{\Gamma_3^e} N_j h T_a \mathrm{d}\Gamma + \sum_e \int_{\Gamma_3^e} N_j h \boldsymbol{N} \boldsymbol{T}^e \mathrm{d}\Gamma = 0 \qquad (j = 1,2,\cdots,n) \tag{2.24}$$

写成矩阵形式则有:

$$\sum_e \int_{\Omega^e} \left[\left(\frac{\partial \boldsymbol{N}}{\partial x}\right)^{\mathrm{T}} k_x \frac{\partial \boldsymbol{N}}{\partial x} + \left(\frac{\partial \boldsymbol{N}}{\partial y}\right)^{\mathrm{T}} k_y \frac{\partial \boldsymbol{N}}{\partial y} \right] \boldsymbol{T}^e \mathrm{d}\Omega - \sum_e \int_{\Omega^e} \rho Q \boldsymbol{N}^{\mathrm{T}} \mathrm{d}\Omega - \sum_e \int_{\Gamma_2^e} \boldsymbol{N}^{\mathrm{T}} q \mathrm{d}\Gamma$$
$$- \sum_e \int_{\Gamma_3^e} \boldsymbol{N}^{\mathrm{T}} h T_a \mathrm{d}\Gamma + \sum_e \int_{\Gamma_3^e} h \boldsymbol{N}^{\mathrm{T}} \boldsymbol{N} \boldsymbol{T}^e \mathrm{d}\Gamma = 0 \qquad (j = 1,2,\cdots,n) \tag{2.25}$$

式(2.25)是 n 个联立的线性代数方程组,用以确定 n 个结点温度 T_i。按照一般的有限元格式,式(2.25)可表示为:

$$\boldsymbol{K} T = \boldsymbol{P} \tag{2.26}$$

式中 $\boldsymbol{K}$——热传导矩阵;

$T = [T_1, T_2, \cdots, T_n]^{\mathrm{T}}$——结点温度列阵;

$\boldsymbol{P}$——温度载荷列阵。

矩阵 $\boldsymbol{K}$ 和 $\boldsymbol{P}$ 的元素分别表示如下:

$$K_{ij} = \sum_e \int_{\Omega^e} \left(k_x \frac{\partial N_i}{\partial x} \frac{\partial N_j}{\partial x} + k_y \frac{\partial N_i}{\partial y} \frac{\partial N_j}{\partial y}\right) \mathrm{d}\Omega + \sum_e \int_{\Gamma_3^e} h N_i N_j \mathrm{d}\Gamma \tag{2.27}$$

$$P_i = \sum_e \int_{\Gamma_2^e} N_i q \mathrm{d}\Gamma + \sum_e \int_{\Gamma_3^e} N_i h T_a \mathrm{d}\Gamma + \sum_e \int_{\Omega^e} N_i \rho Q \mathrm{d}\Omega \tag{2.28}$$

式(2.27)中的第一项是各单元对热传导矩阵的贡献;第二项是第三类热交换边界条件对热传导矩阵的修正。式(2.28)中的三项分别为给定热流、热交换以及热源引起的温度载荷。可以看出,热传导矩阵和温度载荷列阵都是由单元相应的矩阵集合而成。可将式(2.27)及式(2.28)改写成单元集成的形式:

$$K_{ij} = \sum_e K_{ij}^e + \sum_e H_{ij}^e \tag{2.29}$$

$$P_i = \sum_e P_{q_i}^e + \sum_e P_{H_i}^e + \sum_e P_{Q_i}^e \tag{2.30}$$

式中

$$K_{ij}^e = \int_{\Omega^e} \left(k_x \frac{\partial N_i}{\partial x} \frac{\partial N_j}{\partial x} + k_y \frac{\partial N_i}{\partial y} \frac{\partial N_j}{\partial y}\right) \mathrm{d}\Omega \tag{2.31}$$

$$H_{ij}^e = \int_{\Gamma_3^e} h N_i N_j \mathrm{d}\Gamma \tag{2.32}$$

$$P^e_{q_i} = \int_{\Gamma^e_2} N_i q \mathrm{d}\Gamma \tag{2.33}$$

$$P^e_{H_i} = \int_{\Gamma^e_3} N_i h T_a \mathrm{d}\Gamma \tag{2.34}$$

$$P^e_{Q_i} = \int_{\Omega^e} N_i \rho Q \mathrm{d}\Omega \tag{2.35}$$

以上就是二维稳定热传导问题有限元的一般格式。

热对流一般需要液体或气体的介质才能发生，单纯的固体不能发生对流。引起对流的主要原因是温度不同的液体或气体分子的相互碰撞以及分子从高温部分向低温部分的运动。液体或气体都能与固体物质发生热对流，液体或气体分子不断地通过固体物质的表面，带走固体物质表面的温度。在单一热对流的情况下可以通过热对流的通用计算公式来计算热流量，热流量的计算公式如下：

$$\Phi = A\alpha\Delta T \tag{2.36}$$

式中 Φ——单位时间内通过物体某一均匀截面的热流量，W；

ΔT——固体与气体或固体与液体间的温度差，K；

A——对流换热的表面积，m^2；

α——表面对流传热系数，$W/(m^2 \cdot K)$。

辐射传热不需要两个物体接触，也可以不需要液体或气体介质，其热量的传递是通过高温物体自身所发射的电磁波来实现的，电磁波的能量大小和辐射物体的温度有关，温度越高所发射的电磁波能量越高。同时辐射还和周围的环境有密切关系，电磁波的传递受到的阻碍越小辐射能力越强，阻碍越大辐射能力越弱。在单纯只有热量辐射的情况下，其热量的传递可以通过表达式来计算，通用的微分公式如下：

$$\rho c \frac{\partial T}{\partial t} = \frac{\partial}{\partial x}\left(K_x \frac{\partial T}{\partial x}\right) + \frac{\partial}{\partial y}\left(K_y \frac{\partial T}{\partial y}\right) + \frac{\partial}{\partial z}\left(K_z \frac{\partial T}{\partial z}\right) \tag{2.37}$$

式中 ρ——材料的密度，kg/m^3；

c——材料的比热容，$J/(kg \cdot K)$；

T——辐射物体的温度，K；

t——辐射时间，s；

K_x, K_y, K_z——材料沿 x、y、z 三个方向的导热系数，$W/(m \cdot K)$。

2.1.3 瞬态温度场的有限元方法

瞬态温度场与稳态温度场主要的差别是瞬态温度场的场函数温度不仅是空间域 Ω 的函数，而且还是时间域 t 的函数。但是时间和空间两种域并不耦合，因此建立有限元格式时可以采用部分离散的方法[5]。

以二维问题为例建立瞬态温度场有限元的一般格式。首先将空间域 Ω 离散为有限个单元体，在典型单元内温度 T 仍可近似地用结点温度 T_i 插值得到，但注意此时结点温度是时间的函数：

$$T = \widetilde{T} = \sum_{i=1}^{n_e} N_i(x,y) T_i(t) \tag{2.38}$$

插值函数 N_i 只是空间域的函数，它与前述的问题一样，也具有插值函数的基本性质。构

造 $\widetilde{T}$ 时已满足 Γ_1 上的边界条件，因此把式(2.38)代入场方程式(2.5)和边界条件式(2.7)、式(2.8)时将产生余量。

$$R_\Omega = \frac{\partial}{\partial x}\left(k_x \frac{\partial \widetilde{T}}{\partial x}\right) + \frac{\partial}{\partial y}\left(k_y \frac{\partial \widetilde{T}}{\partial y}\right) + \frac{\partial}{\partial z}\left(k_z \frac{\partial \widetilde{T}}{\partial z}\right) + \rho Q - \rho c \frac{\partial \widetilde{T}}{\partial i} \tag{2.39}$$

$$R_{\Gamma_2} = k_x \frac{\partial \widetilde{T}}{\partial x} n_x + k_y \frac{\partial \widetilde{T}}{\partial y} n_y - q \tag{2.40}$$

$$R_{\Gamma_3} = k_x \frac{\partial \widetilde{T}}{\partial x} n_x + k_y \frac{\partial \widetilde{T}}{\partial y} n_y - h(T_a - \widetilde{T}) \tag{2.41}$$

令余量的加权积分为零，即：

$$\int_\Omega R_\Omega w_1 \mathrm{d}\Omega + \int_{\Gamma_2} R_{\Gamma_2} w_2 \mathrm{d}\Gamma + \int_{\Gamma_3} R_{\Gamma_3} w_3 \mathrm{d}\Gamma = 0 \tag{2.42}$$

按伽辽金法选择权函数：

$$\begin{aligned} w_1 &= N_j \qquad (j = 1, 2, \cdots, n_e) \\ w_2 &= w_3 = -w_1 \end{aligned} \tag{2.43}$$

代入式(2.42)，与稳态温度场建立有限元格式的过程类似，经过分部积分后可以得到用以确定 n 个结点温度 T_i 的矩阵方程：

$$\boldsymbol{C}\dot{\boldsymbol{T}} + \boldsymbol{K}\boldsymbol{T} = \boldsymbol{P} \tag{2.44}$$

这是一组以时间 t 为独立变量的线性常微分方程组。式中 $\boldsymbol{C}$ 是热容矩阵，$\boldsymbol{K}$ 是热传导矩阵，$\boldsymbol{C}$ 和 $\boldsymbol{K}$ 都是对称正定矩阵。$\boldsymbol{P}$ 是温度载荷列阵，$\boldsymbol{T}$ 是结点温度列阵，$\dot{\boldsymbol{T}}$是结点温度对时间的导数列阵，$\dot{\boldsymbol{T}} = \mathrm{d}T/\mathrm{d}t$。矩阵 $\boldsymbol{K}$、$\boldsymbol{C}$ 和 $\boldsymbol{P}$ 的元素由单元相应的矩阵元素集成：

$$\left.\begin{aligned} K_{ij} &= \sum_e K_{ij}^e + \sum_e H_{ij}^e \\ C_{ij} &= \sum_e C_{ij}^e \\ P_i &= \sum_e P_{q_i}^e + \sum_e P_{H_i}^e + \sum_e P_{Q_i}^e \end{aligned}\right\} \tag{2.45}$$

单元的矩阵元素由下列各式给出：

$$K_{ij}^e = \int_{\Omega^e} \left(k_x \frac{\partial N_i}{\partial x} \frac{\partial N_j}{\partial x} + k_y \frac{\partial N_i}{\partial y} \frac{\partial N_j}{\partial y}\right) \mathrm{d}\Omega \tag{2.46}$$

式(2.46)是单元对热传导矩阵的贡献；

$$H_{ij}^e = \int_{\Gamma_3^e} h N_i N_j \mathrm{d}\Gamma \tag{2.47}$$

式(2.47)是单元热交换边界对热传导矩阵的贡献；

$$C_{ij}^e = \int_{\Omega^e} \rho c N_i N_j \mathrm{d}\Omega \tag{2.48}$$

式(2.48)是单元对热容矩阵的贡献；

$$P_{Q_i}^e = \int_{\Omega^e} N_i \rho Q \mathrm{d}\Omega \tag{2.49}$$

式(2.49)是单元热源产生的温度载荷；

$$P_{q_i}^e = \int_{\Gamma_2^e} N_i q \mathrm{d}\Gamma \tag{2.50}$$

式(2.50)是单元给定热流边界的温度载荷；

$$P_{H_i}^e = \int_{\Gamma_3^e} N_i h T_a \mathrm{d}\Gamma \tag{2.51}$$

式(2.51)是单元对流换热边界的温度载荷。

至此，已将时间域和空间域的偏微分方程问题在空间域内离散为 n 个结点温度 $T(t)$ 的常微分方程的初值问题。对于给定温度值的边界 Γ_1 上的 n_1 个结点，方程式(2.44)中相应的式子应引入以下条件：

$$T_i = \widetilde{T}_i \qquad (i = 1,2,\cdots,n_1) \tag{2.52}$$

式中，i 是 Γ_1 上的 n_1 个结点的编号。

以上就是二维瞬态热传导问题有限元的一般格式。

2.1.4 应力分析数学模型

应力计算的过程一般可以分成以下几个步骤：首先根据工业炉衬温度分布和其各部分的热膨胀系数计算在特定约束条件下的变形；然后利用几何方程由变形位移计算其内各点的应变；最后根据材料的物理方程(应力与应变的关系)由应变计算工业炉衬内各点的应力。

(1) 应力场几何方程

即表征其中应变-位移关系的方程，如式(2.53)所示。

$$\varepsilon = \begin{bmatrix} \frac{\partial}{\partial x} & 0 & 0 \\ 0 & \frac{\partial}{\partial y} & 0 \\ 0 & 0 & \frac{\partial}{\partial z} \\ \frac{\partial}{\partial y} & \frac{\partial}{\partial x} & 0 \\ 0 & \frac{\partial}{\partial z} & \frac{\partial}{\partial y} \\ \frac{\partial}{\partial z} & 0 & \frac{\partial}{\partial x} \end{bmatrix} \nu \tag{2.53}$$

式中，$\varepsilon=[\varepsilon_x \quad \varepsilon_y \quad \varepsilon_z \quad \gamma_{xy} \quad \gamma_{xz} \quad \gamma_{yz}]^{\mathrm{T}}$ 为工业炉衬内任一点的应变，$\nu=[u \quad v \quad w]^{\mathrm{T}}$，$u$、$v$、$w$ 分别表示沿 x、y、z 方向的位移。根据以上的应变-位移关系，可由工业炉衬各点的位移(热膨胀变形所致)计算出其内各点的应变。

(2) 应力场物理方程

即表征其中应力-应变关系的方程。基于胡克定律，材料的应力 σ 与应变 ε 成正比，如式(2.54)所示。

$$\sigma = E\varepsilon \tag{2.54}$$

对于复杂的实体模型，根据广义胡克定律可将其应力 σ 与应变 ε 的关系描述为：

$$\sigma = \frac{E(1-\nu)}{(1+\nu)(1+2\nu)}\begin{bmatrix} 1 & \frac{\nu}{1-\nu} & \frac{\nu}{1-\nu} & 0 & 0 & 0 \\ \frac{\nu}{1-\nu} & 1 & \frac{\nu}{1-\nu} & 0 & 0 & 0 \\ \frac{\nu}{1-\nu} & \frac{\nu}{1-\nu} & 1 & 0 & 0 & 0 \\ 0 & 0 & 0 & \frac{1-2\nu}{2(1-\nu)} & 0 & 0 \\ 0 & 0 & 0 & 0 & \frac{1-2\nu}{2(1-\nu)} & 0 \\ 0 & 0 & 0 & 0 & 0 & \frac{1-2\nu}{2(1-\nu)} \end{bmatrix}\varepsilon \quad (2.55)$$

式中，E 为弹性模量，ν 为泊松比。根据以上的应力-应变关系，可由前面得到的工业炉衬内各点的应变计算出各点的应力，且工业炉衬作为受力客体，其受力满足平衡方程。

(3) 应力平衡方程

工业炉衬属三维模型，其内任一点沿坐标 x、y、z 方向的应力平衡方程见式(2.56)。

$$\left.\begin{aligned} \frac{\partial\sigma_x}{\partial x}+\frac{\partial\tau_{yx}}{\partial y}+\frac{\partial\tau_{zx}}{\partial z}+f_x=0 \\ \frac{\partial\tau_{xy}}{\partial x}+\frac{\partial\sigma_y}{\partial y}+\frac{\partial\tau_{zy}}{\partial z}+f_y=0 \\ \frac{\partial\tau_{xz}}{\partial x}+\frac{\partial\tau_{yz}}{\partial y}+\frac{\partial\sigma_z}{\partial z}+f_z=0 \end{aligned}\right\} \quad (2.56)$$

式中 f_x,f_y,f_z——单位体积的体积力在 x、y、z 方向上的分量。

2.1.5 热应力的计算

当物体各部分温度发生变化时，物体将由于热变形产生线应变 $\alpha(T-T_0)$，其中 α 是材料的线膨胀系数，T 是弹性体内任一点现时的温度值，T_0 是初始温度值。当物体各部分的热变形不受任何约束时，物体上有变形而不引起应力。但是，当物体受到约束或各部分温度变化不均匀，热变形不能自由进行时，则会在物体中产生应力。物体由于温度变化而引起的应力称为热应力或温度应力。当弹性体的温度场 T 已经求得时，就可以进一步求出弹性体各部分的热应力[6]。

物体由于热膨胀只产生线应变，剪切应变为零。这种由于热变形产生的应变可以看作是物体的初应变。计算热应力时只需算出热变形引起的初应变 ε_0，求出相应的初应变引起的等效结点载荷 P_{ε_0}，然后按通常求解应力一样解得由于热变形引起的结点位移 a，再求得热应力 σ。也可以将热变形引起的等效结点载荷 P_{ε_0} 与其他载荷项合在一起，求得包括热应力在内的综合应力。计算应力时应包括初应变项。

$$\sigma = D(\varepsilon-\varepsilon_0) \quad (2.57)$$

其中，ε_0 是温度变化引起的温度应变，它现在是作为初应变出现在应力-应变关系式中，对于三维问题是：

$$\varepsilon_0 = \alpha(T-T_0)[1 \quad 1 \quad 1 \quad 0 \quad 0 \quad 0]^{\mathrm{T}} \quad (2.58)$$

式中 α——材料的热膨胀系数(1/ ℃)；

T_0——结构的初始温度场[7-8]。

如将式(2.51)代入虚位移原理的表达式，则可得到包含温度应变在内，用以求解热应力问题的最小位能原理，它的泛函表达式如下：

$$\prod_p(u) = \int_\Omega \left(\frac{1}{2}\varepsilon^{\mathrm{T}} D\varepsilon - \varepsilon^{\mathrm{T}} D\varepsilon_0 - u^{\mathrm{T}} f\right) \mathrm{d}\Omega - \int_\Gamma u^{\mathrm{T}}\, \overline{T} \mathrm{d}\Gamma \tag{2.59}$$

将求解域 Ω 进行有限元离散，从 $\delta\Pi_p = 0$ 将可得到有限元求解方程：

$$Ka = P \tag{2.60}$$

和不包含温度应力的有限元求解方程相区别的是载荷向量中包括由温度应变引起的温度载荷[9]，即：

$$P = P_f + P_T + P_{\varepsilon_0} \tag{2.61}$$

其中，P_f、P_T 是体积载荷和表面载荷引起的载荷项；P_{ε_0} 是温度应变引起的载荷项。

$$P_{\varepsilon_0} = \sum_e \int_{\Omega^e} B^{\mathrm{T}} D\varepsilon_0 \mathrm{d}\Omega \tag{2.62}$$

从以上各式可见，结构热应力问题和无热载荷的应力分析问题相比，除增加一项以初应变形式出现的温度载荷项 P_{ε_0} 外，其他的是完全相同的。

2.2　利用有限元软件进行工程分析的一般过程

2.2.1　典型的分析过程

图 2.1 为利用有限元进行工程分析的一般过程[10]。

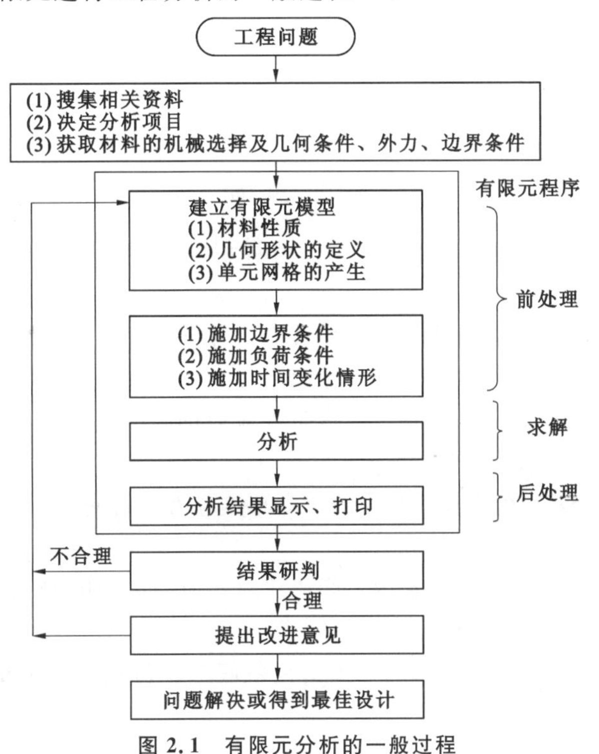

图 2.1　有限元分析的一般过程

2.2.2 炉衬系统热机械应力分析的过程

图 2.2 为利用有限元对炉衬结构进行工程分析的一般过程的流程图。从图中可以看到，利用有限元方法对炉衬系统进行热机械应力分析时，为了达到提高炉衬使用寿命的目的，可以从三个方面入手，一是对炉衬系统操作制度（特别是加热制度）的优化，二是对炉衬几何形状的优化，三是对炉衬材料性能的优化。通过对以上三方面的优化，可在满足其使用条件的前提下有效降低炉衬系统的热机械应力或改善热应力的分布状态，达到提高耐火材料炉衬使用寿命的目的。

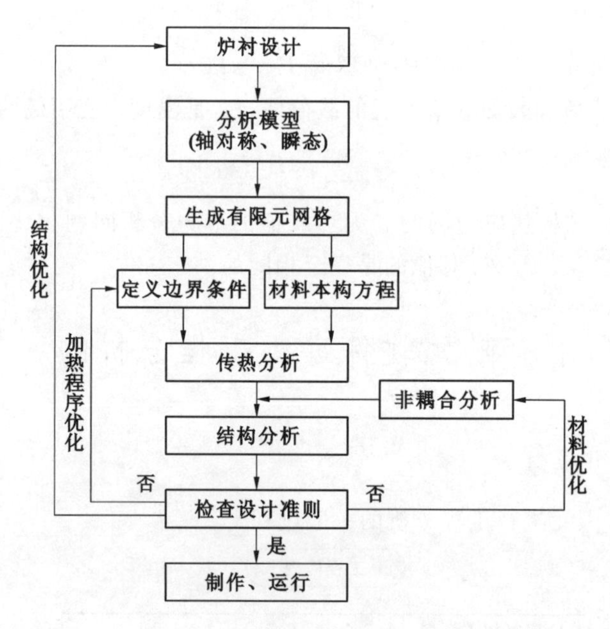

图 2.2 利用有限元对炉衬结构进行工程分析的一般过程

参考文献

[1] 王志刚，李楠，孔建益，等. 耐火材料热应力分析中的材料本构模型研究[J]. 工业炉，2008，30(4)：37-40.

[2] 王志刚，李楠，孔建益，等. 耐火材料热机械应力分析中的两类关键问题研究[J]. 武汉科技大学学报：自然科学版，2008，31(1)：37-41.

[3] 蒋国璋，陈世杰，孔建益，等. 受钢工况钢包壁应力场的模拟与分析[J]. 冶金设备，2006，(5)：10-12.

[4] 白晨，蒋国璋，李公法. 耐火材料制品的温度和热应力分析研究[J]. 湖北工业大学学报，2006，21(3)：80-82.

[5] 蒋国璋，孔建益，李公法，等. 钢包内衬膨胀缝对热应力的影响研究[J]. 中国冶金，2007，17(12)：25-27.

[6] 蒋国璋，孔建益，李公法，等. 250/300 t 钢包包底工作衬热应力模型及应用研究[J]. 炼钢，2008，24(2)：22-25.

[7] 李公法，蒋国璋，孔建益，等. 钢包复合结构体工作层物性参数对其应力场的影响研究[J]. 机械设计与制造，2010，(5)：221-223.

[8] 王兴东，李刚，李江，等. 耐火材料热应力计算的现状与发展[J]. 江苏冶金，2006，34(3)：1-5.

[9] 黄骏，王兴东，邓承继. 耐火材料热导率的数值推演方法[J]. 耐火材料，2016，50(3)：165-169.

[10] 李远兵，王兴东，李楠. 有限元法在耐火材料中的应用[J]. 耐火材料，2001，35(5)：293-295.

3 工业炉衬的长寿化技术

3.1 影响因素

金属与耐火材料复合炉衬构件是高温装备中的核心关键部件，广泛应用于冶金、航空航天、国防等领域。炉衬构件直接与高温介质接触，是高温装备中最为薄弱的环节。我国是炉衬材料第一生产和消耗大国，年消耗量约3000万吨，每年因炉衬损毁造成的消耗占总消耗量的50%～60%。进行炉衬构件长寿化研究，实现减排降耗是《国家中长期科学和技术发展规划纲要》、《工业转型升级规划》的重要内容。高寿命工业炉衬一直是冶金企业追求的目标，提高工业炉衬寿命除了研究结构参数、工业炉衬的容量、内衬的材质、砌筑的方式方法、工艺操作、渣的成分和碱度等对钢包寿命的影响外，还有必要研究如何预测工业炉衬寿命，提出一种或多种适用的寿命预测优化模型，便于及时对工业炉衬进行维修，这对于提高工业炉衬寿命有着十分重要的意义。

为了防止构件损坏，长期以来人们积累了丰富的经验，建立了许多强度条件，如材料力学中，为防止断裂事故，设计和分析构件所依据的强度条件如下。

对脆性材料：

$$\sigma \leqslant [\sigma] = \frac{\sigma_b}{n_b} \tag{3.1}$$

对塑性材料：

$$\sigma \leqslant [\sigma] = \frac{\sigma_s}{n_s} \tag{3.2}$$

在交变应力作用下：

$$\sigma \leqslant [\sigma] = \frac{\sigma_r}{n_r} \tag{3.3}$$

式中　σ——根据外载计算的工作应力，MPa；

$[\sigma]$——许用应力，MPa；

$\sigma_b,\sigma_s,\sigma_r$——由实验得到的不同材料的极限强度、屈服极限、持久极限；

n_b,n_s,n_r——对应于σ_b、σ_s、σ_r的安全系数。

在强度优化设计方面，有以下基本认识：

① 断裂时构件上受到的工作应力较低，一般不超过该材料的屈服极限，有时还低于许用应力，尽管构件是由塑性材料制成，也会出现脆断现象，因而称之为“低应力脆性断裂”。

② 低应力脆性断裂往往是由构件内部表面上存在的长度为0.1～10 mm的裂纹源扩展

而引起的。这种宏观裂纹的存在是由于材料冶炼加工时的缺陷、各种焊接的缺陷或工艺过程中的划痕、凹坑、切口及不良使用过程(腐蚀、疲劳)而产生的。

③ 中低强度钢的低应力脆性断裂一般发生在较低的温度,高强度钢的脆性断裂不随温度而变化。

传统设计方法虽然考虑了应力集中系数,但把研究对象当作均匀连续的物体,而没考虑到任何材料或受力构件都不可避免存在着某种缺陷或裂纹,正是由于这种裂纹的存在,使构件在较低的应力下也会断裂[1]。正因为当前的生产工艺水平不可能保证零件没有裂纹或类裂纹,例如零件在焊接、冷加工、淬火及装配过程中都可能产生裂纹,其内部的微观缺陷(如夹杂、微孔、晶界、相间、位错群等)也会在外加应力的作用下发展成宏观的裂纹,所以在研究机械零件的安全使用问题时,必须从材料中不可避免地存在宏观裂纹这一事实出发。由于严重的断裂事故不断发生,人们逐渐认识到传统的强度理论定有不完备之处[2-3]。因此,在总结断裂事故的基础上,经过大量的实验,人们找到了一条从力学角度探讨断裂失效的途径,即断裂力学方法。断裂力学的研究对象就是带裂纹的物体,它为正确考虑缺陷对构件强度的影响提供了理论依据,从而为高温工业炉衬的寿命研究提供理论基础,为其寿命的延长提供了指导方法。

高温工业炉衬内衬与钢水、铁水的温差较大,使高温工业炉衬内衬材料表面产生热震性破坏,降低了内衬的使用寿命,从而影响了高温工业炉衬的使用寿命。内衬的损坏包括物理和化学损坏,物理损坏的过程主要是高温影响下耐火材料的膨胀,化学损坏主要是高温工业炉衬内衬材料与钢水、铁水发生化学反应,内衬材料被高温钢水、铁水侵蚀。不论是物理损坏还是化学损坏都与高温工业炉衬内衬的应力和温度有关,所以内衬的温度、应力是研究高温工业炉衬长寿化必不可少的分析因素。

3.2 长寿化方法

首先采用炉衬损伤全息耦合仿真,探明复杂服役条件下炉衬材料的时变损伤机理,构建损伤控制理论与方法;其次,针对性地进行材料微纳结构优化,开发出服役过程原位反应增强和基于高温物性参数数值推演的微孔化低导热高强可控制备技术,研发出系列多功能炉衬材料;最后,进行炉衬设计—服役—修复多维度一体化和工业应用[4]。

(1) 炉衬材料时变损伤机理及控制理论与方法

基于多相流连续介质、多孔介质、扩散反应理论以及流固耦合与结构损伤识别的对偶网格和动网格算法,建立炉衬材料全息损毁模型[5];综合分析高温炉中的流动、传热、化学反应、冲刷磨损与交变应力情况,揭示了典型高温炉衬材料时变损伤机理,并构建控制理论与方法,为炉衬材料的设计开发奠定基础。

(2) 炉衬材料微纳结构优化及可控制备

基于炉衬材料在高温炉内的服役环境和高温物性参数数值推演方法,建立气孔特征参数—导热理论模型,研发了炉衬材料服役过程原位反应增强技术和微孔化低导热高强技术,实现了系列具有梯度和微孔结构材料的可控制备,产品性能优于国内外同类材料。利用新型材料来延长高温工业炉衬的使用寿命。

(3) 炉衬设计—服役—修复一体化

基于多场耦合扩展分析技术，研发了炉衬结构、材料、砌筑、运行与修复等多维度设计开发平台，实现了工业应用。

基于以上研究理论，研制出新型的内衬材料来延长高温工业炉衬的使用寿命，内衬材料必须要具备以下几种条件：① 具有较高的抗侵蚀能力，化学腐蚀也是影响高温工业炉衬寿命的重要因素，高温的钢水和铁水易侵蚀工作层耐火材料，导致耐火材料厚度变薄，高的抗侵蚀能力能够大大提高高温工业炉衬的使用寿命；② 具有良好的抗热震性能，要求工作层耐火材料不会因为钢水、铁水温度的变化而发生大的位移[6]，同时也要求其有较低的热膨胀系数，使其受热后不会因为过度膨胀而产生裂纹，从而间接地延长了高温炉衬的使用寿命[7-8]。

3.3 长寿化评价

3.3.1 微观评价技术

微观评价主要是通过比较损伤前后材料的微观组织变化而进行的。目前比较成熟的方法有空洞法、晶粒变形法以及微结构分类方法等。对于铁素体低合金钢，蠕变空洞常常出现在晶界上尤其是热影响区，对这些空洞进行定量分析，可以确定材料的受损程度。常用的定量方法有A参数法(受损晶界的百分比)、空洞面积百分比、空洞出现频率等。实验验证表明，A参数法能较好地定量损伤状态。有些材料往往在寿命的末期才出现空洞，此时用空洞法就难于定量早期的损伤，而用晶粒变形法是较为合适的。晶粒在材料劣化的过程中，总体角度要发生转动，通过统计转角的频率分布，可以得到一个方差，此方差可作为变形指数来定量寿命损耗。结构分类方法主要依据材料的组织变化、析出物的变化以及物理损伤等来综合定量寿命损耗。随着计算机图像技术的发展，这些方法已经很容易实现，在工业发达国家正在逐渐普及。

微观评价技术的一个重要进展是扫描电镜与微型的高温疲劳试验机的结合，这使人们可以从更深的层次上认识蠕变以及蠕变疲劳交互作用的机理，通过电子云纹(二次电子)还可以测出晶粒上的局部变形。这些技术对于开发和研究新材料也是十分有用的。

3.3.2 宏观测试技术

在缺陷的无损检测方面，与计算机相结合的结果是产生了许多智能型的产品。几年前欧洲工业技术基础研究基金资助的一批项目已逐渐转化为生产力，例如超声显微镜、智能型高分辨X光仪、瞬态红外热像仪、智能型超声波探伤仪等均逐渐在生产中发挥作用。高温下的应变测量也有了一定的进展，如高温云纹干涉法适用于550 ℃以上测量，但比较适合于现场使用的还是高温应变计。电容应变计已应用了多年，在德国这一技术得到了较好的应用与发展。英国ERA技术公司近年来将其用于检测焊缝的变形特别是Ⅳ型裂纹问题。这种应变计还可用于检测管道上的弯矩。不过在实际寿命评定中，如何选择合理的许用应变值仍是一个尚未解决的难题。温度是影响高温构件长时寿命的重要因素之一，因此温度的测量是十分重要的，传统的热电偶法很难进行温度的长时跟踪，最近南非ESKOM公司与ERA共同开发了被称为PETIT的温度计，可用于长时有效温度的测量，PETIT实际上是一种铜金扩散偶，通过带能谱的扫描电镜测量扩散深度，可定量出其服役过程的平均温度，其工作温度范围在400～700 ℃之间，工作时间可长达5年。香港城市大学与ERA合作开发了用双向不锈钢制成的FEROLOG温度计，通过检验测量其中铁素体与奥氏体的比例，可定量出构件的服役温度。硬度测量也是定量高温损伤的重要方法之一，由于碳化物粗化和析出，材料中的位错密度下降，导致了硬度的降低。采用这种方法作定量评价已逐渐普遍，但也有一些研究者指出对有些材料这一方法并不适用。

对于需要较精确定量剩余寿命的设备，进行服役构件的材料的加速试验是必要的。但是用常规的试样进行试验，必须从构件上取下较多的材料，这将破坏构件的完好性，为此近年来发展了微小试样的试验技术，试样直径可小至2 mm，试验时采用惰性气体保护以防止表面氧化。考虑到构件的破坏是在应力作用下发生的，为了构造精确的本构关系，对寿命作可靠的外推，英国的许多研究者使用了常应力蠕变试验机。

3.3.3 监测评价技术

利用LabVIEW为虚拟开发平台，对故障诊断程序进行相关工作，选择好相应的数据采集卡和耐高温的温度传感器。数据采集模块运用研华数据采集卡对高温工业炉衬温度信号、应力信号、容积和质量进行数据采集。对高温工业炉衬监测部位的信号进行实时的监测并在前面板上显示出来。故障诊断模块基于被采集到的温度信号及应力信号，并通过故障诊断程序进行故障的判别，判断高温工业炉衬监测部位的故障类型。实时查询某一时间段高温工业炉衬监测部位的所有参数信息并以报表的形式打印出来。以此故障诊断监测系统来对高温工业炉衬进行寿命评价。

参 考 文 献

[1] 刘麟瑞，林彬荫. 工业窑炉耐火材料手册[M]. 北京:冶金工业出版社，2007.
[2] 程福维. 基于LabVIEW的钢包故障系统研究[D]. 武汉:武汉科技大学，2016.
[3] 聂炎. 基于LabVIEW的钢包远程监测系统研究[D]. 武汉:武汉科技大学，2014.
[4] 周斌. 攀钢全连铸钢包长寿化技术的实践[J]. 耐火材料，2007，41(4)：283-286.
[5] 向锡炎，周浩宇. 氧化球团回转窑长寿关键技术研究与应用[J]. 工业炉，2014，36(4)：29-32.
[6] 何贯通. 关于链箅机-回转窑系统耐火材料内衬的长寿化[J]. 烧结球团，2010，35(4)：22-24.
[7] 杨挺. 优化设计[M]. 北京：机械工业出版社，2014.
[8] 谢龙汉，李翔. 流体及热分析[M]. 北京:电子工业出版社，2012.

4 长水口的CAE及其长寿化技术

近年来，为了提高连铸坯的质量，采取了许多技术措施。其中，在连续铸钢方面，主要采用了无氧化浇铸技术，防止钢水的二次氧化，减少钢中夹杂物，提高钢水的纯净度和铸坯质量。在无氧化浇铸技术中，其重要的一环是保护钢包至中间包的钢液不被二次氧化。在这个过程中，常常是通过使用长水口密封浇铸来实现的[1-3]。

在连铸浇钢过程中，钢水从钢包下水口注入中间包的导流管称为长水口。长水口的作用是防止钢水的二次氧化和飞溅，减少钢中易氧化元素的氧化产物在水口内壁沉积，延长水口使用寿命，提高钢水的浇铸质量。长水口为圆筒形，上端与钢包滑动水口的下水口下端相接，下端浸没在钢水液面之下。浇铸时，筒壁外侧与空气直接接触，中间导流钢水。

长水口的使用为间歇式操作。由于使用次数较多，并且每次使用都要经过加热—冷却过程，这对耐火材料而言，使用条件是非常苛刻的，因为这种使用条件容易产生较大的热应力，影响其使用寿命。长水口存在的主要问题是使用过程中颈部断裂和抗侵蚀、抗冲刷性差，不能满足多炉连铸的要求，制约了连铸工艺的发展。长水口使用寿命较短，相对而言，热机械应力过大是其被破坏的主要原因。因此，研究长水口工作状态下的热机械应力分布状况对通过改进使用条件和设计参数来提高其使用寿命具有重要的指导意义。

长水口的颈部断裂是由于颈部应力过大造成的。颈部应力由两部分组成，一部分是浇钢过程中温度不均匀产生的热应力，另一部分是由于长水口的振动产生的机械应力。

长水口一般须经预热后方能使用。但由于预热温度较低，浇钢时长水口受到较强的热冲击，在颈部产生很大的热应力[4-5]。

另外，在工作过程中，长水口上部固定，下部处于自由状态。由于滑动水口节流时钢水发生偏流，因此长水口内侧面受到钢水的冲击或内孔中的钢液面受到钢水湍流冲击，导致长水口以上部为支点振动，在其颈部产生较大的机械应力。

本章运用有限单元法，分别对长水口在工作状态下产生的热应力和振动产生的机械应力进行了计算分析，并在此基础上提出了降低颈部应力和提高长水口寿命的措施。

4.1 计算模型

4.1.1 模型的选取

图4.1所示为长水口结构示意图。图中*ABCD*段覆盖一层铁皮，在铁皮与长水口本体之间涂有一层隔热火泥。图中*GH*段为长水口与钢包下水口相接处。工作时，长水口把持器利用长水口颈部*BC*段将之固定。

计算长水口热应力时，由于其结构和所受热载荷都关于其回转轴对称，因此可以选取其回转截面作为分析模型，利用轴对称二维模型进行计算。

计算长水口由于振动引起的机械应力时，虽然其结构是轴对称的，但其所受载荷不是关于长水口的回转轴对称，因此，需采用三维模型进行求解。此时，注意到载荷关于载荷所在平面对称，可以取通过回转轴的任一平面切取的长水口的一半进行建模分析。

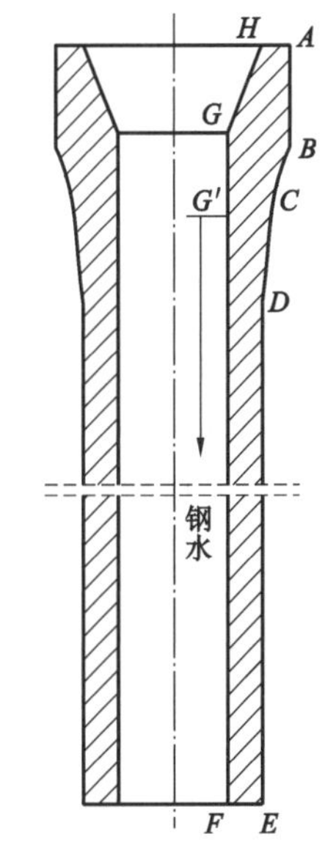

图 4.1 长水口结构简图

4.1.2 材料的物理性能

长水口为铝碳质耐火材料，计算时采用的材料的物理性能见表 4.1。

表 4.1 计算用材料性能

热导率[W/(m·K)]	18.14
比热容[kJ/(kg·K)]	1.0
体积密度(kg/m^3)	2350
弹性模量(GPa)	6.2
泊松比	0.15
热膨胀率(%)	0.37

4.1.3 热边界条件

长水口内壁表面(图 4.1 中 *FG* 段)与钢水接触，计算时可以在长水口内壁表面直接施加随时间变化的温度载荷。为了模拟开浇时的热冲击，在开浇的初始阶段，长水口内壁温度在很短时间内(几秒钟)从初始预热温度迅速上升到钢水温度(钢水温度为1530 ℃)，然后保持不变。长水口外壁表面(图 4.1 中 *DE* 段)暴露于空气中，与周围空气进行对流换热，传热系数为 58 $W/(m^2 \cdot K)$，周围空气温度为 50 ℃。

4.1.4 机械边界条件

长水口颈部(图 4.1 中 *BC* 段)通过把持器与钢包下水口固定在一起，因此可以在 *BC* 段施加水平和垂直两个方向的位移约束；与钢包下水口相接处(图 4.1 中 *GH* 段)也施加水平和垂直两个方向的位移约束[6-7]。

与二维模型类似，在长水口颈部(图 4.1 中 *BC* 段形成的回转面)施加水平和垂直两个方向的位移约束；与钢包下水口相接处(图 4.1 中 *GH* 段形成的回转面)也施加水平和垂直两个方向的位移约束。另外，由于仅取长水口的一半作为分析模型，因此要在其对称面(长水口被切割的面)上施加对称约束。

此外，为了模拟长水口的振动，可以在长水口底端(图 4.1 中 *E* 点)施加位移。由于长水口颈部的应力与振动位移成正比，因此在长水口底端施加振动的振幅位移，得到振动时产生的最大应力。

4.2 热应力及其影响因素

4.2.1 热冲击时间对热应力的影响

在长水口内壁表面施加随时间变化的温度载荷，研究热冲击时间(从预热温度上升到钢水温度的时间)对热应力的影响。

分别取热冲击时间为 0 s(浇钢瞬时内壁温度从预热温度升至钢水温度)、3 s、5 s 和 10 s。由于长水口颈部是应力集中区域，选图 4.1 中 D 点作为分析对象，研究热冲击时间的影响。此时，预热温度为 300 ℃。

表 4.2 列出了不同热冲击时间时 D 点的轴向应力和周向应力的峰值及达到峰值的时间。

表 4.2 不同热冲击时间对热应力的影响

热冲击时间(s)	轴向应力		周向应力	
	时间(s)	应力值(MPa)	时间(s)	应力值(MPa)
0	28.5	4.16	23.5	3.497
3	29.7	4.16	24.7	3.495
5	31.8	4.155	26.8	3.497
10	33.7	4.149	28.7	3.483

从表 4.2 中可以看出，浇钢瞬时长水口内壁温度迅速升至钢水温度时，D 点的轴向应力在开浇 28.5 s 后达到峰值 4.16 MPa，周向应力在开浇 23.5 s 后达到峰值 3.497 MPa；热冲击时间为 3 s 时，D 点的轴向应力在开浇 29.7 s 后达到峰值 4.16 MPa，周向应力在开浇24.7 s 后达到峰值 3.495 MPa；热冲击时间为 5 s 时，D 点的轴向应力在开浇 31.8 s 后达到峰值 4.155 MPa，周向应力在开浇 26.8 s 后达到峰值 3.497 MPa；热冲击时间为 10 s 时，D 点的轴向应力在开浇 33.7 s 后达到峰值 4.149 MPa，周向应力在开浇 28.7 s 后达到峰值3.483 MPa。

研究结果表明，热冲击时间的长短对浇铸过程中轴向应力和周向应力达到的峰值的大小几乎没有影响，只影响达到峰值的时间长短。热冲击时间长时达到应力峰值的时间相对长，反之则短。由于达到应力峰值的时间对分析长水口的使用寿命影响较小，因此可以认为，热冲击时间的长短对长水口应力计算并无影响。

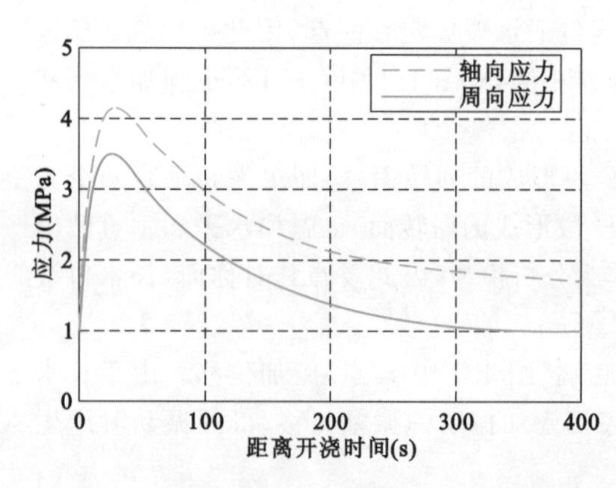

图 4.2 热冲击时间为 0 s 时 D 点应力变化图

图 4.2 为热冲击时间为 0 s 时 D 点应力随时间变化图。从图中可以看出，D 点轴向应力和周向应力在开浇后迅速达到峰值，然后逐渐减小，距离开浇 300 s 左右时达到稳态值。轴向应力的稳态值为 1.72 MPa 左右，周向应力的稳态值为 1 MPa 左右。热冲击引起的轴向应力峰值是稳态值的 2.4 倍；周向应力峰值是稳态值的 3.5 倍。可见，开始浇钢时的热冲击产生的热应力大约是稳态工作时的 2 倍，这对长水口的损害相当大，应该采取措施降低热冲击的影响。另外

还可以看到，稳态轴向热应力约为稳态周向应力的 2 倍，因此长水口周向裂纹（轴向应力引起）比轴向裂纹（周向应力引起）产生的可能性更大[8-9]。

4.2.2　预热温度对热应力的影响

热应力是由于物体温度变化或温度变化不均引起的，其大小与温度梯度成正比。因此，降低长水口的温度梯度是减小其热应力的有效手段。在实际使用过程中，可以通过预热的方法降低长水口热应力。表 4.3 列出了不同预热温度对 *D* 点应力峰值的影响。预热温度为 300 ℃时，轴向应力峰值比不预热时降低 17.13%，周向应力峰值降低 17.06%；预热温度为 600 ℃时，轴向应力峰值比不预热时降低 30.28%，周向应力峰值降低 33.18%；预热温度为 800 ℃时，轴向应力峰值比不预热时降低 38.6%，周向应力峰值降低 44.07%。可见，提高长水口的预热温度可以显著降低热冲击的影响。

表 4.3　不同预热温度时 *D* 点最大应力值

预热温度(℃)	轴向应力(MPa)	周向应力(MPa)
不预热	5.02	4.22
300	4.16	3.50
600	3.50	2.82
800	3.08	2.36

4.2.3　材料热导率对热应力的影响

在长水口的几何形状、边界条件和预热温度不变（300 ℃）的条件下，研究耐火材料热导率对热应力的影响，分别计算了热导率为 5 W/(m·K)、18.14 W/(m·K)、30 W/(m·K)和 50 W/(m·K)时长水口的热应力[10-11]。

图 4.3、图 4.4 分别为不同热导率时 *D* 点轴向应力和周向应力随时间变化的曲线。从图中可以看到，无论是轴向应力还是周向应力，改变长水口材质的热导率并未能降低热应力峰

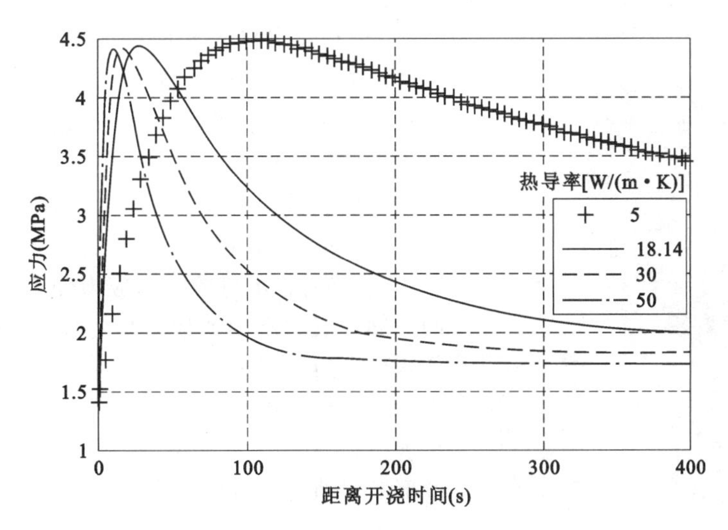

图 4.3　不同热导率时 *D* 点轴向应力变化曲线

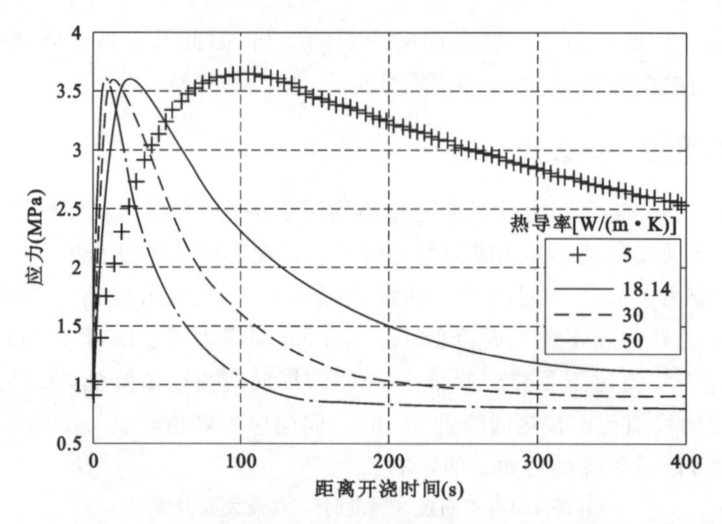

图 4.4 不同热导率时 D 点周向应力变化曲线

值。热导率的改变,只影响峰值出现的早晚以及高应力水平维持的时间长短[12]。热导率越大,应力峰值出现的时间越早,并且迅速下降,在浇铸初始阶段应力变化剧烈,这对长水口冲击较大,要求材质具有较好的抗热震损坏性能;热导率越小,峰值出现的时间越晚,且应力变化比较平滑,但维持在较高应力水平的时间较长,这要求长水口的材质具有较高的强度。因此,对于长水口的选择必须综合考虑其抗热震损坏性能和强度。从计算结果可以看出,目前所选用的热导率为 18.14 W/(m·K)的耐火材料作为长水口的材质,在抗热震性能和强度方面作了折中处理,是比较合适的。

4.3 振动产生的机械应力

长水口在工作过程中,由于滑动水口节流时钢水发生偏流,使长水口内侧面受到钢水的冲击或内孔中的钢液面受到钢水湍流冲击,导致长水口以上部为支点振动,在其颈部产生较大的机械应力[13-15]。由于振动的频率较难确定,且长水口的支承状态与悬臂梁的类似,因此仅考虑最大位移振幅时的应力状态,该种状态对应长水口最恶劣的受力情况。由于振动仅产生轴向应力,故不考虑周向应力。

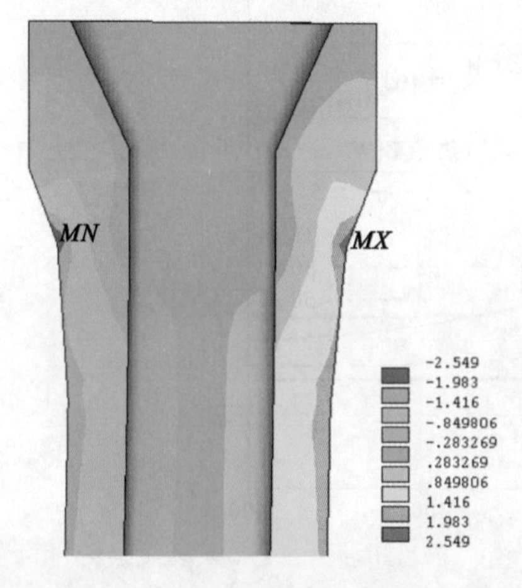

图 4.5 5 mm 位移时长水口应力分布云图

分别在长水口底端(图 4.1 中 E 点)施加3 mm、5 mm、6 mm 位移进行应力计算。图 4.5 所示为施加 5 mm位移时长水口的轴向应力分布云图。云图用不同的颜色表示不同的应力值,负值代表压应力,正值代表拉应力。图中 MX 表示应力最大值所在处,MN 表示应力最小值所在处。从图中可以看出,最大应力出现在颈部,为 2.549 MPa。施加3 mm、6 mm 位移时颈部最大轴向应力分别为1.53 MPa和 3.059 MPa,最大应力基本上与施加的位移成正比。

4.4 总 应 力

长水口实际使用过程中产生的应力由热应力和振动产生的机械应力组成。由于热应力和振动产生的机械应力都是随时间变化的，因此很难确定某一时刻长水口中总应力的分布状况。不过，为了考察长水口的使用情况，可以考虑其最恶劣的受载状况，即热应力峰值与机械应力峰值重合时的应力分布[16-17]。

图 4.6 所示为长水口颈部附近区域在开浇 40 s(预热温度为 300 ℃时 D 点应力达到最大的时刻)后轴向应力分布云图。从图中可以看出，应力最大值为 4.739 MPa，位于长水口颈部(图 4.1中 C 点)附近，而且颈部附近区域应力也较大。

图 4.7 所示为长水口颈部附近区域在开浇 40 s 后周向应力分布云图，应力最大值为 3.549 MPa。图 4.8 所示为长水口外壁从颈部到底部(图 4.1 中 CDE 段)轴向的热应力、机械应力和总应力的变化曲线，此时机械应力为在 E 点施加 5 mm 位移计算而得。从图中可以发

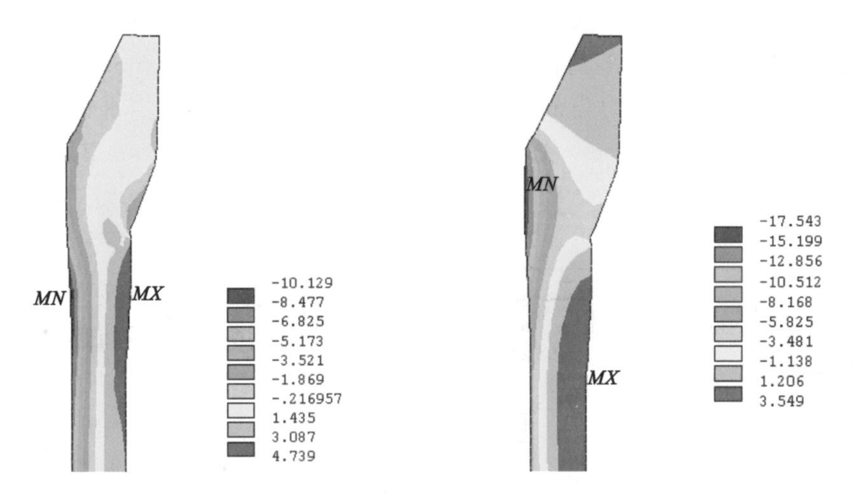

图 4.6 长水口轴向应力分布云图　　图 4.7 长水口周向应力分布云图

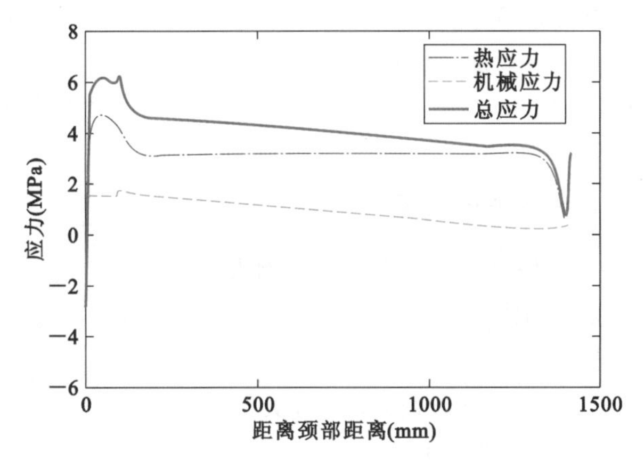

图 4.8 长水口外壁应力

现，在总应力中，热应力占主要部分，振动引起的机械应力所占比例较小。热应力在颈部附近100 mm左右区域出现较大值，然后迅速下降；而机械应力在颈部出现峰值后急剧降低1 MPa左右保持不变，直到 D 点出现微小峰值，然后按线性规律减小[18-19]。

4.5 降低颈部应力的措施

从以上计算可以看出，振动产生的热应力中轴向应力比周向应力大，而且水口振动主要产生轴向应力，因此必须重点研究轴向应力[20]。

长水口工作过程中，由于振动而产生的应力类似悬臂梁的应力状态。在安装方式不变的前提下，其应力分布是不可改变的。为了降低长水口颈部的应力，只有设法降低热应力或改变热应力的分布状态，避免热应力峰值与机械应力峰值重叠。通常，降低热应力最有效的方式是提高长水口的预热温度，而改变热应力分布状态须从改变其热边界条件入手。这里考虑改变水口内壁不与钢水接触的长度从而影响热应力的分布。

采用与前述相同的边界条件，长水口外壁的热边界条件不变，改变内壁与钢水接触的长度，分别计算了内壁不与钢水接触的长度(图4.1中 GG' 段的距离)为0 mm、20 mm、62 mm、85 mm、124 mm时长水口的应力分布。图4.9所示为不同内壁非接触钢水长度在热应力达到峰值时水口外壁总应力分布。图4.10所示为非接触钢水长度的应力空间分布影响放大图。

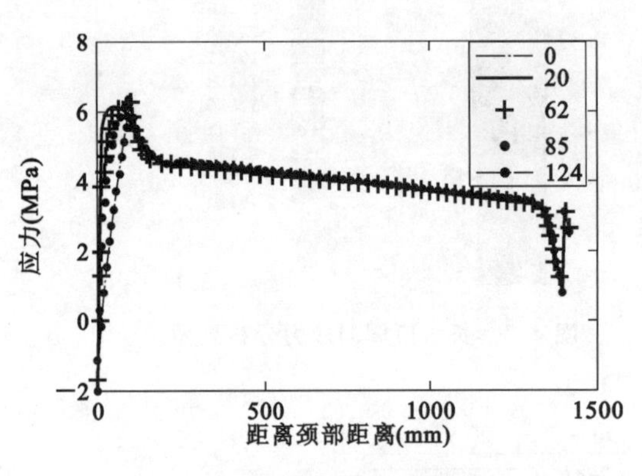

图4.9 不同内壁非接触钢水长度对应力在空间分布上的影响

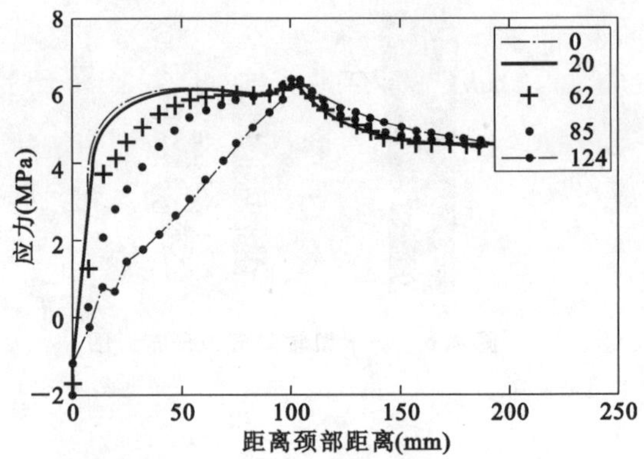

图4.10 非接触钢水长度的应力空间分布影响放大图

4.5.1 对应力在空间分布上的影响

从图4.9、图4.10中可以看出，随着内壁不与钢水接触长度的增加，总应力峰值的位置和大小几乎没有变化，但颈部到应力峰值这一区域应力变化趋势不同。不与钢水接触长度为124 mm时，总应力从颈部的−2 MPa左右几乎以线性方式增大到应力峰值位置的最大值；而不与钢水接触长度为0 mm和20 mm时，总应力从颈部的−2 MPa左右迅速上升，在应力峰值位置以前出现一个应力水平台阶，其值接近峰值。可见，增大水口内壁不与钢水接触长度可有效降低水口颈部高应力区的范围。

4.5.2 对应力在时间分布上的影响

图4.11所示为不同内壁非接触钢水长度对水口轴向应力在时间分布上的影响。可以看出，不同内壁非接触钢水长度对热冲击产生的应力峰值影响不大，但非接触钢水长度为0 mm和20 mm时，应力达到峰值后下降缓慢，长时间处于高应力水平；而非接触钢水长度为62 mm、85 mm和124 mm时，应力达到峰值后迅速下降到较低的应力水平。

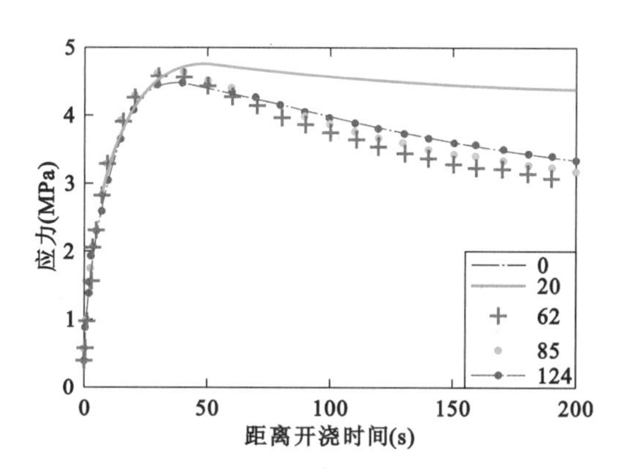

图4.11 不同内壁非接触钢水长度的应力时间分布影响

因此，无论是从应力的空间分布还是时间分布来说，增加水口内壁不与钢水接触的长度对于降低其颈部的应力都是大有益处的。

参考文献

[1] 祝明妹，周旺，胡胜波．中间包长水口吹气方式对夹杂物去除效果的影响[J]．材料导报，2013，27(18)：145-152.

[2] 王建筑，刘百宽，张厚兴，等．铝锆碳质长水口损毁机制的研究[J]．耐火材料，2011，45(6)：427-429.

[3] 祝少军，朱志远，蒋海涛，等．连铸过程中钢液增氮的控制与长水口密封结构[J]．耐火与石灰，2010，35(4)：10-13.

[4] 文光华，黄永锋，唐萍，等．钢包长水口形状对中间包内钢液流动特性的影响[J]．重庆大学学报，2011，34(3)：69-88.

[5] CHATTOPADHYAY K，张怀军．大包长水口浸入深度对三角形四流中间包钢水质量的影响[J]．现代冶金，2014，(1)：15-17.

[6] 阮飞，赵凤光，富晓阳，等．异型坯连铸长水口浸入深度对36 t中间包流场和温度场的影响[J]．特殊钢，2015，36(1)：9-13.

[7] 刘辉敏．基于有限单元法评价长水口的抗热震性能[J]．耐火材料，2015，49(3)：186-189.

[8] 樊安源，文光华，李敬想，等．钢包长水口内小气泡形成的研究现状与展望[J]．炼钢，2015，31(2)：67-72.

[9] 张大江，王翠娜，向华，等. 铝镇静钢SPHC浸入式水口结瘤成因和控制工艺[J]. 特殊钢，2015，36(3)：30-33.
[10] 黄军，张永杰，王宝峰，等. 连铸中间包长水口位置对流场和夹杂物去除率的影响[J]. 特种铸造及有色合金，2016，36(2)：133-136.
[11] 鲍家琳，赵岩，雷洪，等. 单侧孔长水口优化异型四流中间包流场[J]. 材料与冶金学报，2011，10(1)：10-14.
[12] 王艳红，王守权，全荣. 内孔使用无碳料的高抗热震性长水口和浸入式水口的开发[J]. 耐火与石灰，2013，38(4)：28-30.
[13] 张艳利. 具有无碳内衬的抗剥落长水口和浸入式水口的开发[J]. 耐火材料，2012，46(5)：372.
[14] 王志刚，李楠，孔建益，等. 长水口热机械应力研究[J]. 耐火材料，2004，38(2)：118-120.
[15] 刘麟瑞，林彬荫. 工业窑炉耐火材料手册[M]. 北京：冶金工业出版社，2007.
[16] 王志刚，李楠，孔建益，等. 降低长水口颈部应力的研究[J]. 炼钢，2004，20(4)：44-47.
[17] 李远兵，王兴东，李楠，等. 有限元法在耐火材料中的应用[J]. 耐火材料，2001，35(5)：293-295.
[18] 刘耀林，孔建益，蒋国璋，等. 基于有限元法的中间包流场的数学模拟[J]. 钢铁研究学报，2006，18(4)：18-20.
[19] 杨挺. 优化设计[M]. 北京：机械工业出版社，2014.
[20] 谢龙汉，李翔. 流体及热分析[M]. 北京：电子工业出版社，2012.

5 传统钢包的CAE及其长寿化技术

钢包是冶金工业的重要容器件,起着储存、转运钢水的作用。随着现代冶金技术进步,连铸比不断提高,钢包的作用日益突出。同时,人们对钢水的质量要求逐渐提高,钢包的作用和形态有了重要变化,原来单纯的储存、转运钢水的钢包逐渐成为能进行二次炉外精炼的精炼炉。由此可见钢包在钢铁企业的重要地位,其寿命的长短直接影响企业的正常生产和生产成本[1-2]。

钢包在使用过程中,最常见的破坏是其耐火材料内衬的破裂、蚀损,造成钢水的渗透现象。耐火材料内衬的损坏原因包括化学侵蚀、机械磨损和热应力。其中热应力的损坏是造成耐火材料内衬开裂破坏的直接原因[5-6]。因此,了解钢包在不同运转状况下的温度分布以及由此而产生的应力分布对提高钢包耐火材料内衬的使用寿命具有指导意义。

5.1 钢包温度场和应力场随时间变化的规律

5.1.1 分析模型的选取

为了分析钢包在各种不同状况下的温度场和应力场随时间变化的规律,可以作如下假设:① 钢包包壁的倾斜度很小,可以近似为圆柱体。② 包底的透气砖和水口砖尺寸相对于钢包底的总体尺寸而言较小,可以忽略透气砖和水口砖的影响,近似地与包底各层材料一致。这样,钢包就简化成由多层不同材料组成的圆柱体。由于钢包的结构和所受的载荷都是关于钢包轴对称,因此可以选取钢包的任一回转截面作为有限元分析的对象。钢包的回转截面图如图5.1所示。

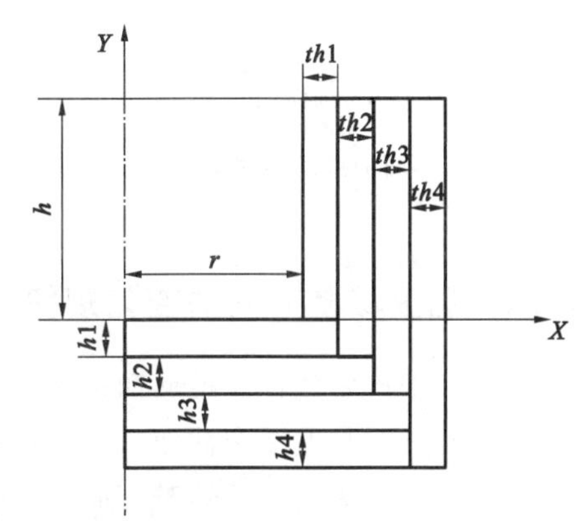

图5.1 钢包的回转截面图

5.1.2 材料物性参数的选取

钢包壳的材质为SM41CN(日本钢号,相当于国产Q235A),内衬工作层为含80%氧化铝的高铝砖,永久层为含60%氧化铝的高铝砖。随温度而变化的物理性能参数列于表5.1和表5.2,其余温度下的参数值利用插值法计算。其他参数列于表5.3。

表 5.1 材料的比热容 [J/(kg·K)]

材料	温度(℃)						
	30	200	400	600	800	1000	1200
工作层	650	778	882	1000	1134	1233	1356
永久层	844	912	978	1033	1112	1166	1212
包壳	422	466	510	550	616	616	616

表 5.2 材料的热导率 [W/(m·K)]

材料	温度(℃)				
	30	200	400	600	800
工作层	2.85	2.85	2.85	2.85	2.85
永久层	1.85	1.85	1.85	1.85	1.85
包壳	50	43.5	39	34.5	30

表 5.3 材料的其他物性参数

材料	弹性模量(GPa)	热膨胀系数($\times10^{-6}$/K)	体积密度(kg/m^3)
工作层	6.2	5	3030
永久层	6.2	5	2500
包壳	175	50	7800

5.1.3 边界条件的确定

从钢包的运转情况来看,钢包主要经历以下几个过程:钢包预热(烘包)、出钢等待、钢水注入、钢水储运及炉外二次精炼、浇铸、等待(冷却)。为了统一起见,在包底工作层和包壁工作层的外表面(与钢水接触的面)施加温度载荷,以后称这一施加温度载荷的面为热面[7-9]。图 5.2 所示为热面的温度随时间变化的曲线。图中从 0 h 开始到 62 h 为钢包的烘包曲线,最高烘包温度为 1000 ℃;62～63 h 为钢包等待钢水注入阶段,热面温度下降到800 ℃;63～65 h 为钢包钢水注入后温度恒定及浇铸状态,63 h 处热面温度从 800 ℃突然升高到 1600 ℃,用来模拟钢水注入钢包瞬时的热冲击;65～66 h 表示钢包浇铸完毕后在等待下一次热循环时钢包冷却状态[3-4]。

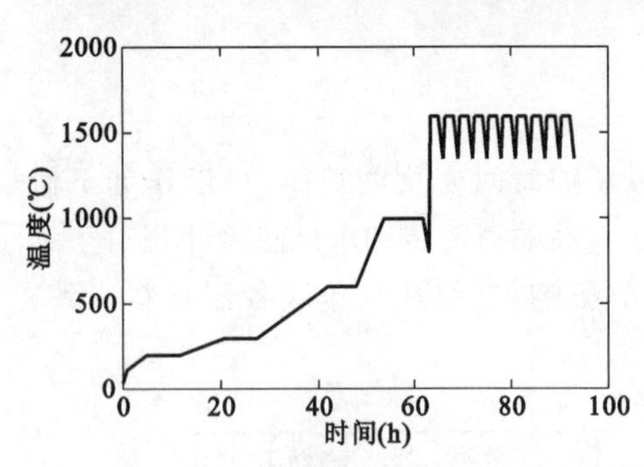

图 5.2 热面的温度随时间变化的曲线

5.1.4 温度场随时间的变化规律

根据以上确定的计算模型和边界条件,计算了钢包的温度分布。下面,分 5 个典型截面(包底 3 个截面,包壁 2 个截面),对钢包的包底和包壁的温度场随时间变化的规律进行分析。

图 5.3 所示为钢包的轴对称截面。图中对钢包各层的不同部位进行编号,工作层热面为 1 号,工作层与第一永久层交界处为 2 号,第一永久层与第二永久层交界处为 3 号,包壳外壁为 4 号。对于包底部分,分别取轴线处、半径为 $r/2$ 处和半径为 r 处三个截面的 1、2、3、4 点作

为研究对象；对于包壁部分，分别取高度为 0（与包底工作层热面同高度）和高度为 $h/2$ 处的 1、2、3、4 点作为研究对象。

图 5.4 所示为包底轴线处 1、2、3、4 点的温度随时间变化的规律[10-11]。图 5.5 所示为包底半径为 $r/2$ 处 1、2、3、4 点的温度随时间变化的规律。图 5.6 所示为包底半径为 r 处 1、2、3、4 点的温度随时间变化的规律。图 5.7 所示为包壁高度为 0 处 1、2、3、4 点的温度随时间变化的规律。图 5.8 所示为包壁高度为 $h/2$ 处 1、2、3、4 点的温度随时间变化的规律。

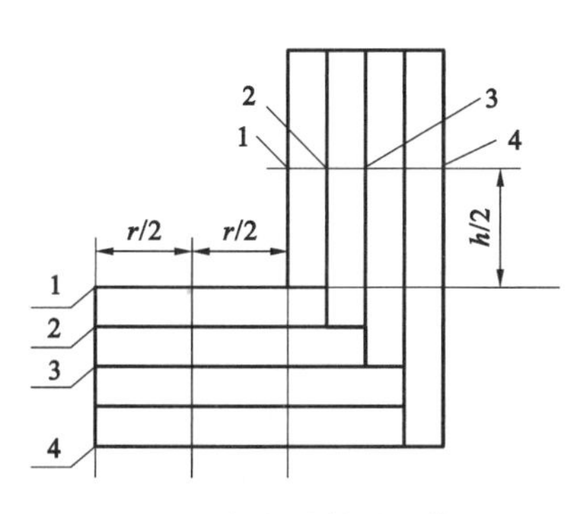

图 5.3 钢包的轴对称截面

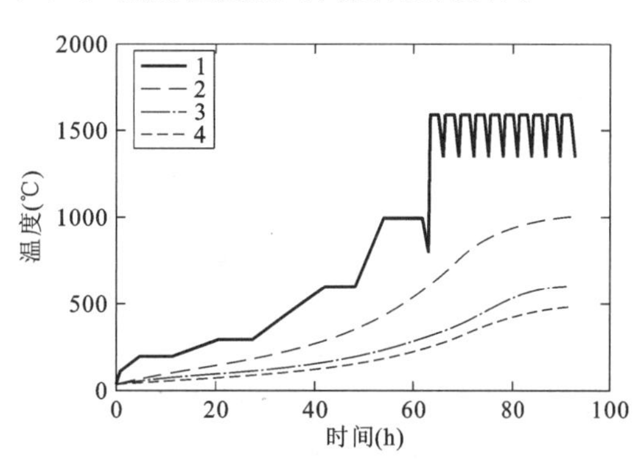

图 5.4 包底轴线处 1、2、3、4 点的温度随时间变化的规律

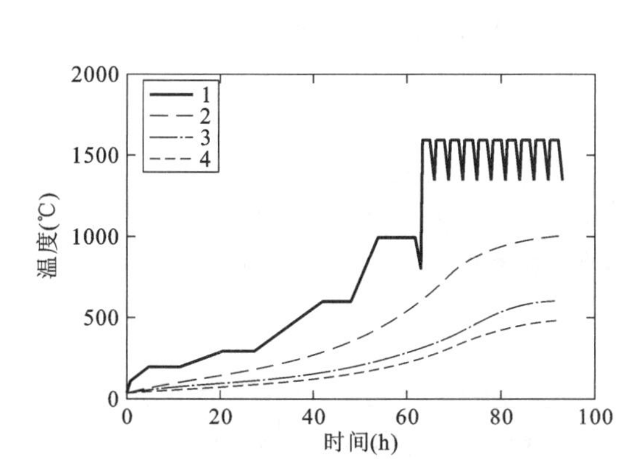

图 5.5 包底半径为 $r/2$ 处 1、2、3、4 点的温度随时间变化的规律

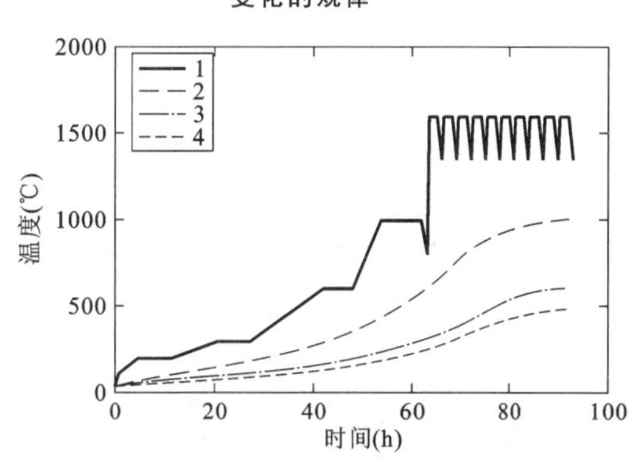

图 5.6 包底半径为 r 处 1、2、3、4 点的温度随时间变化的规律

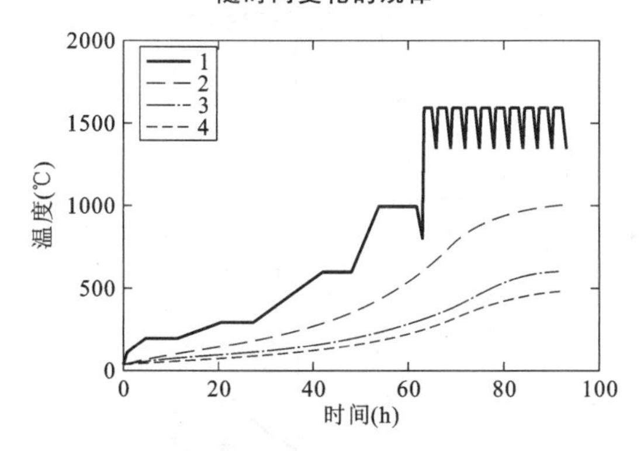

图 5.7 包壁高度为 0 处 1、2、3、4 点的温度随时间变化的规律

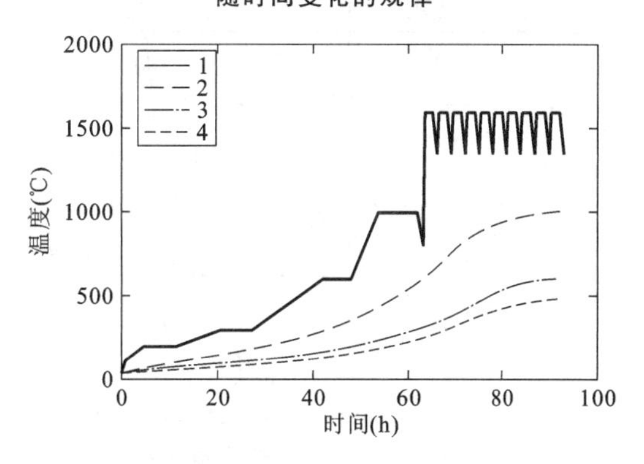

图 5.8 包壁高度为 $h/2$ 处 1、2、3、4 点的温度随时间变化的规律

从图 5.4～图 5.8 中可以发现一个共同的规律：钢包在烘包完成后，仍处于吸热状态，表现在 2、3、4 点的温度在整个烘包过程中持续上升；待经过 8 次热循环后，2、3、4 点的温度变化逐渐趋于平稳，可以认为钢包已经达到一种“准稳态”。这与相关文献报道的结论略有出入[12]。相关文献报道钢包经过烘包预热和头 3～4 次热循环后即可达到“准稳态”，而笔者计算的结果是要经过 8 次热循环后才可达到“准稳态”，其主要原因在于烘包制度的不同。文献介绍的烘包曲线是在很短时间(相对现有的烘包曲线)上升到烘包最高温度，而且达到的最高烘包温度为 1300 ℃左右。这种烘包制度能够使钢包在烘包过程中就达到热稳态，因此，整个钢包的热状态在经过 3～4 次热循环后即可达到“准稳态”。本课题研究钢包的包底采用整体浇铸，浇铸料施工完后含有 6%～7%的水分。由于迅速加热产生的内部蒸汽压力容易使浇铸料爆裂，为避免爆裂，烘干应缓慢进行。因此，为适应浇铸料的性能采用了现有的烘包曲线[13-17]。

5.1.5 钢包温度测试实验研究

5.1.5.1 温度测试仪器与方案

使用美国 FLIR 公司生产的 E2 型便携式红外热像仪测试温度，内置激光点便于准确找到热点的真实位置，手持此设备对准测试点即可显示此处温度值，并可根据需要选择记录存取。通过测试各种工况下钢包外壳温度并了解其温度分布水平，可为钢包的应力分析和工艺、寿命研究提供原始和拟合验证数据。主要测试内容：① 钢包连续工况的温度测量将选取钢包精炼—浇铸—热修这一连续过程，测量温度将反映钢包内衬温度随边界条件变化的规律，并在钢包瞬态温度分析中验证钢包内衬参数选取的正确性以及模型建立的合理性。② 钢包热修、浇钢工况下的温度测试将反映包壳在不同工况下的温度分布状况，并在钢包稳态温度分析中验证钢包内衬参数选取的正确性以及模型建立的合理性。连续过程中的温度测试点如图 5.9 所示。在此测试过程中选取罐底区外壳、下渣线区外壳以及耳轴区外壳进行温度定点测量。对钢包热修和浇钢工况进行定点温度测量，其主要的测试布点位置如图 5.10 所示。

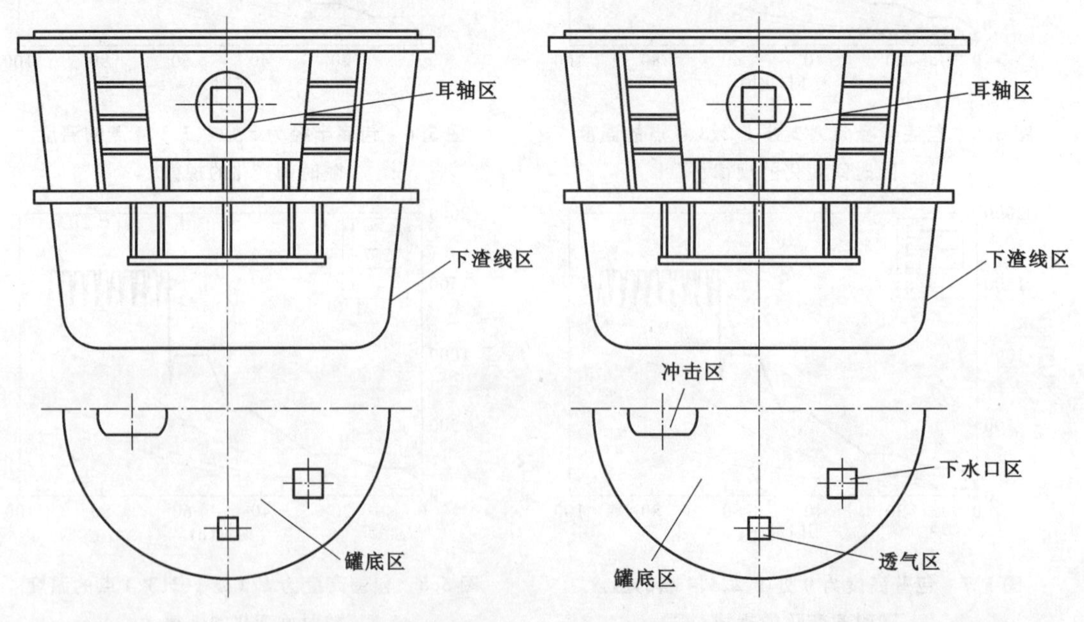

图 5.9 精炼—浇铸—热修工况钢包外壳温度测试点　　图 5.10 热修、浇钢工况钢包外壳温度测试点

5.1.5.2　理论计算与实测分析

通过对钢包热修工况温度测试和浇钢工况温度的测试结果分析，找出 2 个典型的温度测量数据，如图 5.11 和图 5.12 所示。在钢包浇钢工况中主要边界条件为：模型工作层温度 1571 ℃，钢液的对流系数为常数[30]。利用建立的有限元模型计算钢包浇钢工况的温度分布，并绘制出温度曲线，钢包浇钢工况包壁外壳从罐沿到包底边缘的温度分布曲线见图 5.13，钢包浇钢工况包底外壳透气砖以及罐底区域温度分布曲线如图 5.14 所示。

从图 5.13 看出，上渣线层处包壁外壳的温度为 350 ℃，下渣线层处包壁外壳的温度为 315 ℃。比较图 5.13 和图 5.11 可知，由计算得到的浇钢工况上渣线层处钢包外壳的温度值与测量值误差为±5 ℃。

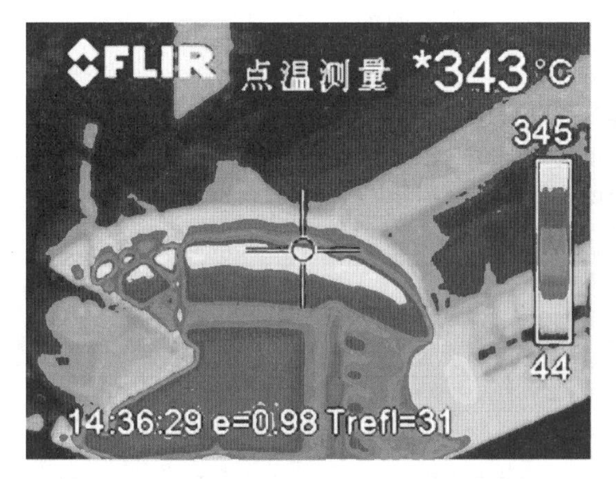

图 5.11　浇钢工况钢包上渣线层处温度测量值

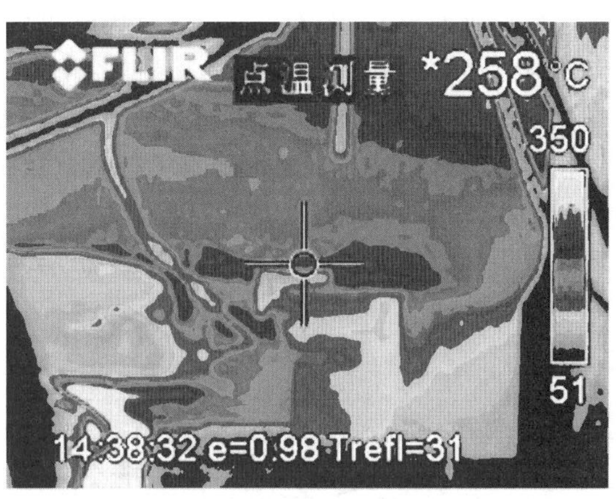

图 5.12　浇钢工况钢包罐底区域的外壳温度测量值

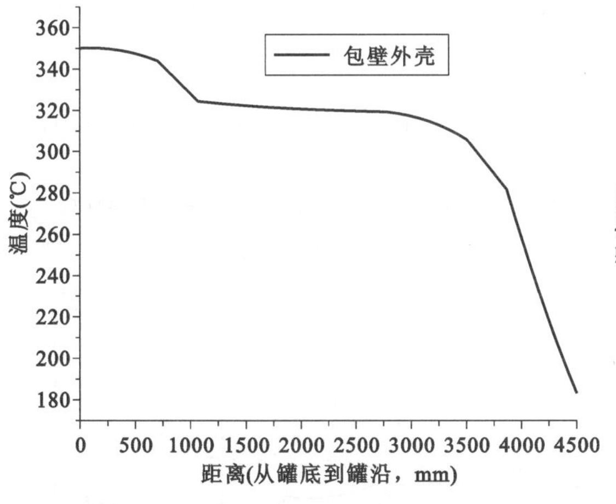

图 5.13　钢包浇钢工况包壁外壳温度曲线

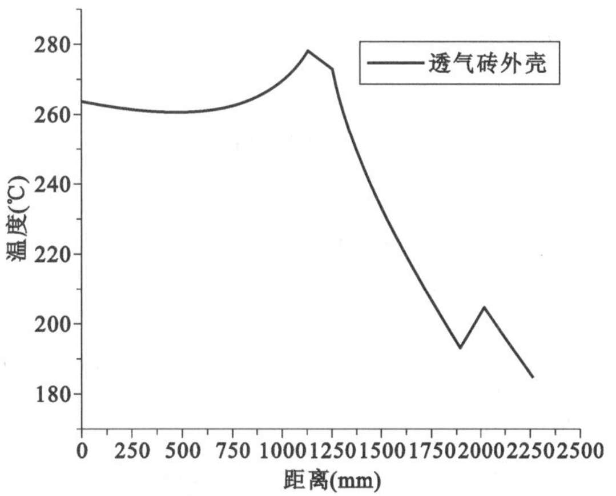

图 5.14　钢包浇钢工况包底外壳透气砖及罐底区域温度曲线

从图 5.14 看出，透气砖区域的包底外壳温度为 277 ℃，罐底区域的外壳温度为 260 ℃。比较图 5.14 和图 5.12 可知，由计算得到的浇钢工况罐底区域钢包外壳温度值与测量值相符合。比较钢包外壳温度分布计算结果与钢包外壳实测温度值，2 组数据基本相符，由此可证明三维有限元模型建立的合理性及其参数选取的正确性。应用此模型做进一步分析表明，使用中工作层变薄后，钢包内衬和外壳的温度会升高，且温度梯度迅速增大，导致热应力增加，这对于钢包内衬和外壳的使用极其不利。因此，钢包在使用一段时间后进行维护是非常必要的，也是有理论依据的。

5.1.6 应力场随时间变化的规律

根据以上计算的钢包温度分布，将温度以体载荷的形式加到模型上，考虑钢包平放在地面的状态，进行热应力计算。

由于钢包为典型的圆柱体，主要研究钢包沿环向和径向的应力分布。因此，可以在柱坐标系下分析钢包的环向应力和径向应力[18]。同样，分三个截面分析包底热面、工作层与第一永久层交界处、第一永久层与第二永久层交界处以及包壳外表面的环向应力和径向应力。各点的位置如图 5.3 所示。

图 5.15 所示为包底轴线处 1、2、3、4 点的环向应力随时间变化的规律。图 5.16 所示为包底半径为 $r/2$ 处 1、2、3、4 点的环向应力随时间变化的规律。图 5.17 所示为包底半径为 r 处 1、2、3、4 点的环向应力随时间变化的规律。图 5.18 所示为包壁高度为 0 处 1、2、3、4 点的环向应力随时间变化的规律。图 5.19 所示为包壁高度为 $h/2$ 处 1、2、3、4 点的环向应力随时间变化的规律。

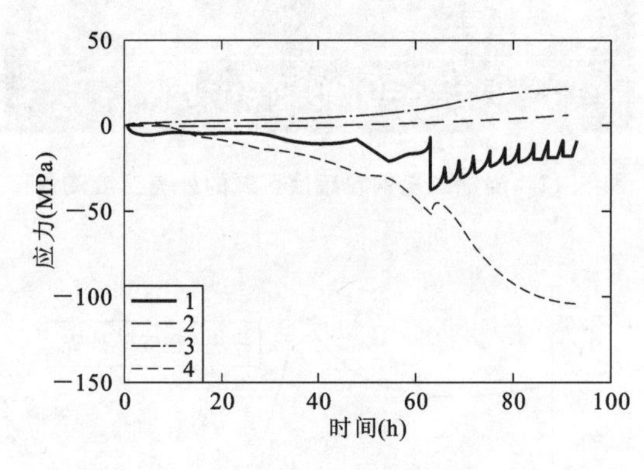

图 5.15 包底轴线处 1、2、3、4 点的环向应力随时间变化的规律

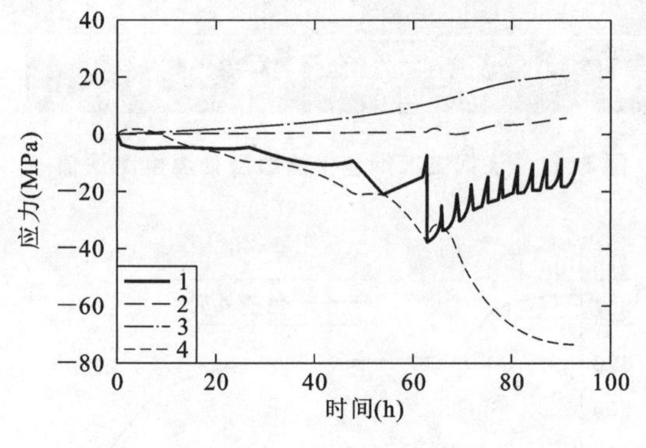

图 5.16 包底半径为 $r/2$ 处 1、2、3、4 点的环向应力随时间变化的规律

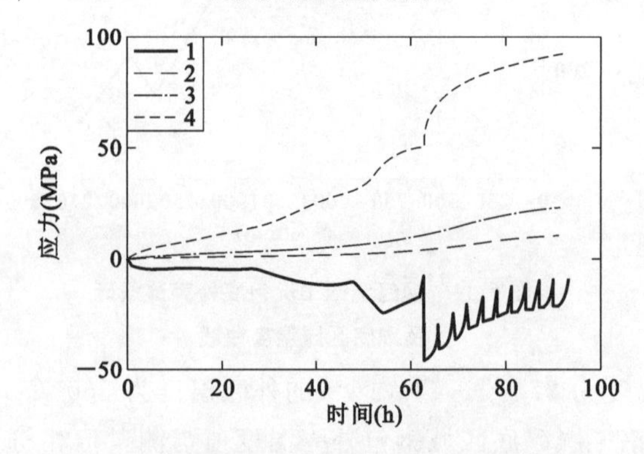

图 5.17 包底半径为 r 处 1、2、3、4 点的环向应力随时间变化的规律

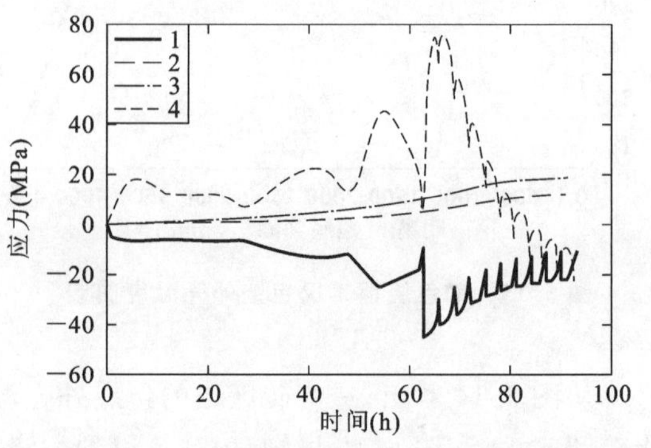

图 5.18 包壁高度为 0 处 1、2、3、4 点的环向应力随时间变化的规律

图 5.20 所示为包底轴线处 1、2、3、4 点的径向应力随时间变化的规律。图 5.21 所示为包底半径为 $r/2$ 处 1、2、3、4 点的径向应力随时间变化的规律。图 5.22 所示为包底半径为 r 处 1、2、3、4 点的径向应力随时间变化的规律。图 5.23 所示为包壁高度为 0 处 1、2、3、4 点的径向应力随时间变化的规律。图 5.24 所示为包壁高度为 $h/2$ 处 1、2、3、4 点的径向应力随时间变化的规律[19-22]。

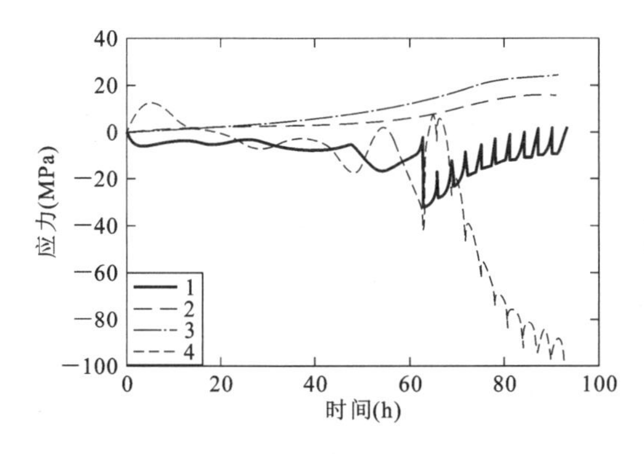

图 5.19　包壁高度为 $h/2$ 处 1、2、3、4 点的环向应力随时间变化的规律

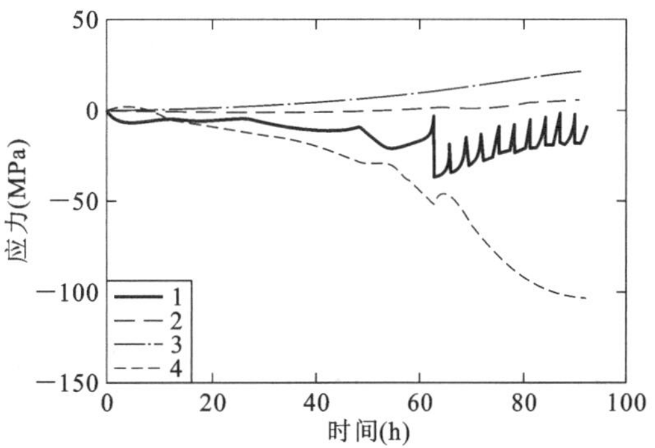

图 5.20　包底轴线处 1、2、3、4 点的径向应力随时间变化的规律

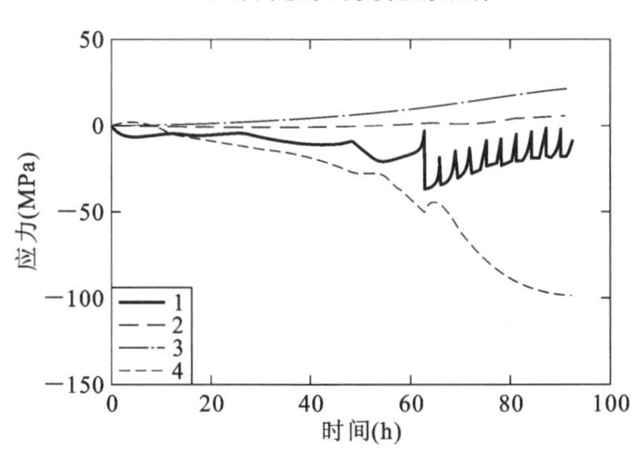

图 5.21　包底半径为 $r/2$ 处 1、2、3、4 点的径向应力随时间变化的规律

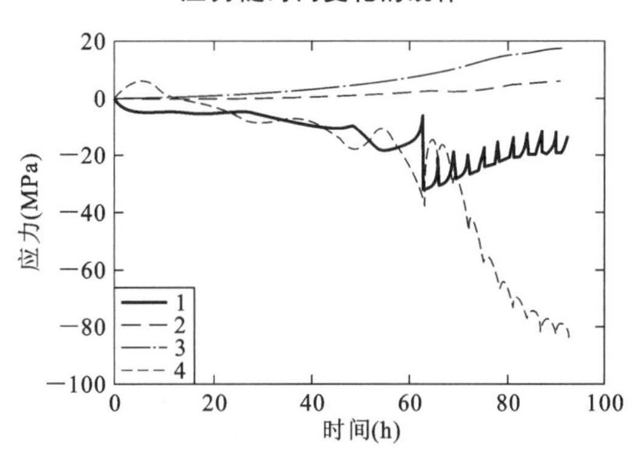

图 5.22　包底半径为 r 处 1、2、3、4 点的径向应力随时间变化的规律

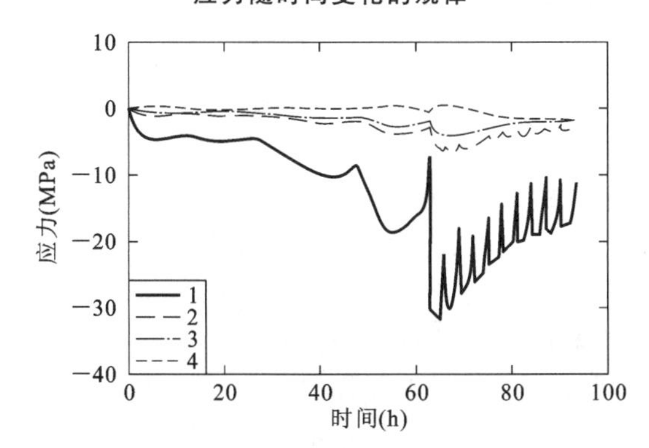

图 5.23　包壁高度为 0 处 1、2、3、4 点的径向应力随时间变化的规律

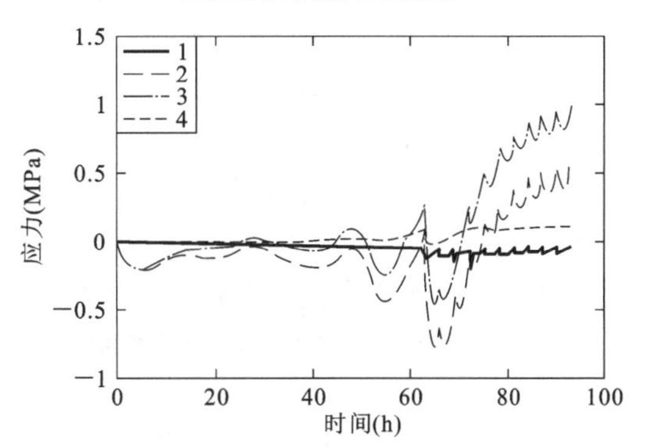

图 5.24　包壁高度为 $h/2$ 处 1、2、3、4 点的径向应力随时间变化的规律

从图5.15～图5.24可以看出：

① 包底和包壁热面(1号)的环向应力和径向应力随时间变化的规律基本上类似，只是在数值上略有差别。

② 包底和包壁热面的环向应力和径向应力的最大值发生在预热完成后，钢水注入的瞬时，应力值为－40 MPa左右(压应力)，不同部位略有差异。

③ 包底热面在半径为r处的应力普遍比靠近中心部分的大。这是因为靠近包壁处的热散失比靠近中心部分的大，造成该处的温度梯度比靠近中心部分的大，所以产生较大的热应力。因此，可以在这附近采取保温措施以降低该处的应力值。

④ 包底和包壁工作层与第1永久层的交界处(2号)的环向应力和径向应力随时间变化的规律基本上类似，在整个过程中处于受拉状态，但所受应力值很小，对其不会造成破坏。

⑤ 包底第1永久层与第2永久层的交界处(3号)和2号的情况类似，受到拉应力，只是应力值比2号大得多。最大应力值不超过20 MPa。

⑥ 包壳(4号)变化规律在包底各处也是相近的。除了环向应力在靠近包壁处受拉以外，环向应力和径向应力在包底各处皆受压。受拉和受压的最大应力值都在100 MPa左右。

⑦ 包壁主要承受环向应力。径向应力比环向应力小得多，在高度为$h/2$处非常明显。

⑧ 除了靠近包壁处的包壳应力以外，只有包底热面(1号)受热循环的影响较大。每次热循环都会在包底热面产生较大的应力变化，而热循环产生的应力周期性变化很容易造成工作层的热疲劳损坏。

5.2 钢包包壁材料物性的优化选取

5.2.1 钢包热机械行为的基本规律

钢包在初次预热时，由于耐火炉衬的热膨胀在包壳和炉衬之间产生相互作用力，导致炉衬和包壳的各元件受到热机械应力的作用[23-27]。通常，炉衬的工作层热面会受到较大的压应力，这将导致耐火材料的性能衰变。随着时间的延长，耐火材料的蠕变现象会在头几次热循环后出现，它会降低工作层承受的热应力。此后，工作层的应力由于蠕变现象的出现会维持在相对较低的水平。然而，蠕变变形也会导致材料在卸载时(比如炉衬冷却时)产生永久的收缩变形，这将使炉衬在冷却过程中变得很松弛，在再一次注钢时会产生渗钢现象。

另外，对于包壳，它在工作过程中一般承受较大的拉伸应力。尽管它承受的拉应力仍在其强度范围以内，但如果包壳温度过高，也会发生蠕变变形而导致钢包失效。因此，在研究钢包的热机械行为时，通常把研究重点放在如何降低热面最大压应力、如何提高炉衬的紧密程度以及如何控制包壳的温度在允许的范围内。

通常，炉衬材料和包壳材料的热机械性能会对钢包的热机械行为产生重大的影响。如果其他的设计和操作参数不变，只改变工作层耐火材料的热机械性能，钢包会遵循如下规律：

① 工作层材料的热导率越高，工作层内的温度梯度越小，安全层和包壳的温度越高。低的温度梯度会降低工作层中的热应力，但同时，高的温度也会降低炉衬材料的强度和抗蠕变能力。

② 工作层材料的弹性模量和热膨胀系数越高，工作层热面附近的压应力越高。尽管具

有高弹性模量和高热膨胀系数的材料通常也具有较高的强度，但还是必须在高的强度和高的应力之间找到一个平衡的方法，使其在使用范围内具有最高的强度。

③ 工作层蠕变现象越严重，工作层附近的压应力越小，工作层对安全层和包壳施加的作用力也越小。然而，大的蠕变变形会使热面的耐火砖产生严重的收缩变形，这将导致炉衬在接下来的钢包冷却过程中变得松弛，从而增加渗钢的危险。

可见，耐火材料炉衬系统的热机械行为受材料的热机械性能的影响巨大，要想获得理想的结果，必须对材料的性能进行优化组合。然而，每层耐火材料炉衬的性能都是相当复杂的，它们不仅与温度梯度相关，而且还会相互影响。因此，必须借助数值分析的方法才有可能实现对炉衬系统各层材料性能的优化。

下面，利用有限单元法和优化设计的方法对钢包包壁耐火材料的热机械性能进行优化，使包壳温度在许可范围内时工作层热面的压应力最小。本文采用 ANSYS 有限元分析软件，该软件不仅具有有限元分析能力，而且还集成了优化设计的方法，可以实现有限元分析和优化设计的无缝连接，达到优化设计参数的目的。

5.2.2　有限元分析模型

如前所述，钢包包壁可以简化成多层圆筒。在仅分析包壁时，为简化计算，可以将其看作无限长的两层厚壁圆筒。由于载荷和几何形状的对称性，在几何建模时，只需取任意高度的厚壁圆筒回转截面作为分析对象。其几何模型见图 5.25。

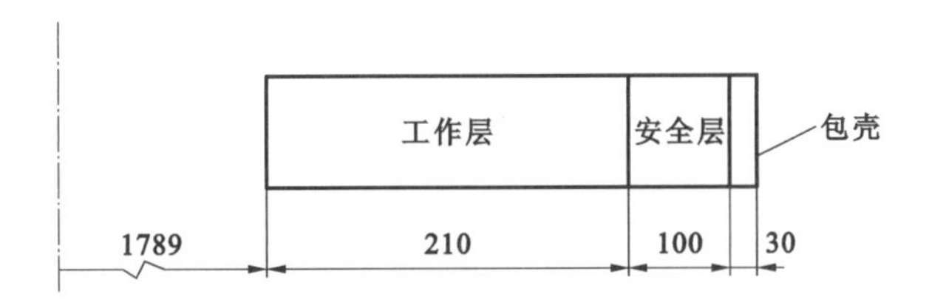

图 5.25　有限元模型的几何结构

用于初始计算的材料性能列于表 5.4。虽然每种材料的性能是随温度变化的，且一种材料的性能会对另一种材料的热机械行为产生影响，但为了简化计算，假设材料的性能与温度无关，且每种材料的性能彼此独立[28-29]。这种假设是可行的，因为材料的热导率、比热容、体积密度、热膨胀系数以及泊松比等随温度变化的幅值较小，而弹性模量虽然受温度的影响较大，但可以根据材料实际工作状态下的温度进行选取（可以根据前述计算结果，简单确定炉衬系统大致的工作温度范围，然后选取材料的弹性模量）。

表 5.4　初始计算用材料性能

性能	工作层	安全层	包壳
热导率[W/(m·K)]	2.7	1	41.6
比热容[kJ/(kg·K)]	0.96	1	0.46
体积密度(kg/m^3)	2030	2500	7800
弹性模量(GPa)	6.2	6.2	175
泊松比	0.22	0.22	0.3
热膨胀系数($\times 10^{-6}$/K)	5	1	13

从前述钢包二维有限元分析可知，钢包预热完成后，经历几次热循环就达到一种近似的热稳态。因此，钢包在其工作过程中，大部分时间处于该种“准稳态”。这里，利用稳态过程分析方法对包壁进行温度场和应力场分析，热边界条件为：

① 工作层热面温度为恒定值 1000 ℃；

② 包壳为自然对流换热冷却，取对流换热系数为 5 W/(m・K)。

5.2.3 包壁材料物性优化选取

在钢包包壁耐火材料性能优化问题中，其目的是选择最合适的工作层和安全层耐火材料，使工作层热面附近的压应力最小，且包壳的温度保持在允许的范围之内。显然，工作层和安全层耐火材料的热机械性能应该作为设计变量。这里，取工作层和安全层耐火材料的热导率和热膨胀系数作为设计变量。包壳的温度受耐火材料热机械性能的影响(在特定边界条件下，它是耐火材料热机械性能的函数)，为了保证包壳的温度保持在允许的范围之内，取包壳的温度作为状态变量。

降低工作层热面的压应力是本优化问题的目的，因此可以取工作层热面的压应力为目标函数。

这样，包壁耐火材料性能优化问题可以描述如下：

(1) 设计变量

工作层的热导率 k_1

$$2\ \mathrm{W/(m \cdot K)} < k_1 < 50\ \mathrm{W/(m \cdot K)}$$

工作层的热膨胀系数 $alpx_1$

$$0.1 \times 10^{-6}/\mathrm{K} < alpx_1 < 10 \times 10^{-6}/\mathrm{K}$$

安全层的热导率 k_2

$$0.1\ \mathrm{W/(m \cdot K)} < k_2 < 10\ \mathrm{W/(m \cdot K)}$$

安全层的热膨胀系数 $alpx_2$

$$0.1 \times 10^{-6}/\mathrm{K} < alpx_2 < 10 \times 10^{-6}/\mathrm{K}$$

(2) 状态变量

包壳的温度 $temp$

$$20\ ℃ < temp < 400\ ℃;$$

(3) 目标函数

在分析过程中，利用 ANSYS 提供的参数化建模语言 APDL 编写计算程序，将设计变量 k_1、k_2、$alpx_1$、$alpx_2$ 作为可变参数，其余的材料性能和几何尺寸保持不变。首先进行温度场分析，得到包壁的温度分布，将包壁的温度提取出来作为状态变量 $temp$，然后根据温度场分布计算应力场分布，并提取工作层热面的压应力作为目标函数变量 Max_str。利用所选取的优化方法，改变设计变量，重复以上计算过程，直到达到收敛准则为止。

5.2.4 优化结果与讨论

5.2.4.1 初始物性时的温度场和应力场

图 5.26 和图 5.27 所示分别为工作层和安全层耐火材料采用初始物理性能时，包壁沿其厚度方向的温度分布和应力分布。此时，包壳的温度为 261.3 ℃，工作层热面的环向应力为

－13MPa(负号代表压应力)。

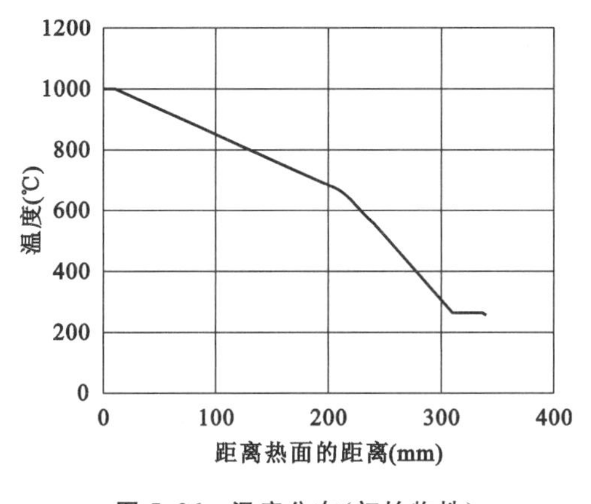

图 5.26 温度分布(初始物性)

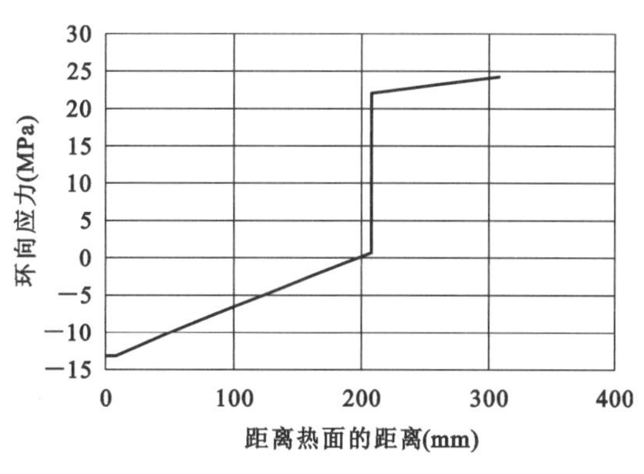

图 5.27 应力分布(初始物性)

5.2.4.2 物性优化后的温度场和应力场

本问题的优化过程采用零阶优化方法,经过 31 次迭代后获得最优解。当工作层内衬热面的压应力达到最小时(即最优解),工作层耐火材料和安全层耐火材料的热导率分别为 1.4 W/(m・K)和 1.6 W/(m・K),工作层耐火材料和安全层耐火材料的热膨胀系数分别为 1.1×10^{-6}/K 和 2.2×10^{-6}/K。此时,包壳的温度为 379.3 ℃,工作层热面的环向应力为－2 MPa(负号代表压应力)。图 5.28 和图 5.29 所示分别为采用优化后的材料性能时包壁沿厚度方向的温度分布和环向应力分布。由图可见,与初始的材料物性相比,优化后工作层热面的应力下降了 11 MPa,但也为此付出了代价,包壳的温度上升了 118 ℃,不过仍在可控制的范围之内。

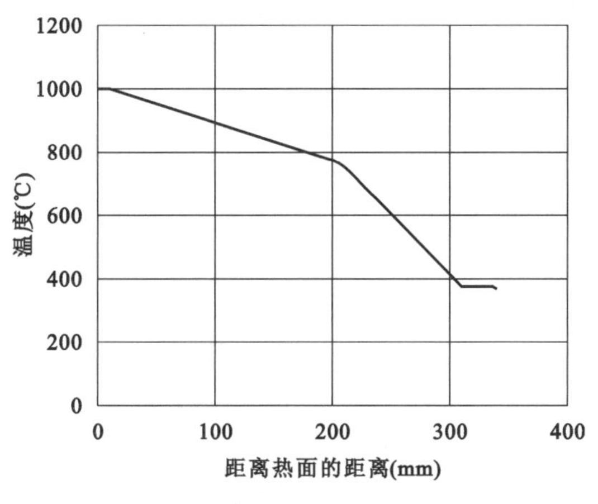

图 5.28 温度分布(优化后的物性)

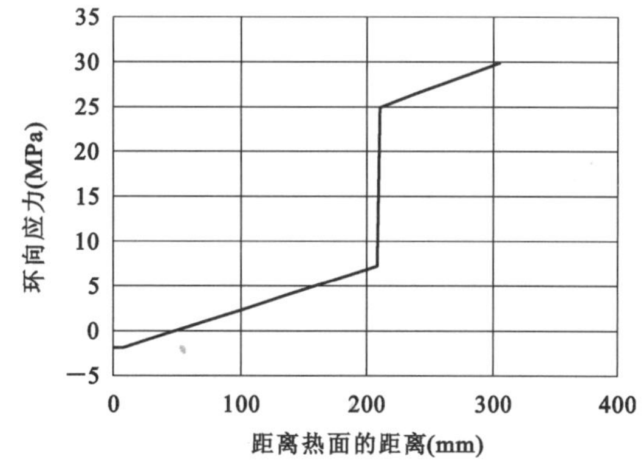

图 5.29 应力分布(优化后的物性)

这里需要说明的是,在图 5.28 和图 5.29 中,可以看到安全层处于受拉状态,而且应力值较大。通常来讲,耐火材料抗拉强度比抗压强度低得多,而优化后的安全层的拉应力反而提高,是否会不利于炉衬的使用呢?事实上,安全层是不可能达到如此高的拉应力的,这是因为炉衬在砌筑时预设了膨胀缝,在受拉状态下,安全层的膨胀缝会打开,拉应力会得到释放,安全层耐火材料不会被破坏。而工作层的耐火材料受压,在高温条件下,过高的压应力会使它发生较大蠕变变形，当钢包处于空包待钢状态时，工作层温度降低，压应力减小，蠕变变形的不可恢复性会使工作层的耐火材料变得松弛，从而增加渗钢的危险。因此，在优化过程中，取工作层热面的压应力为目标函数，为减小包壳金属高温蠕变产生的破坏，取包壳的温度为状态变量。

在优化过程中，总共迭代 31 次，获得了 31 组解，其中包括 11 组非可行解。所谓可行解，就是满足所有的约束条件的解，包括设计变量的约束条件和状态的约束条件。如果任何一个约束条件不能满足，则称为非可行解。最优解为使目标函数值最小的一组可行解。表 5.5 列出了所有的可行解。

表 5.5 所有的可行解

kx_1 [W/(m·K)]	kx_2 [W/(m·K)]	$alpx_1$ (×10^{-6}/K)	$alpx_2$ (×10^{-6}/K)	*Temp* (℃)	Max_str (MPa)
46.2	0.3	7.1	7.7	140.0	39.0
9.4	1.2	0.6	7.2	371.8	32.4
11.1	0.4	6.5	7.9	197.6	28.7
39.4	0.4	1.2	8.1	180.9	20.5
41.9	0.3	4.1	0.4	151.8	11.6
2.7	***1.0***	***1.0***	***1.0***	***261.3***	***13.0***
3.1	2.0	1.9	2.8	346.9	11.4
27.1	1.0	3.3	0.3	376.2	11.2
6.1	1.5	6.2	4.5	386.5	9.7
41.8	1.0	3.5	1.1	378.8	9.6
9.8	0.4	3.7	3.2	200.7	8.5
1.0	1.5	3.5	2.8	361.8	8.3
32.3	0.3	1.0	3.4	157.2	8.0
11.9	0.3	1.1	1.7	146.5	6.1
24.0	1.1	4.3	3.2	397.6	1.6
31.4	0.8	3.5	1.2	321.7	4.5
26.5	1.1	4.5	3.5	399.7	4.4
4.6	1.6	1.2	2.3	366.8	4.2
13.0	1.3	4.7	2.9	399.9	3.0
1.4	**1.6**	**1.1**	**2.2**	**379.3**	**2.0**

注：黑体为优化解，黑斜体为初始解。

5.3 钢包包底结构优化

5.3.1 典型包底结构

目前，钢包主要采用砌筑式包底和整体浇铸式包底。图 5.30 所示为砌筑式包底结构简图，图 5.31 所示为整体浇铸式包底结构简图。包底结构由包底工作层、冲击区、水口砖、透气砖组成。砌筑式包底工作层采用不烧高铝砖，整体浇铸式包底工作层采用刚玉-尖晶石浇铸料；透气砖和水口砖采用刚玉-尖晶石质预制件；冲击区采用高铝浇铸料预制件。图 5.32～

图 5.34所示皆为以砌筑式包底结构(第一种)为基础拟改进的包底结构。第三种在水口砖周围增加一圈中档预制件;第四种在包底外围增加一圈中档预制件;第五种是综合第三种和第四种包底的情形。

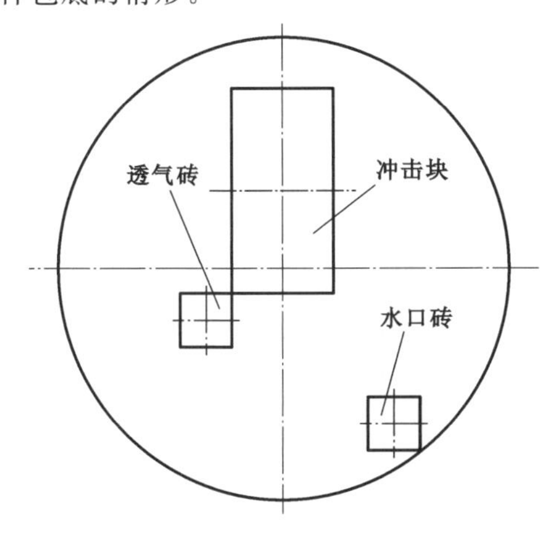

图 5.30　砌筑式包底结构简图(第一种)

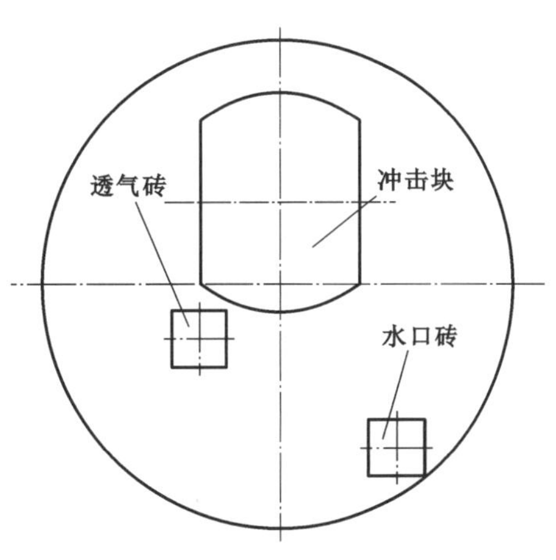

图 5.31　整体浇铸式包底结构简图(第二种)

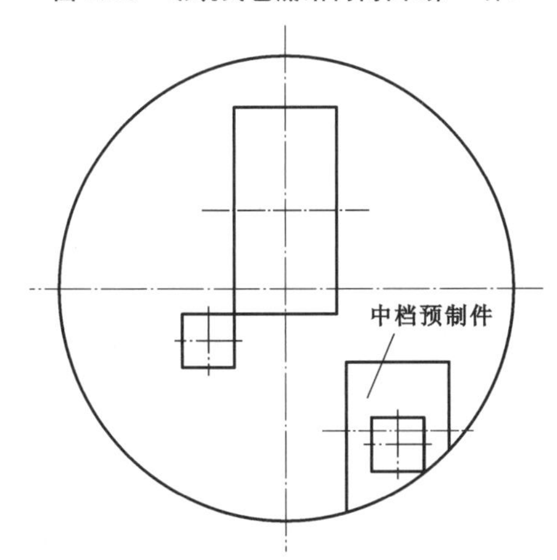

图 5.32　第三种包底结构简图

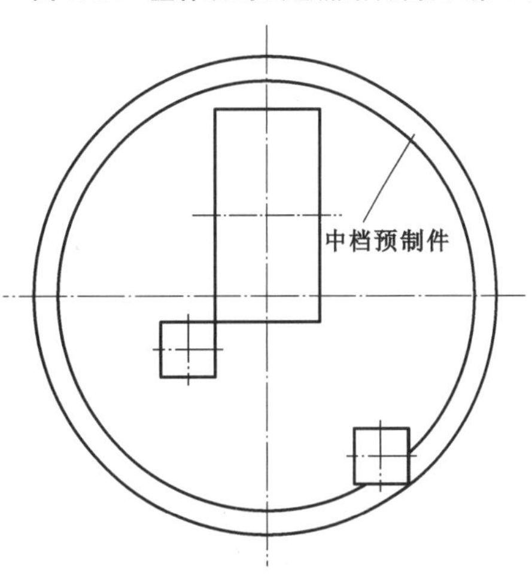

图 5.33　第四种包底结构简图

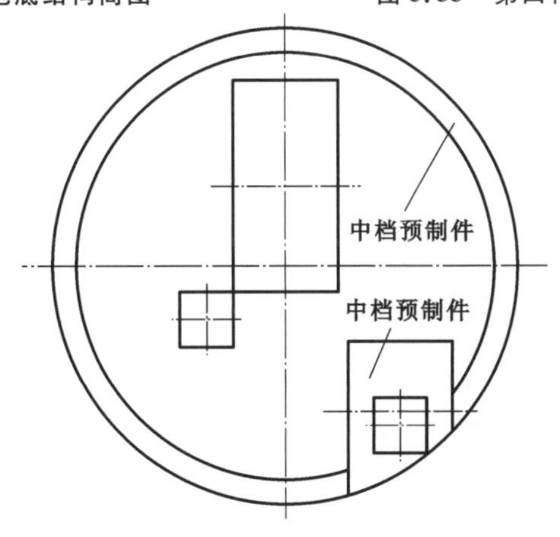

图 5.34　第五种包底结构简图

5.3.2 各种包底结构的参数化模型

为了满足分析的灵活性和方便性，利用ANSYS提供的参数化程序设计语言APDL编制了钢包有限元计算的接口程序。通过参数化方法，使建立的钢包有限元分析模型适用于具有类似结构的不同容积的钢包的热分析，也为钢包选用合适的耐火材料以降低易损部位的热应力提供了计算依据。

所谓模型的参数化，就是通过综合分析，提取模型中能够表述其基本特征的物理量(包括材料和几何参数)，利用这些基本的物理量就能完整地描述对象。例如一个圆柱体，如果已知其底面的直径(或半径)和圆柱体的高，就可以完全确定这个圆柱体。也就是说，要对一个圆柱体进行参数化，只须提取其底面直径(或半径)和高作为参数即可对其完整描述。因此，模型的参数化是一个提取模型基本表征量的过程。参数化的模型不是指一个单独的模型，而是指一类模型，这类模型具有相同的特征，只是表征这些参数的具体数值不同而已。利用参数化技术得到的钢包的参数化模型不仅适用于本次研究的250 t钢包，而且适用于同类不同容量、不同材质的钢包。此时，只须按照钢包基本参数，改变其数值，即可得到不同容量、不同材质的钢包模型。

5.3.2.1 钢包几何模型的参数化

钢包的几何形状比较复杂，在实际计算过程中可作如下假设：

① 钢包包壁的倾斜度很小，可以近似为圆柱体。

② 包底的透气砖和水口砖尺寸相对于钢包底的总体尺寸来说很小，因此可以将透气砖和水口砖近似地作为实心体处理，对整个包底的计算结果影响不大。

如图5.1和图5.35所示建立坐标系。图5.1所示为钢包的回转截面图。根据假设①，将钢包包壁简化成多层圆筒的结构。图5.1中，r为钢包内径，h为包底工作层以上的包壁高度，$th1$为包壁工作层厚度，$th2$为包壁第一永久层厚度，$th3$为包壁第二永久层厚度，$th4$为包壳的厚度；$h1$为包底工作层厚度，$h2$为包底第一永久层厚度，$h3$为包底第二永久层厚度，$h4$为包底钢壳厚度。利用以上参数，就可以大致确定钢包的几何形状。

分别建立五种不同的包底模型，由于这五种包底结构形式各异，不存在共同特征，因此必须按照其各自特点分别建立参数化模型。图5.35所示为第一种包底结构。其中包括冲击区预制块、透气砖和水口砖。冲击区预制块为矩形，用其中心点的坐标distx和disty确定位置，用其长clength和宽cwide确定形状。透气砖为正方形，用其中心点的坐标aposx和aposy确定位置，用其边长ablock确定形状；水口砖与透气砖类似，也为正方形，可以用其边长pblock确定形状，用其中心点的坐标wposx和wposy确定位置。

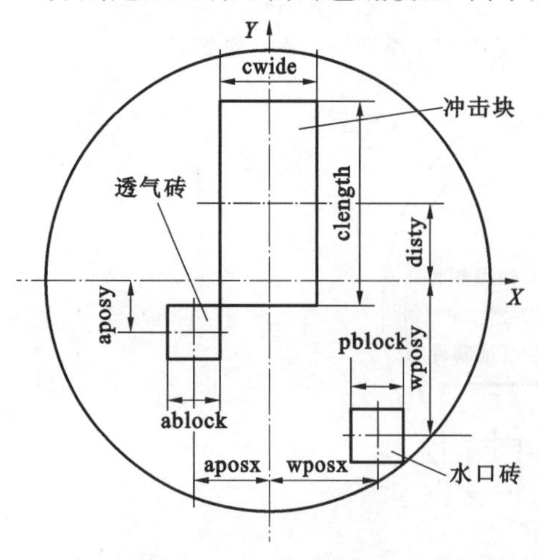

图5.35 第一种包底结构

图5.36所示为第二种包底结构。这种包底结构与第一种结构存在两点不同。首先，采用整体浇铸的包底；另外，其冲击区采用特殊形状的冲击块，并且有一部分凸出包底工作层表面。透气

砖与水口砖的位置和形状与第一种形式相同，冲击块的定位尺寸也用其中心的坐标 distx 和 disty 确定。由于冲击块的形状比较复杂，未对其进行参数化，仅利用现有冲击块的尺寸建立其几何模型。

图 5.37 所示为第三种包底结构。这种结构与第一种包底结构类似，只是在水口砖周围用中档预制件围了一圈。这圈中档预制件的中心位置相对于水口砖中心位置向 Y 轴方向偏移 100 mm，即中心位置为 wposx 和 wposy＋100，形状是 800 mm×1000 mm 的矩形与包底圆重叠部分。

图 5.38 所示为第四种包底结构。这种结构也是第一种包底结构的改型，仅在包底的外围增加了一圈中档预制件。该圆环的外径等于钢包内径，内外径（半径）的差值为 200 mm。因此，该结构仅增加了一个参数。

图 5.39 所示为第五种包底结构。该结构是在第一种结构的基础上，综合了第二种结构和第三种结构的特点，分别在包底外围和水口砖周围安装中档预制件。因此，只要将第二种和第三种包底结构和参数综合起来，就可以得到第五种包底结构的参数。

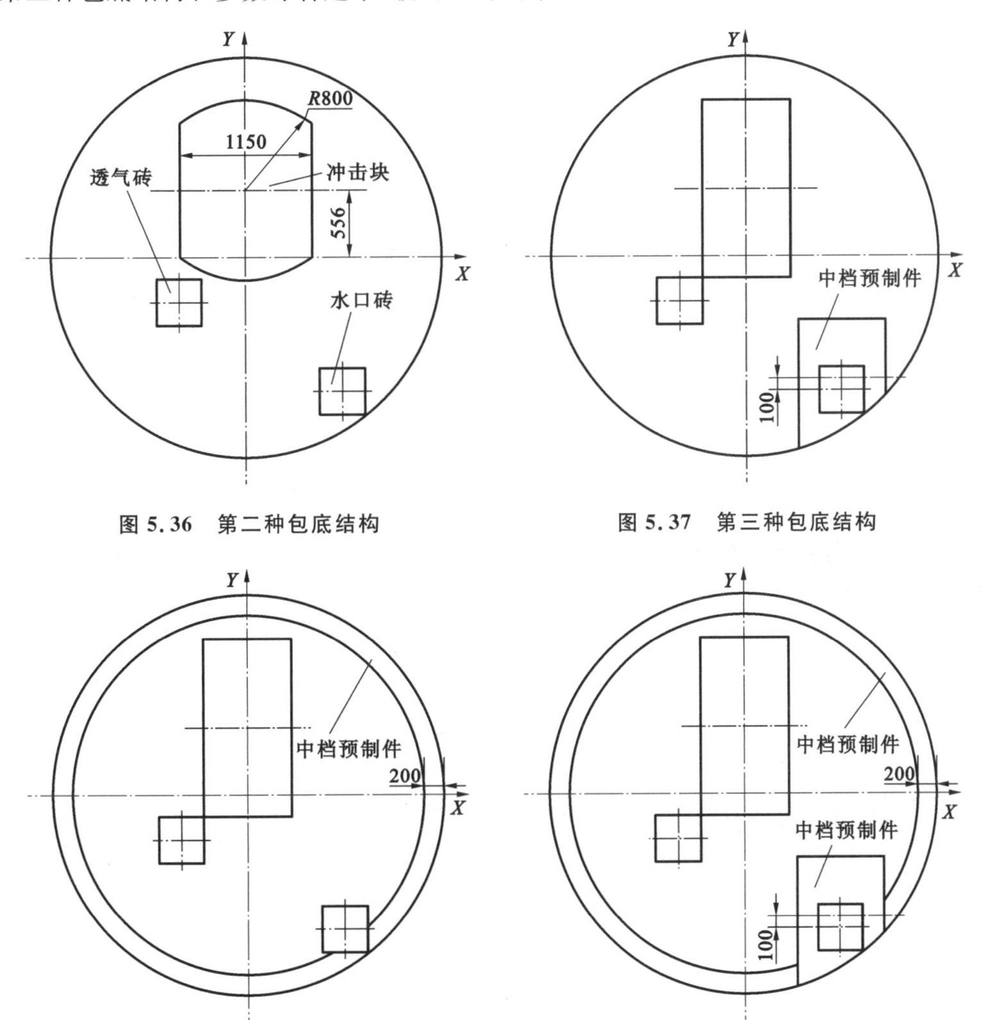

图 5.36 第二种包底结构

图 5.37 第三种包底结构

图 5.38 第四种包底结构

图 5.39 第五种包底结构

5.3.2.2 钢包材料模型的参数化

钢包是由耐火材料和金属材料组成的耦合结构。其中，在不同的部位，所采用的耐火材料的物理性能是不同的。为了满足重复计算的要求，同时也为了进行钢包耐火材料的物性优化，以便对各种耐火材料的物性进行调控，使钢包耐火材料使用寿命提高，降低生产成本，因此，必须对钢包中使用的耐火材料进行分类，结合热-机械耦合计算的具体要求，对钢包中使用的材料进行参数化建模。

由图 5.35～图 5.39 可知，钢包由以下几种结构构成：包底工作层、包底第一永久层、包底第二永久层、包壁工作层、包壁第一永久层、包壁第二永久层、水口砖、透气砖、冲击块、包壳和中档预制件，分别用数字对其编号。由于每种包底结构不同，以上材料不一定全部包括，表 5.6中列出了各种材料编号以及适用于哪种包底。

表 5.6 各种包底形式的材料组成

编号	结构 \ 包底类型	1	2	3	4	5
1	包底工作层	●	●	●	●	●
2	包底第一永久层	●	●	●	●	●
3	包底第二永久层	●	●	●	●	●
4	包壁工作层	●	●	●	●	●
5	包壁第一永久层	●	●	●	●	●
6	包壁第二永久层	●	●	●	●	●
7	水口砖	●	●	●	●	●
8	透气砖	●	●	●	●	●
9	冲击块	●	●	●	●	●
10	包壳	●	●	●	●	●
11	中档预制件			●	●	●

5.3.2.3 钢包有限元模型的建立

如上所述，对钢包几何模型和材料模型参数化后，就可以利用 APDL 语言编写生成有限元模型的程序。考虑到生成实体模型再经网格化后，模型才可以进行有限元计算，因此，在生成实体模型以前就要考虑如何划分网格的问题。有限元中对三维问题划分网格常用到的有两类单元：一类是四面体单元，一类为六面体单元。四面体单元划分网格比较容易，可以利用程序本身的自动网格划分功能完成。但四面体单元存在较大的缺点，主要是因为它是常应变(应力)单元，即每个单元内的应力值为常量，如果要获得比较精确的解，必须将单元划分得非常小，这往往要求相当多的计算时间和较高的计算机配置。而且，在有些场合，用四面体单元计算还会产生不正确的结果。而六面体单元则不存在这些缺点，其分析结果优于四面体，在获得同等精度的计算结果前提下划分网格的数目也较少。因此，在分析三维问题时，通常要求尽可能地采用六面体单元划分实体模型。然而，目前几乎所有的有限元软件都不具备自动划分六面体单元的功能，只是对于一些特殊形状，可以通过映射、拖拉、扫掠等功能实现六面体单元的划分。因此，在建立钢包有限元模型以前，必须考虑到这点，充分利用钢包几何形状中可以通过拖拉、扫描、拉伸等功能实现六面体网格划分的特点，事先作好必要的准备[31-32]。

另外，由于钢包由多种材料构成，在建立有限元模型时，也应考虑到对不同部位指定不同材料属性是否方便的问题。在建立钢包模型时，采用自底向顶的建模方法。先在 XOY 面内创建面，然后将面沿 Z 轴拉伸成体，这样就可以利用拉伸的办法将一个个的体元素划分成六面体单元。另外，在建模过程中，对生成的面和体分别命名，以便于指定不同材料属性和加载不同的边界条件以满足分析要求。注意：以下建模步骤中提及的钢包各部分的名称都是指其在 XOY 面内的投影，并不是指实际的形状。如水口砖指的是水口砖在 XOY 面内的投影正方形，而不是其实际形状正六面体。

钢包有限元模型的建立步骤如下：

① 在 XOY 面内创建 dh11、bi11、bi21、bi31、bi41 面。其中 bi11、bi21、bi31、bi41 分别为对应于包壁工作层、第一永久层、第二永久层和包壳的圆环面（各层在包底面内的投影）；dh11 对应于不同包底减去冲击块、透气砖、水口砖及中档预制件（仅在模型三、四、五中）后形成的面。

② 将 bi11、bi21、bi31、bi41 面沿 Z 轴反方向，复制到 $Z=-h1$、$Z=-(h1+h2)$、$Z=-(h1+h2+h3)$、$Z=-(h1+h2+h3+h4)$面内，如图 5.40 所示。

③ 将所得的面按不同要求拉伸成体，如图 5.41 所示。

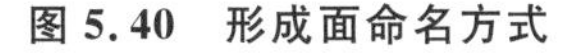

图 5.40　形成面命名方式

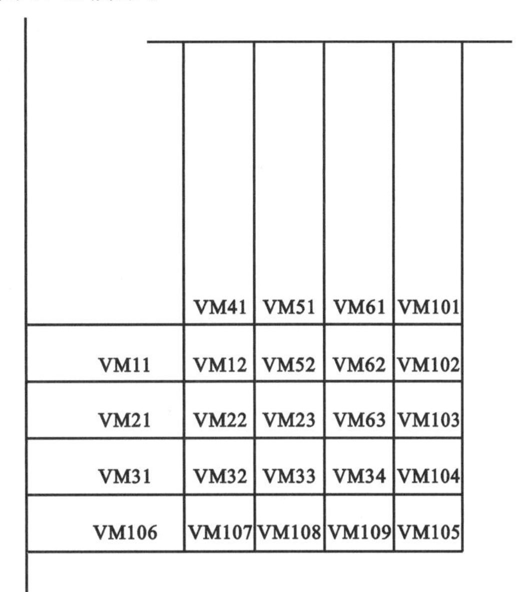

图 5.41　形成的各个体的命名方式

[注：图 5.41 中 VM 表示拉伸后的体元素，其后带的前 1 个数字或前 2 个数字（当有 3 个数字时）表示此体元素应指定的材料代号；后面的数字表示属于此种材料的体元素的编号。]

④ 在 XOY 面内创建 pblock1 和 ablock1，分别对应水口砖和透气砖，然后按②中方式复制到各层，再按③中方式拉伸成体。水口砖对应的体元素为 VM81、VM82、VM83 和 VM84；透气砖对应的体元素为 VM71、VM72、VM73 和 VM74。

⑤ 在 XOY 面内创建 kuai11，对应冲击块，然后按②中方式复制到各层，再按③中方式拉伸成体，体元素分别为 VM91、VM24、VM35 和 VM1010。对于第一、三、四、五种包底模型而言，冲击块对应的体元素已经全部包括，但对于第二种包底模型，还要增加凸出包底表面的部分 VM92。

⑥ 在第三、四、五种包底模型中，由于增加了中档预制件，因此相应地增加了面元素和体元素。

对于第三种包底模型，在 *XOY* 面内创建 dang11，对应中档预制件减去水口砖后的面，然后按②中方式复制到各层，再按③中方式拉伸成体，体元素分别为 VM111、VM25、VM36 和 VM1011。

对于第四种包底模型，在 *XOY* 面内创建 dang11，对应中档预制件减去水口砖后的面，然后按②中方式复制到各层，再按③中方式拉伸成体，体元素分别为 VM111、VM25、VM36 和 VM1011。这些过程与第三种包底模型一致。但是由于中档预制件的形式与第 3 种包底模型不一样，中档预制件与水口砖之间形成相互干涉，此时为了划分单元的方便，将水口砖沿着与中档预制件的边界一分为二，分别为 pblock1 和 ppblock1，按②中方式复制到各层，再按③中方式拉伸成体，体元素分别为 VM81、VM82、VM83、VM84 和 VM85、VM86、VM87、VM88。

对于第五种包底模型，在 *XOY* 面内创建 dang11，对应水口砖周围的中档预制件减去水口砖后的面；创建 dang21，对应包底外围的一圈中档预制件减去水口砖周围的中档预制件后形成的面。然后按②中方式复制到各层，再按③中方式拉伸成体，体元素分别为 VM111、VM25、VM36、VM1011 和 VM112、VM26、VM37、VM1012。

⑦ 按照钢包各部分的材质，将不同材料属性指定给不同体积元素（用体积元素命名很容易实现）。

⑧ 划分单元，建立有限元模型。用此方法建立的实体模型大部分可以按照扫掠的方法形成六面体单元，仅在第二种包底模型的冲击块凸出部分和第四种包底模型的中档预制件需利用四面体单元划分。

5.3.2.4　钢包参数化模型中的参数说明

钢包几何模型参数以及 250 t 钢包的参数值总结如下：

包壁尺寸：

$$r=1789\quad h=3403\quad th1=210\quad th2=50\quad th3=50\quad th4=30$$

包底尺寸：

$$h1=230\quad h2=114\quad h3=30\quad h4=80$$

透气砖尺寸：

aposx＝－610　aposy＝－400　ablock＝400

冲击块尺寸：

cwide＝800　clength＝1600　distx＝0　disty＝600

水口砖尺寸：

wposx＝875　wposy＝－1200　pblock＝400

每种材料都应输入以下的材料性能参数：

kxx——热传导系数；

c——比热容；

dens——体积密度；

alpx——热膨胀系数；

ex——弹性模量；

muxy——泊松比。

下面用第五种包底结构参数化模型来说明计算中所采用的几何参数和材料参数的定义值：

```
/filename,ladle
/title,ladle
/prep7

!包壁尺寸
r=1789
!h=3403
h=403
th1=210
th2=50
th3=50
th4=30
!包底尺寸
h1=230
h2=114
h3=30
h4=80
!透气砖尺寸(定位)
aposx=-610
aposy=-400
ablock=400
!冲击块
cwide=800
clength=1600
distx=0
disty=600

!水口尺寸(定位)
wposx=875
wposy=-1200
pblock=400
wpcsys,-1,0

!指定单元
et,1,plane55
et,2,solid70
!定义材料
!包底工作层
```

```
mptemp,1,25,200,600,800,1000,1200
mpdata,kxx,1,1,1.046,3.926,3.015,2.646,2.661,2.850
mp,c,1,1.134e6
mp,alpx,1,5e-6
mp,dens,1,3.03e-6
mp,ex,1,6.2e3
mp,nuxy,1,0.22
!包底第一永久层!

mp,kxx,2,1.85
mp,c,2,1.134e6
mp,alpx,2,5e-6
mp,dens,2,2.5e-6

mp,ex,2,6.2e3
mp,nuxy,2,0.22
!包底第二永久层!

mp,kxx,3,1.85
mp,c,3,1.134e6
mp,alpx,3,5e-6
mp,dens,3,2.5e-6

mp,ex,3,6.2e3
mp,nuxy,3,0.22
!包壁工作层!

mp,kxx,4,2.85
mp,c,4,1.134e6
mp,alpx,4,5e-6
mp,dens,4,2.8e-6

mp,ex,4,6.2e3
mp,nuxy,4,0.22
!包壁第一永久层!

mp,kxx,5,1.85
mp,c,5,1.134e6
mp,alpx,5,5e-6
```

```
mp,dens,5,2.5e-6
mp,ex,5,6.2e3
mp,nuxy,5,0.22
!包壁第二永久层!

mp,kxx,6,1.85
mp,c,6,1.134e6
mp,alpx,6,5e-6
mp,dens,6,2.5e-6

mp,ex,6,6.2e3
mp,nuxy,6,0.22
!水口砖!

mp,kxx,7,3.5
mp,c,7,1.134e6
mp,alpx,7,5e-6
mp,dens,7,3.1e-6

mp,ex,7,6.2e3
mp,nuxy,7,0.22
!透气砖!

mp,kxx,8,3.5
mp,c,8,1.134e6
mp,alpx,8,5e-6
mp,dens,8,3.1e-6
mp,ex,8,6.2e3
!冲击块!

mpdata,kxx,9,1,8.118,6.157,3.418,2.944,2.881,3.089
mp,c,9,1.134e6
mp,alpx,9,5e-6
mp,dens,9,3.1e-6

mp,ex,9,6.2e3
mp,nuxy,9,0.22
!钢壳!
mp,kxx,10,50
```

```
mp,c,10,0.470e6
mp,alpx,10,13e－6
mp,dens,10,7.8e－6
mp,ex,10,175e3
mp,nuxy,10,0.3

!中档浇铸料预制件
mp,kxx,11,2.9
mp,c,11,1.134e6
mp,alpx,11,5e－6
mp,dens,11,2.9e－6

mp,ex,11,6.2e3
mp,nuxy,11,0.22
/nerr,0
```

5.3.3 各种包底结构的应力分布

钢包在实际使用中，经历预热、等待、浇钢、储运、二次精炼、出钢浇铸，此过程称为一次热循环。前面研究结果表明，钢包经历烘包和数次热循环后达到一种“准稳态”，即近似的热平衡状态。这种状态在钢包的使用过程中占主要地位，因此可以用钢包达到稳态时的温度分布研究其热应力状态。

图 5.42～图 5.46 所示分别为五种包底结构在稳态时环向应力的分布云图。图中每一种颜色代表一个应力区域。为了对五种包底结构的应力分布进行比较，将应力的显示范围取为－25～10 MPa，这个区域是五种包底结构的包底工作层大致的应力范围。

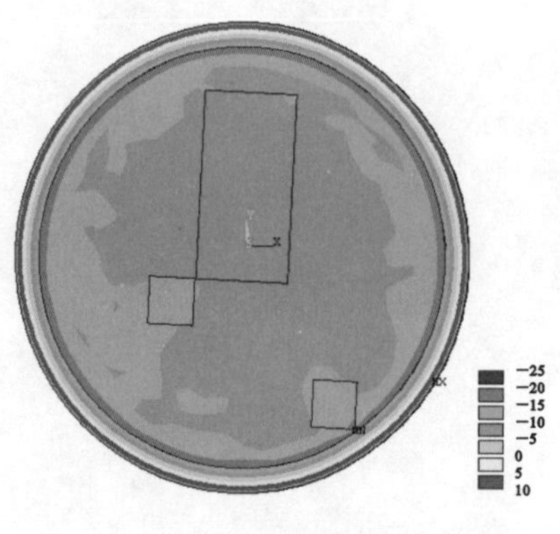

图 5.42 第一种包底结构的环向应力

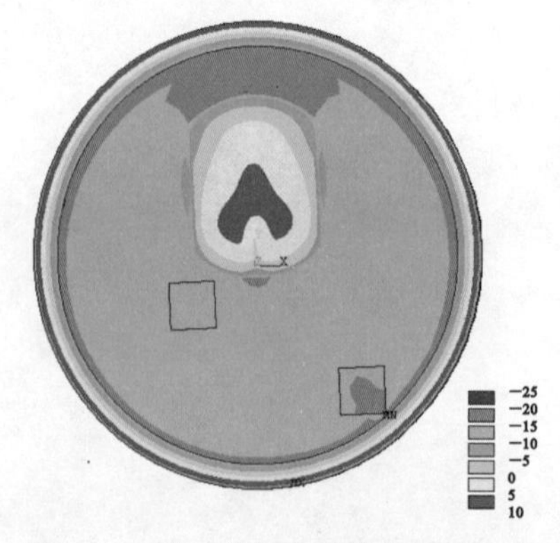

图 5.43 第二种包底结构的环向应力

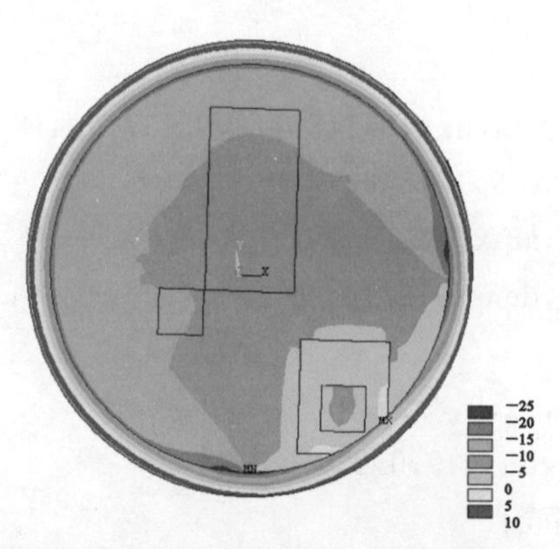

图 5.44 第三种包底结构的环向应力

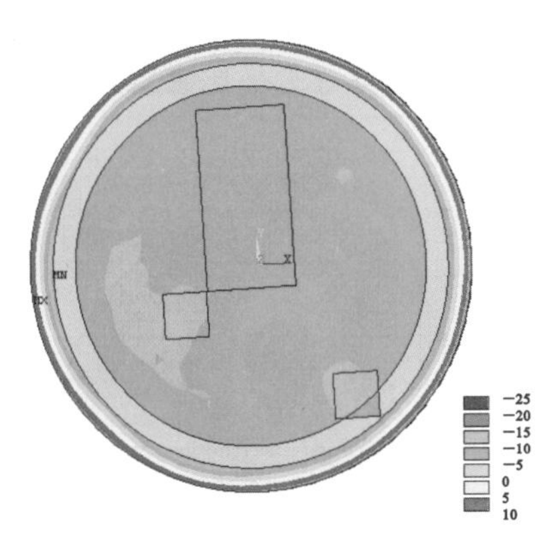

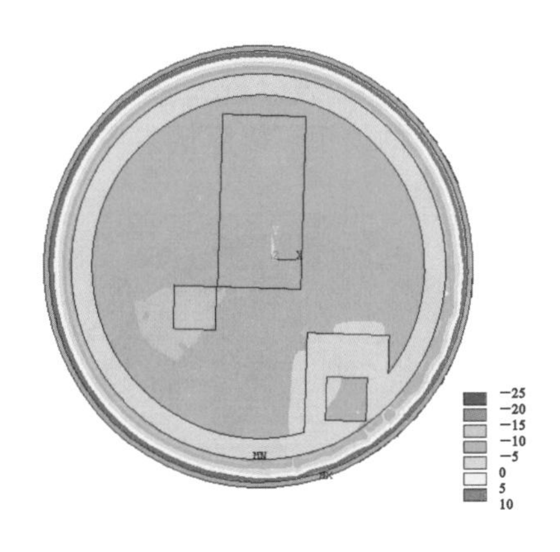

图 5.45 第四种包底结构的环向应力

图 5.46 第五种包底结构的环向应力

图 5.42 所示为第一种包底结构的环向应力的分布云图。从图中可以看到，包底中心部分应力值范围为－10～－5 MPa，其余部分的应力值范围为－15～－10 MPa，二者所占的区域大体相当。在靠近包壁有一很小的环形区域应力值范围为－20～－15 MPa。

图 5.43 所示为第二种包底结构的环向应力的分布云图，从图中可以看到，包底绝大部分的区域应力值范围为－15～－10 MPa，在冲击区靠近包壁处应力值范围为－20～－15 MPa。可见，这种整体浇铸式包底的整体应力水平比砌筑式包底的高。图 5.44 所示为第三种包底结构的环向应力的分布云图，该结构是在第一种包底结构的基础上作了改进，在水口砖周围加了一圈中档预制件。从图上可以看到，包底中心部分和外围有大片的区域应力为－5～0 MPa，在这两片区域之间的部分的应力值范围为－10～－5 MPa。与第一种包底结构相比，这种包底结构降低了所受的压应力，有利于提高耐火材料的使用寿命。但是，在水口砖周围有一部分区域出现了拉应力(图中黄颜色区域)，这对耐火材料是相当不利的。图 5.45所示为第四种包底结构的环向应力的分布云图。该结构是在第一种包底结构的基础上作的改进，在包底外围加了一圈环形的中档预制件。从图中可以看到，包底大部分的区域应力为－10～－5 MPa，在增加的环形中档预制件区域应力值降到－5～0 MPa，但在水口砖和透气砖附近有小片区域应力值范围为－15～－10 MPa。与第一种包底结构相比，增加的环形中档预制件降低了该区域的应力，与第二种包底结构相比，－10～－5 MPa应力范围有所提高(即应力大的区域增大)，但未产生拉应力。图 5.46 所示为第五种包底结构的环向应力的分布云图，该结构综合了第三种包底结构和第四种包底结构的特点。从图中可以看到，增加的中档预制件区域应力范围为－5 ～0 MPa，其他大部分区域应力在－10 ～－5 MPa 范围内。

从以上对五种包底结构分析计算的结果中可以看出，整体浇铸式包底的压应力水平比砌筑式包底(第一、三、四、五种包底结构)的应力水平高。第三种包底是在第一种包底结构的基础上仅在水口砖周围增加了一圈中档预制件，降低了整个包底的应力水平，但在水口砖附近出现了受拉区；第四种包底是在第一种包底结构的基础上在包底外围增加了一圈环形中档预制件，降低了包底的应力，且在中档预制件处的应力很低；第五种包底是在第一种包底结构的基础上综合了第三种包底和第四种包底结构的特点，使包底绝大部分区域应力值降到10 MPa以下，使用中档预制件的部分应力在 5 MPa 以下。可见，在包底结构中使用中档预制件不仅可以降低使用区域的应力，而且还可以降低附近区域的应力值，这对提高耐火材料的寿命具有重要意义。

图 5.47～图 5.51 所示分别为五种包底结构在稳态时径向应力的分布云图。从这五个图中可以得到与环向应力分析类似的结果，即整体浇铸式的包底应力水平比砌筑式的应力水平高；中档预制件的使用可以降低包底的整体应力水平。

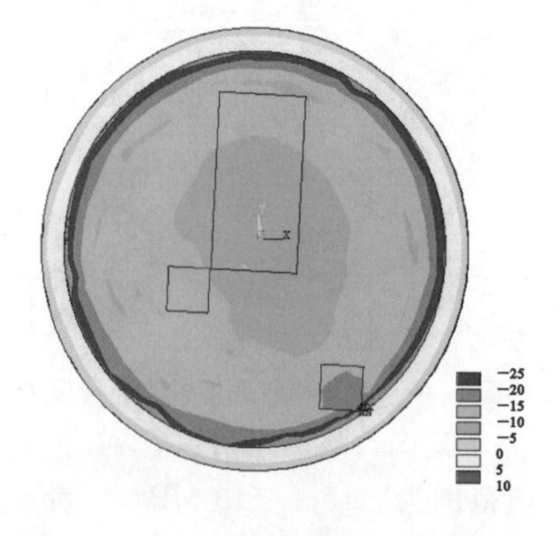

图 5.47　第一种包底结构的径向应力

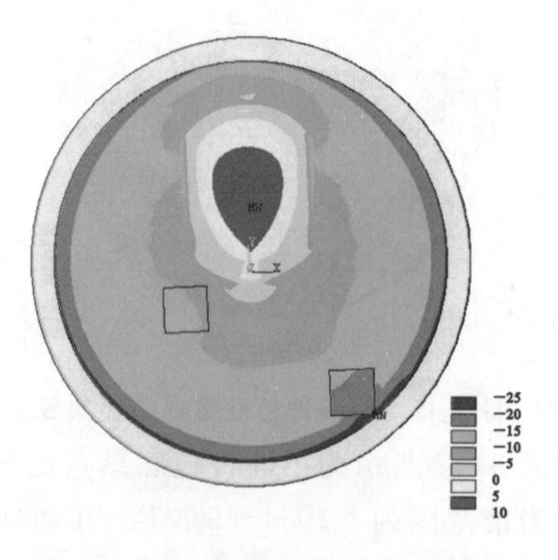

图 5.48　第二种包底结构的径向应力

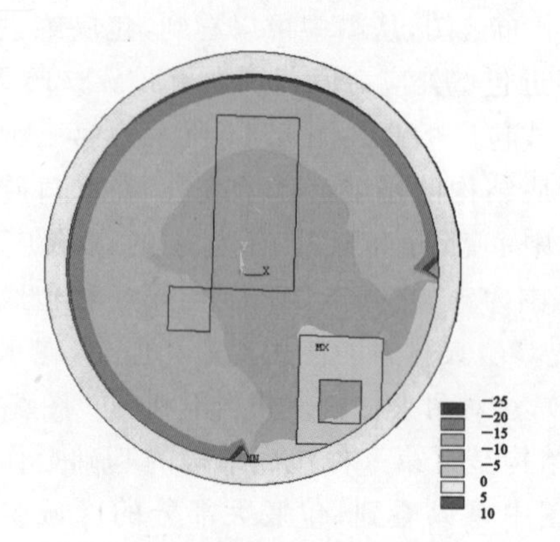

图 5.49　第三种包底结构的径向应力

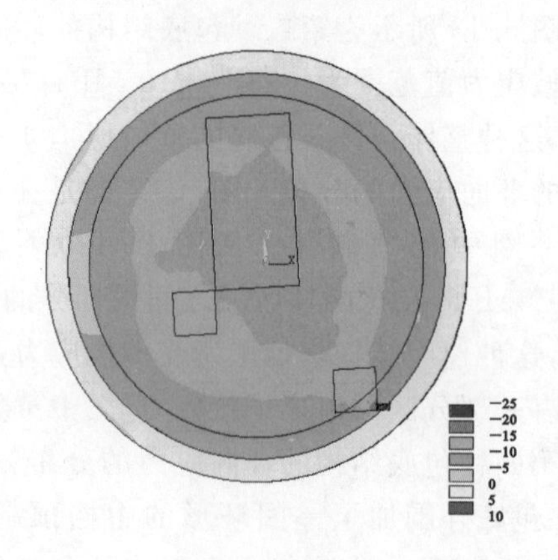

图 5.50　第四种包底结构的径向应力

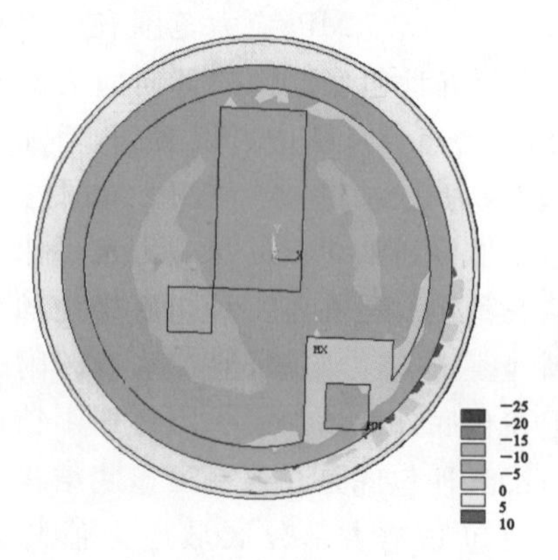

图 5.51　第五种包底结构的径向应力

5.3.4　包底结构优化

根据以上分析结果，提出了第六种改进的包底结构。图 5.52 所示为第六种包底结构的砌筑图。

第六种包底结构可以简化成图 5.53 所示，以便于有限元分析计算建模。利用相同的边界条件计算了第六种包底的应力分布。图 5.54 所示为其环向应力分布云图，图 5.55 所示为其径向应力分布云图。从图中可以看出，无论是环向应力还是径向应力，第六种包底都比前五种包底结构的应力低。除了冲击区周围的不烧高铝砖应力值稍高外，其余区域应力在5 MPa以下。不烧高铝砖与包壁交界处有很小区域应力为 20 MPa 左右。

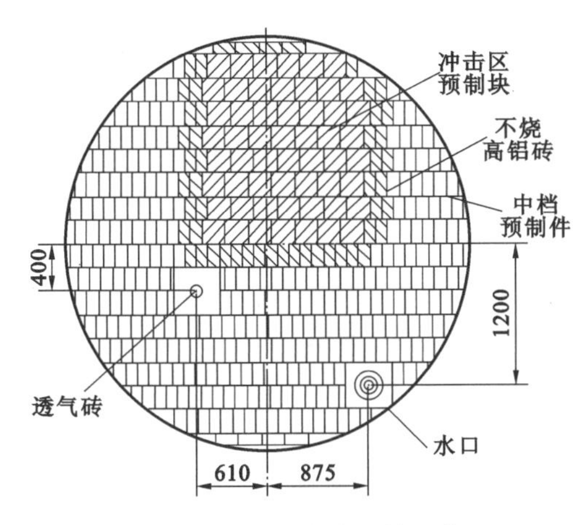

图 5.52　第六种包底结构砌筑图

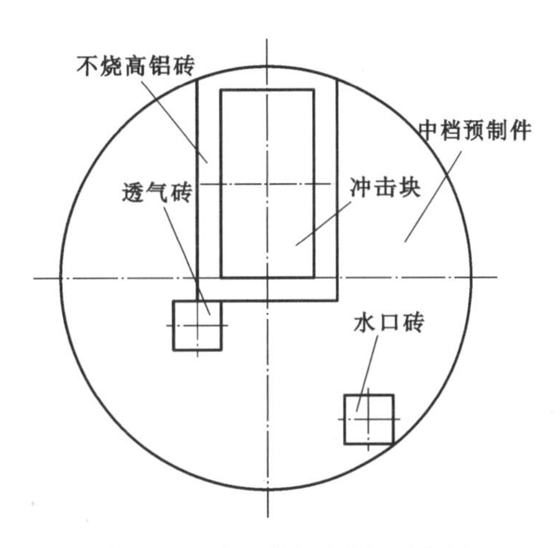

图 5.53　第六种包底结构简化图

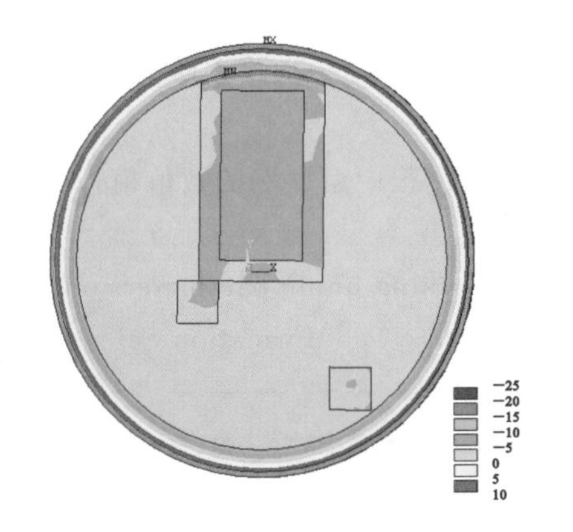

图 5.54　第六种包底结构环向应力分布云图

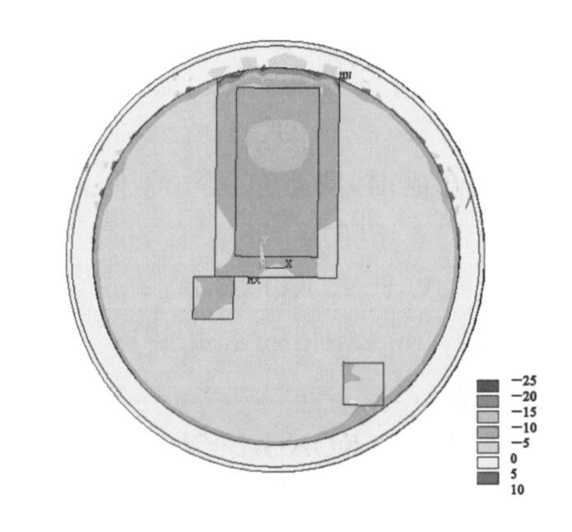

图 5.55　第六种包底结构径向应力分布云图

第六种包底结构经现场试用，效果较好，控制住了包底的剥落损毁现象。现场的试验结果与本课题采用有限元方法计算的结果吻合，证实了本课题所开发的模型、选取的边界条件、采用的材料物性参数等具有较好的合理性。

5.4　使用效果

根据优化方案，并结合武钢炼钢生产的实际工况，随机选取五个使用状况一般的钢包进行初步试验和应用。从钢包砌筑开始严格按照第六种优化结构和耐火内衬材质进行砌筑，在砌筑完壁砖及渣线砖后，将水口座砖和透气砖砌筑到位，为方便小修时更换透气砖和水口砖，沿透气砖和水口砖周边砌筑两排铝镁碳砖。将冲击砖放在冲击区，然后浇铸刚玉浇铸料，浇铸完毕自然养护 24 h，然后预烘烤 24 h，再放在烘烤台上按目前的烘烤制度(砌筑永久层后烤包阶段、砌筑工作层后烤包阶段和砌筑完毕后保温阶段)进行烘烤，到达规定时间送热修配包投入周转。烤包结束后钢包进入受钢阶段，钢水注满后钢包运送到连铸设备处并将钢水注入中间包中，钢水输出完毕且对钢包进行热修后就进入下一次的工作循环阶段。

从使用的情况来看，试验用钢包能够满足实际生产的要求，并且钢包的使用寿命有了较大程度的提高，经过优化设计后的钢包平均使用寿命是 184 炉次，而原设计和使用的钢包使用寿命只有 91 炉次左右，达到了预期目的。

目前，钢包已经成为武钢炼钢厂重要的生产高温容器件，提高钢包的使用寿命直接降低了武钢的生产成本，保证生产正常进行，提高了生产效率。因此本项目研究开发的成功将给武钢的生产带来较好的经济效益。

本章的研究成果推广应用到宝钢炼钢厂钢包。该厂钢包的包底存在如下问题：钢水冲击区易剥落；砖缝中易渗冷钢；冲击区耐材砖缝处加速熔损凹下，使用效果不稳定；砖砌无碳包底的寿命只有 20 炉次，小修周期太短，影响钢包的快速周转及钢包壁的寿命。应用本项目的研究成果，使用效果显示：采用新的材料及结构后，基本解决了原无碳钢包底的剥落及渗冷钢问题，而且在没有增加钢包底耐火材成本的情况下，使钢包底的使用寿命较原来有了大幅度的提高，由原来的 20 炉次提高到了平均 69.8 炉次。

参考文献

[1] 吴超，沈明钢，张德慧，等. 100 t 底吹氩钢包插入浸渍管对钢液流场影响的数值模拟[J]. 特殊钢，2015，36(2)：9-12.

[2] 李和祯，郑丽君，罗旭东，等. 不同材质钢包内衬烘烤过程中温度场的数值模拟[J]. 耐火材料，2014，48(6)：428-431.

[3] LI G F，QU P X，KONG J Y，et al. Influence of working lining parameters on temperature and stress field of ladle [J]. Applied Mathematics & Information Sciences，2013，7(2)：439-448.

[4] Li G F，LI Z，KONG J Y，et al. Structure optimization of ladle bottom based on finite element method [J]. Journal of Digital Information Management，2013，11(2)：120-124.

[5] 陈桂彬，贺东风，袁飞，等. 基于传热反问题的钢包热状态跟踪模拟[J]. 有色金属科学与工程，2016，7(2)：25-31.

[6] 程本军，李鹏飞，谭慎迁，等. 预热温度对钢包盛钢时的内衬温度及应力影响[J]. 钢铁研究学报，2015，27(9)：39-43.

[7] ZHURAVLEV N M. Conversion of thread gauges to metric ISO thread [J]. Measurement Techniques，2016，13(7)：267-289.

[8] GLASER B，GÖRNERUP M，SICHEN D. Thermal modeling of the ladle preheating process [J]. Steel Research International，2011，82(12)：1425-1434.

[9] ZABOLOTSKII A V. Model of heating of the lining of a steel-teeming ladle [J]. Refractories and Industrial Ceramics，2010，51(4)：263-266.

[10] VASIL′EV D V，GRIGOR′EV P V. On the problem of thermo mechanical stresses in the lining and shell of steel-pouring ladles [J]. Refractories and Industrial Ceramics，2012，53(2)：118-122.

[11] TADDEO L，GASCOIN N，FEDIOUN I，et al. Dimensioning of automated regenerative cooling：setting of high-end experiment [J]. Aerospace Science and Technology，

2015, 43: 350-359.

[12] SLOVIKOVSKII V V, GULYAEVA A V. Efficient lining for steel-pouring ladles[J]. Refractories and Industrial Ceramics, 2013, 54(1): 4-6.

[13] KONONOV V A, ZEMSKOV I I. Modern high-temperature thermal insulation for steel-pouring ladles [J]. Refractories and Industrial Ceramics, 2012, 53(3): 151-156.

[14] 李公法,蒋国璋,孔建益,等. 钢包复合结构体的钢包底内衬膨胀缝对钢包应力的影响研究[J]. 机械设计与制造, 2010, (1): 113-114.

[15] 李公法,蒋国璋,孔建益,等. 钢包复合结构体工作层物性参数对其应力场的影响研究[J]. 机械设计与制造, 2010, (5): 221-223.

[16] CHEN D S, LI G F, LIU H H, et al. Analysis of thermal-mechanical coupling and structural optimization of continuous casting roller bearing [J]. Computer Modelling and New Technologies, 2014, 18(11): 1312-1319.

[17] LI G F, LIU J, JIANG G Z, et al. Simulation of expansion joint of bottom lining in ladle and its influence on thermal stress [J]. International Journal of Online Engineering, 2013, 9(2): 5-8.

[18] LI G F, KONG J Y, JIANG G Z, et al. Stress field of ladle composite construction body [J]. International Review on Computers and Software, 2012, 7(1): 420-425.

[19] LIU Z, LI G F, LIU H H, et al. Temperature field and thermal stress field of continuous casting roller bearing [J]. Computer Modelling and New Technologies, 2014, 18(10): 503-509.

[20] CHENG F W, LI G F, LIU H H, et al. Temperature data acquisition and remote monitoring of ladle based on LabVIEW [J]. Computer Modelling and New Technologies, 2014, 18(11): 1320-1325.

[21] 蒋国璋,郭志清,李公法,等. 钢包包壁内衬膨胀缝对钢包应力的影响仿真研究[J]. 现代制造工程, 2010,(10): 85-88.

[22] 陈世杰. 钢包复合结构体热机械应力的研究及其寿命预测[D]. 武汉:武汉科技大学,2007.

[23] 陈荣. 钢包温度分布和应力分布模型及应用研究[D]. 武汉:武汉科技大学, 2005.

[24] 王志刚,李楠,孔建益,等. 钢包底温度场和应力场数值模拟[J]. 冶金能源, 2004, 23(4): 16-19,25.

[25] 刘耀林,孔建益,蒋国璋,等. 基于有限元法的中间包流场的数学模拟[J]. 钢铁研究学报, 2006, 18(4): 18-20.

[26] 王志刚,李楠,孔建益,等. 钢包底工作衬的热应力分布及结构优化[J]. 耐火材料, 2004, 38(4): 271-274.

[27] 蒋国璋,郭志清,李公法,等. 钢包复合结构体工作层参数对其温度场的影响研究[J]. 现代制造工程, 2010, (12): 77-80.

[28] 蒋国璋,孔建益,李公法,等. 钢包内衬结构的优化研究[J]. 冶金能源, 2006, 25(4): 41-43.

[29] 孔建益,李楠,李友荣,等. 有限元法在钢包温度场模拟中的应用[J]. 湖北工学院学报,

2002，17(2)：6-8.

[30] 蒋国璋，孔建益，李公法，等. 250 t/300 t 钢包包底工作衬热应力模型及应用研究[J]. 炼钢，2008，24(2)：22-25，49.

[31] 蒋国璋，陈世杰，孔建益，等. 受钢工况钢包壁应力场的模拟与分析[J]. 冶金设备，2006，(5)：10-12，34.

[32] 蒋国璋，孔建益，李公法，等. 钢包温度分布模型及其测试实验研究[J]. 中国冶金，2006，16(11)：30-32，36.

6 电炉盖的CAE及其长寿化技术

随着全球信息化的快速发展,企业竞争已逐渐从局部向全球化发展。在激烈的市场竞争和内外环境的压力下,企业若要达到预期的市场占有率和经济效益,提高企业的应变能力和竞争能力,必须提高企业的生产率和减少生产消耗。

近年来,世界钢产量以每年8%左右的速度增长,2000年世界粗钢总产量为8.42亿吨,2005年世界粗钢总产量为11.16亿吨,2007年世界粗钢总产量为13亿吨。我国作为世界第一钢铁大国,2005年的总钢产量为3.5亿吨,约占世界钢产量的1/3;2007年的总钢产量为4.896亿吨,占世界钢产量的36.4%。但同时我国也是第一大钢材进口国[1-3]。由于种种原因,我国主要生产普通钢,特种钢和优质钢的生产比例不足总产量的5%,远低于美国、日本的15%,很多特种钢仍旧依赖进口,这大大制约了我国由钢铁大国向钢铁强国的转变。近年来国际市场的铁矿石价格猛涨,仅2005年一年,我国进口铁矿石的价格就上涨了71.5%,对国内的钢铁生产以及汽车、机械制造、造船、家电、交通运输、石化、房地产和集装箱制造等一系列相关行业造成极大冲击。这两大因素造成了我国钢铁产业的不利局面,严重影响着我国由钢铁大国向钢铁强国的转变过程。因此,需要积极探索新的炼钢方法以扭转这种不利局面。

电弧炉作为主要利用电极电弧产生的高温熔炼矿石和金属的现代大规模炼钢方法之一,由于其原材料来源丰富、电力供应充足及电价低廉等优势对我国钢铁行业摆脱不利局面,由钢铁大国转向钢铁强国具有战略意义。

电炉盖是电弧炉炉衬的重要组成部分,炉盖寿命的长短及其保温性能的好坏,对钢的产量、质量、消耗等技术经济指标有着非常重要的影响。国内外学者采取过许多措施来降低炉盖的生产成本、增强其抗热稳定性,如改进炉盖材质、提高砖中氧化铝含量、加大砌砖炉盖的拱度和炉盖中心到熔池面的高度、改进操作、采用全水冷炉盖等[4-5]。这些措施虽然取得了一定的效果,但仍未能解决耐火砖炉盖的安装困难、使用寿命短、不能满足电弧炉向大容量超高功率发展的需求和全水冷炉盖热损失大的问题。电炉盖的安装工期、隔热保温性能和使用寿命成为制约钢厂效益的主要因素,对钢铁企业的生产率和经济效益有着至关重要的影响。因此,缩短炉盖安装工期和提高其使用寿命就成为电弧炉炼钢技术中降低企业生产成本、提升企业竞争力的重要措施。

在此情况下,有学者提出了制作高铝质电炉预制块组装电炉盖的设想,经初步试验,证明预制块炉盖能明显缩短炉盖的安装周期,具有较强的抗热振稳定性和较长的使用寿命,但能否真正取代高铝砖炉盖,还需要从理论上进行验证[6-8]。

6.1 电炉盖 CAD/CAE 模型的建立

6.1.1 电炉盖热分析

应用有限元法进行热分析应遵循能量守恒定律。对于封闭的系统(没有质量的流入或流出),其能量平衡关系为:

$$Q - W = \Delta U + \Delta KE + \Delta PE \tag{6.1}$$

式中 Q——传入系统的热量;

W——系统对外做的功;

ΔU——系统内能;

ΔKE——系统动能;

ΔPE——系统势能。

对于大多数工程传热问题,$\Delta KE=\Delta PE=0$;通常考虑没有做功,$W=0$,则 $Q=\Delta U$;对于稳态热分析,$Q=\Delta U=0$,即流入系统的热量等于流出的热量;对于瞬态热分析,$Q=\dfrac{\Delta U}{\Delta T}$,即流入或流出的热传递速率等于系统内能的变化率。

有限元法的数学基础为变分原理和加权余量法,是微分方程和边界条件的等效积分形式,而热分析的基本微分方程的建立是以传热学为基础的。按热量传递方式的不同,传热可分为三种形式。

炉盖在工作过程中,内壁不与钢水直接接触,其承受的热冲击应来自于钢水及电弧的热辐射,因此在有限元分析过程中,应考虑这一效应。

6.1.2 电炉盖的 CAD 模型

应用 ANSYS 进行热分析,须首先建立几何模型,然后生成有限元模型。高铝砖炉盖是采用成型高铝砖砌筑而成,预制块电炉盖是采用耐火材料浇铸预制块后按照拼积木原理拼装而成,虽然制造工艺不同,但其外形及几何尺寸相同。因此在 CAD 建模过程中,以某钢厂30 t 电炉盖真实几何尺寸为依据建立所有炉盖 CAD 模型[11-13]。一方面考虑炉盖结构及其加载的真实情况,另一方面忽略相对细小且不影响整体的环节,进行以下假设:

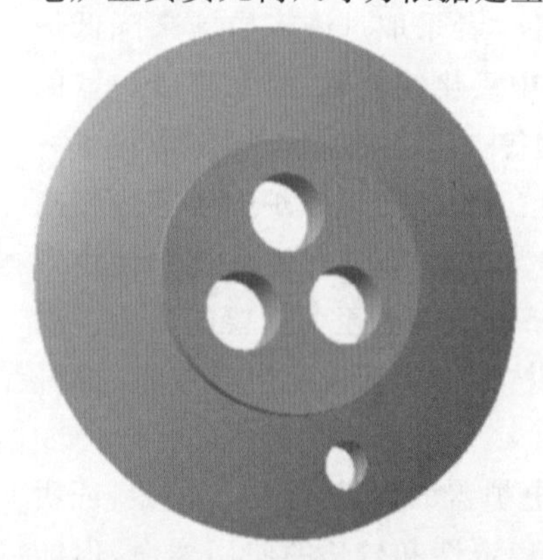

图 6.1 电炉盖实体图

① 几何模型均按图 6.1 建立,考虑到中心盖与炉盖的热传递,所有模型均建立包括中心盖和炉盖的完整模型。其主要尺寸为:加料孔直径为 150 mm,电极孔直径为 250 mm,电极孔圆心所在圆直径为 900 mm,中心盖上端面直径为1730 mm,下端面直径为 1606 mm,炉盖外端面回转直径为 3218 mm,内端面回转直径 3000 mm。

② 由于炉盖几何尺寸的影响,浇铸整块炉盖可操作性不强,同时结合项目要求,本书只建立高铝砖炉盖和三种浇铸方案的预制块炉盖(三块、八块及十二块)CAD 模型。

③ 由于两种炉盖的制作工艺不同，高铝砖炉盖在结构上浑然一体，自行封闭，其炉盖内部不存在交界面；而预制块炉盖由几大块组成，炉盖预制块之间存在交界面。故在 CAD 建模过程中，对两种炉盖采取不同的布尔操作[14]，即针对高铝砖炉盖采用 GLUE 操作，将中心盖和炉盖黏结为一个整体，保证后续 CAE 建模时其物理交界面上的节点重合；对预制块炉盖，根据预制块数目不同，设定 VGEN 命令参数，保证预制块之间存在交界面，为创建预制块之间的接触对做好准备，同时考虑到炉盖底部离钢水及电弧较近，受热冲击时其周向膨胀较径向膨胀大，忽略预制块与中心盖之间的接触，预制块与中心盖之间均采用 GLUE 操作，消除接合面，保证预制块与中心盖界面上的节点重合。

建立的两种炉盖 CAD 模型分别如图 6.2～6.5 所示。

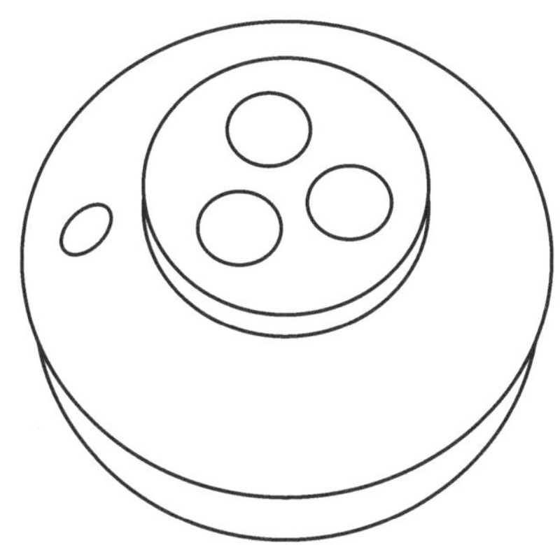

图 6.2　整块高铝砖电炉盖 CAD 模型

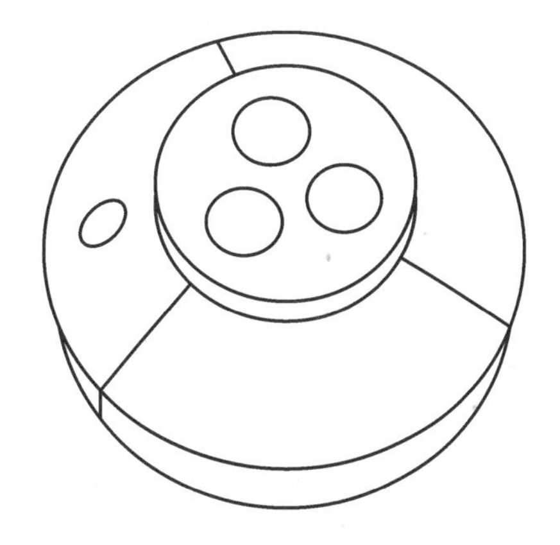

图 6.3　预制块炉盖（浇铸三块）CAD 模型

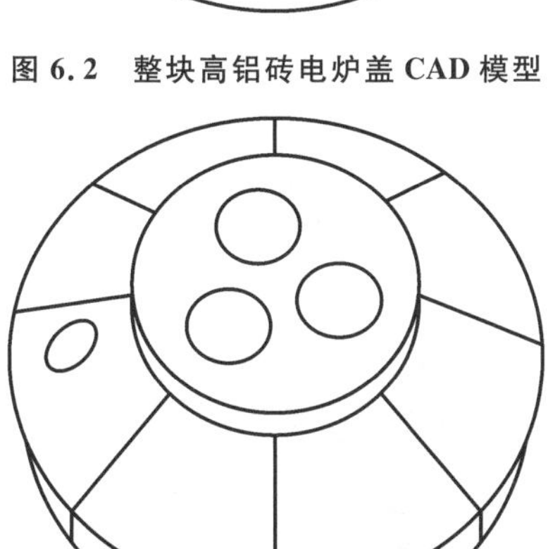

图 6.4　预制块炉盖（浇铸八块）CAD 模型

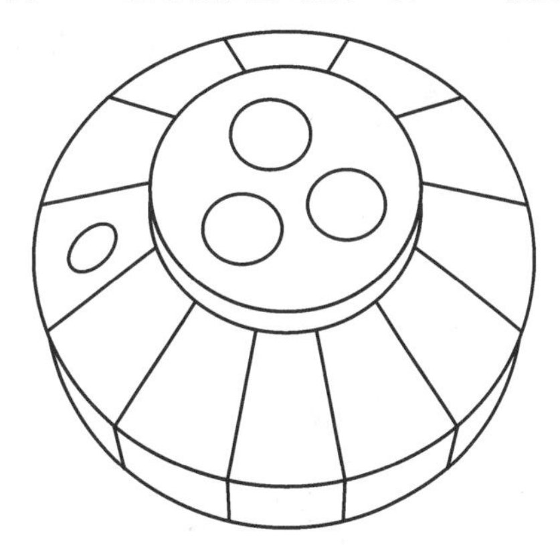

图 6.5　预制块炉盖（浇铸十二块）CAD 模型

6.1.3　电炉盖的 CAE 模型

建好 CAD 模型后，再建 CAE 模型，主要包括电炉盖材料参数的定义、分析单元类型的选择及网格划分控制。

高铝砖炉盖和预制块炉盖均由耐火材料采用不同的制作工艺制成，其主要成分均为 Al_2O_3，故建立有限元模型时材料性能定义均按相同材料对待。

单元类型要根据分析问题的需要进行选择。有限元法是用单元上分片假设近似函数，因此单元的形状对问题的精度有所影响[14]。炉盖属三维模型，且在第一步热分析过程中，需要单元具有温度自由度。Solid70 单元是 ANSYS 程序自带的八节点六面体单元，单元形状较为规则，为后续扫掠网格提供了可能；每个节点只有一个温度自由度，具有三维导热能力，能进行稳态、瞬态热分析，还能补偿在稳定流场中由于质量流动而引起的热流损失，满足本次分析需要；同时由于进行应力分析时需要将热分析单元转化为结构单元，在转化的过程中如果两种单元类型的节点数目及阶次不同便很容易引起单元的扭曲，造成分析结果的失效。Solid70 单元为一阶六面体单元，而结构分析中 Solid45 单元也为八节点六面体一阶单元，因此在转化的过程中不会造成单元阶次的变化，即不会产生单元的扭曲。综上考虑选择 Solid70 作为温度分析单元，并在随后进行的应力分析中将其转化为 Solid45 单元。

有限元模型的基本要素是单元，载荷及边界条件是通过相邻单元的节点来传递的，故网格划分是有限元分析的关键步骤，必须保证在几何要素交界处单元节点的重合。由于在高铝砖炉盖模型中，炉盖为一整体，其内部没有固体交界面，且不考虑中心盖和炉盖之间的接触，因此在上步 CAD 建模时对其采取 GLUE 操作，同时由于高铝砖炉盖存在交界面，在 ANSYS 网格划分器中不便对其扫掠，因此借助专业有限元网格划分工具软件 HyperMesh对其进行网格划分，精确控制其单元形状，且保证预制块与中心盖接合部位节点重合，建立高铝砖炉盖的有限元模型，如图 6.6所示。预制块炉盖模型中考虑预制块之间的接触，即预制块在接触的部位存在两个几何尺寸相同的面，在 ANSYS 网格划分器中通过精确定义相邻两线上的单元数目相等来保证接合部位的节点对应，同时为接触对的创建奠定基础；且细化了各模型中加料孔和电极孔外周处的单元，建立的预制块炉盖模型分别如图 6.7(a)～图 6.9(a)所示。

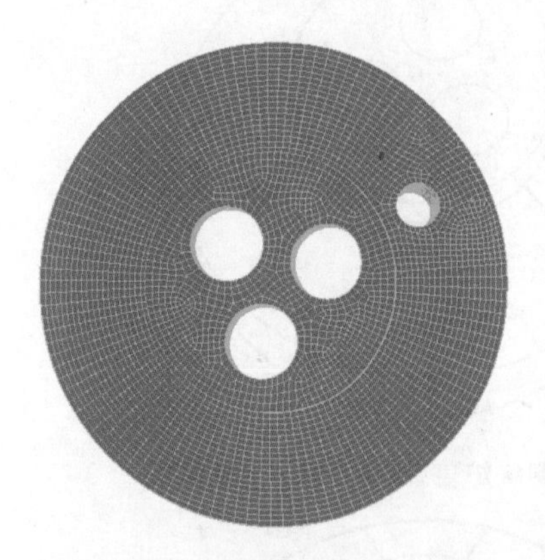

图 6.6 高铝砖炉盖 CAE 模型

预制块炉盖与高铝砖炉盖的区别在于其制作与安装工艺的不同，高铝砖炉盖采用耐火砖砌筑而成，在结构上浑然一体，不存在任何交界面；而预制块炉盖是几大块拼装而成，块与块之间必定存在接合面。因此在建立两种炉盖 CAE 模型时需要采取不同的布尔操作来体现，

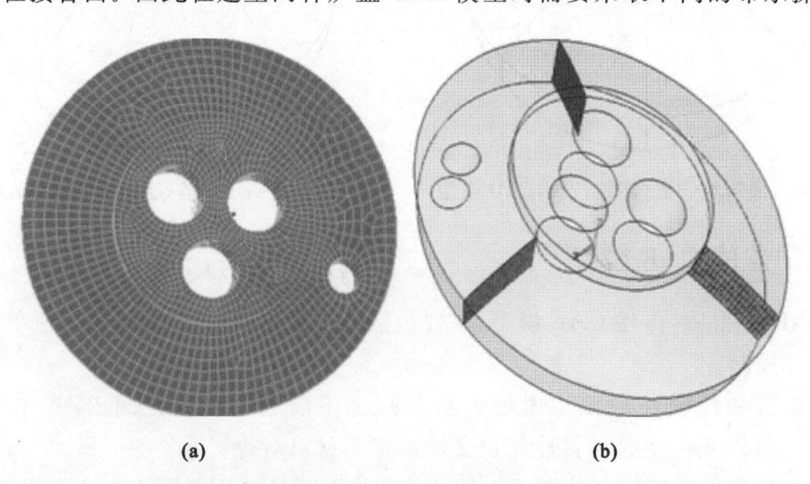

(a) (b)

图 6.7 预制块炉盖(三块)CAE 模型及其接触对

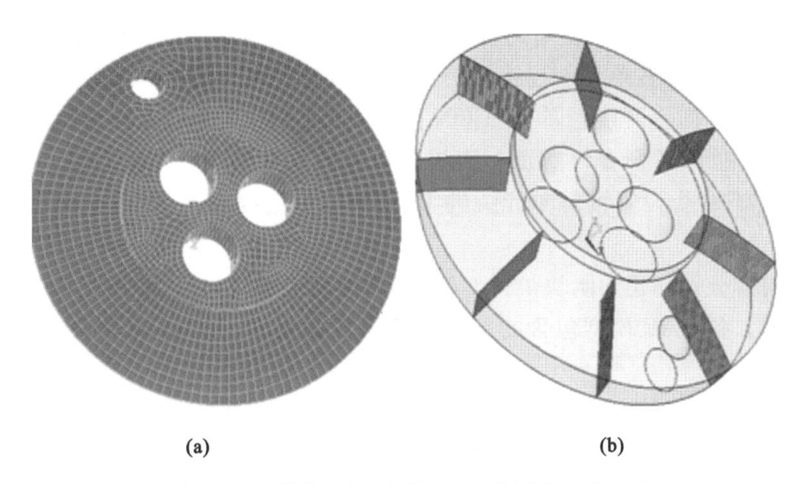

图 6.8 预制块炉盖（八块）CAE 模型及其接触对

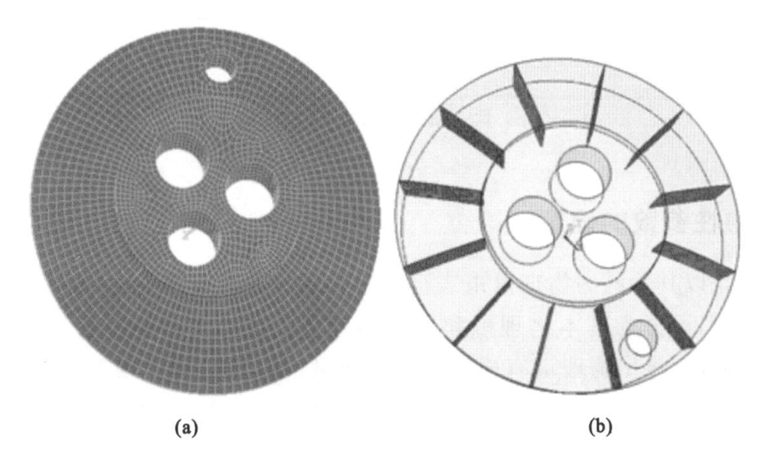

图 6.9 预制块炉盖（十二块）CAE 模型及其接触对

对于预制块炉盖来说，需在块与块之间的接合面上创建接触对来传递块与块之间的节点信息。

接触是非线性问题，接触对的创建存在两个难点，一是不知道真正接触的区域，二是需要考虑接触面的摩擦。对于预制块组装的炉盖，由于在 CAD 建模过程中，外形尺寸均和高铝砖炉盖相同，即各个体所占的空间相同，仅是由于体与体之间存在分界面，在使用过程中两面不允许脱离。故可认为，在预制块之间的两个相邻面刚好接触，选用面—面接触单元，同时设定接触传导系数为 1 来近似模拟这一效应；炉盖底部离热源较近，可以认为预制块的膨胀是同时发生的，即仅存在接触面法向的挤压，其接触面切向的相对位移较小，因此予以忽略，即不考虑接触面的摩擦。

接触对是在需要创建接触的相邻要素上单元的表面覆盖的一层接触单元，即要求在需要接触的要素上有单元存在，单元的选择可由 ANSYS 自带的接触向导通过内置的分析专家结合模型的几何形状自动选择。

在建立了预制块炉盖 CAE 模型后，通过 ANSYS 的接触向导创建预制块接合面间的接触对。由于炉盖预制的材料、几何尺寸相同（忽略加料孔的影响），各预制块的刚度相差很小，故预制块的接触为柔体—柔体之间的接触；由于本书有限元模型为保证网格质量，均选用Solid70单元扫掠而成，即在单元创建接触对的接合面上表现为具有四节点的矩形面，因此通过接触向导自动选择面—面接触单元(CONTAC174，TARET170)来创建接触对；在第一步进行热分析时，通过 TCC 命令设置面—面接触单元的热接触传导系数为 1。在创建接触对后，通过 KEYPOT 命令设置接触单元关键字，使其具有温度自由度，其余选项均按 ANSYS 默认设置。

根据上述内容分别创建预制块炉盖 CAE 模型中的接触对，分别如图 6.7(b)～图 6.9(b)中阴影部分所示。各 CAE 模型包含的单元和节点数如表 6.1 所示，其中预制块炉盖模型中包含接触单元。

表 6.1 两种构筑方案下的炉盖 CAE 模型参数

CAE 模型	高铝砖炉盖	浇铸三块	浇铸八块	浇铸十二块
单元数目	18906	19305	20122	21400
节点数目	22068	23278	24070	25140

6.2 电炉盖温度场分析

6.2.1 材料物性参数的确定

材料的性能是以其不同的物理量来表征的。物理量是度量物质的属性和描述其运动状态时所用各种量值，可分为基本物理量和导出物理量。在结构和热分析中基本物理量有质量、长度、时间和温度；导出物理量有面积、体积、速度、加速度、弹性模量、压力、应力、导热系数、比热容、热交换系数、能量、热量、功等，都与基本物理量有确定的关系，这确定的关系就是物理定律。

ANSYS 本身并没有单位制，其自带的/UNITS 命令仅起标识作用。材料物性参数及载荷的物理单位需靠计算者本人根据物理学定律推导得出，且必须保证推导不同的物理量单位时所用的基本物理量一致。

由于炉盖模型的不规则性，炉盖外形尺寸大且弧线半径不易确定等原因，为了准确建模，须用浮点数去逼近真实的 CAD 模型，采用 mm(毫米)作为长度单位能方便建模操作。因此本书采用 ANSYS 中 MPA 单位制，即长度为 mm(毫米)，质量为 t(吨)，时间为 s(秒)，温度为 K(开尔文)，MPA 单位制下应力单位为 MPa。

采用有限元模拟炉盖的温度场和应力场时，材料物理性能参数的选取直接影响到温度场和应力场计算结果的准确性。材料的物性参数如导热系数及热膨胀系数等均是依赖于温度的，其值随着温度变化而改变，但由于材料在高温下的导热系数实验数据不易获得，因此在有限元分析中一般将其作为常数处理，即认为导热系数是与温度无关的常量；同时结合项目具体情况，本书也不考虑材料对温度的非线性效应。

两种炉盖均是用耐火材料制成的，其主要成分都是 Al_2O_3，故本文中炉盖热应力分析的材料物性参数均按 Al_2O_3 给定，其主要物性参数在国际单位制下的数值分别如表 6.2序号 1 所示。

物理量的单位关系着整个计算结果的合理性，根据前述内容将 Al_2O_3 的热物理性能参数按物理定律和选定的基本单位换算成 MPA 单位制下的数据；同时为表述方便，将热分析时施加在炉盖外壁的自然对流的对流换热系数一起换算成 MPA 单位制下的数值，如表 6.2 中序号 2 所示。

表 6.2　Al_2O_3 的主要性能参数

序号	单位制	密度	泊松比	弹性模量	导热系数	空气对流换热系数
1	国际单位	3.9	0.3	2.63×10^{11}	20	10
2	MPA 单位	3.9×10^{-9}	0.3	2.63×10^{5}	20	10×10^{-3}

6.2.2　载荷及边界条件的确定

电弧炉炼钢是利用通电时石墨做成的电极在炉料之间发出强烈的电弧产生的热能来冶炼金属的。在电弧炉炼钢工艺中，从通电开始到炉料全部熔清为止称为熔化期，约占整个冶炼时间的一半，其任务是在保证炉体寿命的前提下，快速地将炉料熔化升温，主要包括四个阶段：

① 启弧阶段。通电启弧时炉膛内充满炉料，电弧与炉顶距离很近，但炉盖被炉料遮蔽，热冲击很小，不会对电炉盖造成损坏。

② 穿井阶段。这个阶段电弧完全被炉料包围起来，热量几乎全部被炉料所吸收，不会烧坏炉衬。

③ 电极上升阶段。电极“穿井”到底后，炉底已形成熔池，炉底石灰及部分元素氧化，使得在钢液面上形成一层熔渣，四周的炉料继续受辐射热而熔化，钢液增加使液面升高，电极逐渐上升，炉盖受到轻微热冲击。

④ 熔化末了阶段。炉料被熔化 3/4 以上，电弧已不能被炉料遮蔽，3 个电极下的高温区连成一片，钢水温度高达 1700～1800 ℃，电弧会强烈损坏炉盖和炉墙。

从电弧炉炼钢熔化期工艺特点可以看出，在熔化末了阶段炉盖承受着最强的热冲击，炉盖在这一阶段承受的热应力也应最大，其应力水平的高低直接关系到炉盖寿命的长短；同时这一阶段持续时间短且持续通电，炉盖所受的温度载荷在该阶段内基本不随时间变化，因此本文以熔化末了阶段钢水及电弧对电炉盖的热冲击作为炉盖的典型工况，对炉盖进行稳态热应力分析。

炉盖内壁接收来自沸腾钢水及电弧的热辐射，炉盖外壁与空气既有对流，也有导热，即应归为对流换热。

由于热量在一定程度上是能量的表征，且能量可以发生形式的转化，电炉盖接收的热辐射能最终会用来增加炉盖的内能，本质上是能量的传递过程。因此在分析过程中，将炉盖内壁的热辐射等效为恒定温度自由度，并结合项目特点，设定为 1750 ℃；炉盖外壁与空气的换热方式属于对流换热，因此热交换系数的确定便成为保证结果正确性的重要步骤。

热交换包括对流换热和辐射换热，不同换热方式的热交换系数的确定遵循不同的经验公式。

对流换热包括强制对流换热和自然对流换热。强制对流指由于外力推动（如搅拌）而产生的对流，浓差或温差引起密度变化而产生的对流称自然对流。

(1) 自然对流换热系数的计算

自然对流换热的试验准则关系式为：

$$Nu_m = C(G_{rm} \cdot P_{rm})_m^n \tag{6.2}$$

式中，$Nu_m=\frac{\overline{\alpha}h}{\lambda_m}$为包含了平均换热系数$\overline{\alpha}$的努谢尔准则数，下角标 m 表示定性温度，取其边界层平均温度 $t_m=(t_f+t_w)/2$，其中 t_f 为周围环境温度，t_w 为壁面温度，本文分析中即是炉盖外壁温度；当 $t_m=(t_f+t_w)/2$ 为已知时，可由文献查得空气的导热系数 λ_m、运动黏度 v_m、普朗特准则数 P_{rm}。

式(6.2)中常数 C 和 n 由试验确定，取决于换热面的形状和位置、换热边界条件以及流体处于层流或紊流的不同流态等。葛拉晓夫准则数 G_{rm} 的关系式为：

$$G_{rm} = \frac{gh^3\beta_m\Delta T}{v_m^2} \tag{6.3}$$

式中 g——重力加速度，取 9.8 m^2/s；

β_m——空气的容积膨胀系数，由公式 $\beta_m=\frac{1}{T}$计算；

T——空气的绝对温度，K^{-1}；

ΔT——温度差；

v_m——运动黏度，m^2/s。

自然对流时平均换热系数为：

$$\overline{\alpha} = \frac{Nu_m g\lambda_m}{h} \tag{6.4}$$

将式(6.3)代入式(6.2)求得 Nu_m 后再代入式(6.4)可求得平均换热系数。

(2) 强制对流换热系数的计算

强制对流换热系数的实验准则关系式为：

$$\overline{\alpha} = 5.09v^{0.625} \tag{6.5}$$

式中 v——液压流体速度。

(3) 辐射换热系数的计算

热辐射是指物体表面通过电磁波或光子来传递热量的现象，在工程上将辐射换热折算成对流换热进行计算，其等效换热系数由下式确定：

$$h_r = \frac{\varepsilon_1\sigma_b(T_1^4-T_2^4)}{T_1-T_2} \tag{6.6}$$

式中 ε_1——黑度；

σ_b——斯忒藩-玻尔兹曼常数；

T_1,T_2——两表面的温度。

本书中炉盖热分析仅需考虑炉盖外壁与空气的自然对流换热。一般高铝质耐火材料与空气的自然对流系数为5～10 W/($m^2\cdot K$)，本书中炉盖外壁与空气的自然对流换热系数按式(6.4)计算并结合项目特点取为 10 W/($m^2\cdot K$)，ANSYS 中输入的数值见表 6.2，空气温度设定为 30 ℃。

在三维无内热源问题中，稳态温度场的场变量 $T(x,y,z)$在笛卡尔坐标系中应满足的微分方程为：

$$\frac{\partial}{\partial x}\left(K_x \frac{\partial t}{\partial x}\right)+\frac{\partial}{\partial y}\left(K_y \frac{\partial t}{\partial y}\right)+\frac{\partial}{\partial z}\left(K_z \frac{\partial t}{\partial z}\right)=0 \tag{6.7}$$

式中 K_x, K_y, K_z——材料沿 X、Y、Z 方向的导热系数。

由此可见，本书中电炉盖在稳态热分析时仅需要定义炉盖材料导热系数，其值按表6.2给定。

根据经典传热学理论，物体温度场的导热微分方程需要定义其边界条件。一般来说，传热模型有三类边界条件。

第一类边界条件：给定系统边界上的温度分布，可以是时空的函数，也可以是给定不变的常数，如图6.10所示。

第二类边界条件：给定系统边界上的温度梯度，即相当于给定边界上的热流密度，可以是时空的函数，也可以是给定不变的常数，如图6.11所示。

第三类边界条件：第一类和第二类边界条件的线性组合，常为给定系统边界面与流体间的换热系数和流体的温度，这两个量可以是时空的函数，也可以是给定不变的常数，如图6.12所示。

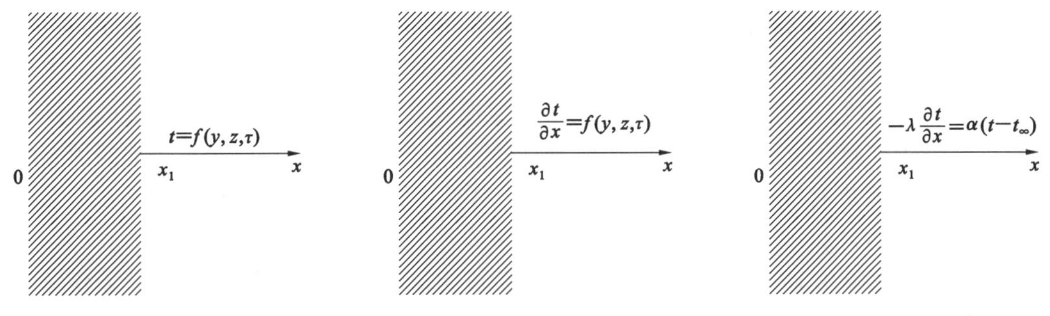

图6.10 第一类边界条件　　图6.11 第二类边界条件　　图6.12 第三类边界条件

炉盖内壁承受钢水及电弧的热辐射，达到平衡时，其内壁各点应具有确定的温度分布，因此属于第一类边界条件；外壁与空气有对流换热，属于第三类边界条件，同时结合项目特征，忽略炉盖与冷却系统的热传导。

结合相关内容，确定炉盖热分析的类型、载荷及边界条件如下：

① 将钢水及电弧对炉盖内壁的热辐射等效为1750 ℃的温度自由度约束施加在炉盖CAE模型的底面圆周节点上；

② 炉盖整个外壁施加与空气的自然对流换热载荷，空气温度设定为30 ℃，对流换热系数按表6.2给定；

③ 做稳态温度场分析，即分析不依赖于时间，后续章节中图中TIME数值为ANSYS程序的跟踪参数，不代表真实时间。

以Lugai_3_contact.mac为例，热分析载荷及边界的处理命令如下。

```
!*
FLST,2,3,4,ORDE,3
FITEM,2,57
FITEM,2,64
FITEM,2,69
```

```
DL,P51X, ,TEMP,1750,0                 !恒温自由度约束
FLST,2,6,5,ORDE,6
FITEM,2,5
FITEM,2,8
FITEM,2,14
FITEM,2,23
FITEM,2,26
FITEM,2,29
SFA,P51X,1,CONV,10E-3,30              !炉盖外壁与空气自然对流换热
ANTYPE,0                              !选择稳态分析
!*
```

6.2.3　电炉盖的温度场

将载荷及边界条件按前文所述设定好以后，运行LG..mac宏文件，设置N值运行分析，分别得到各模型的计算结果文件。为了显示炉盖在加料孔截面上的温度变化，利用ANSYS的工作平面沿加料孔的中心对称平面切开绘制高铝砖炉盖和预制块炉盖的温度等值线切片云图分别如图6.13～图6.16所示。由于CAD建模时最后采用的工作平面原点在加料孔的轴线上，Z轴为加料孔高度方向，因此将YZ面旋转90°；同时由于电极孔在中心盖圆周方向均布设置，不同预制块数目的炉盖，其加料孔相对于电极孔位置不等，无法同时表现三个电极孔及加料孔的截面，因此只能显示电极孔中的1个或2个。

从图6.13～图6.16可以看出，在熔化末了阶段同样的工况条件下，高铝砖炉盖模型的中心盖温度分布在535.689～670.612 ℃，而炉盖的大部分区域温度分布在805.536～1210 ℃；三块预制块组装的炉盖的中心盖温度分布在480.874～621.888 ℃，炉盖的大部分区域温度分布在621.888～1186 ℃；八块预制块组装的炉盖的中心盖温度分布在488.592～628.748 ℃，炉盖大部分区域温度分布在628.748～1189 ℃；十二块预制块组装的炉盖的中

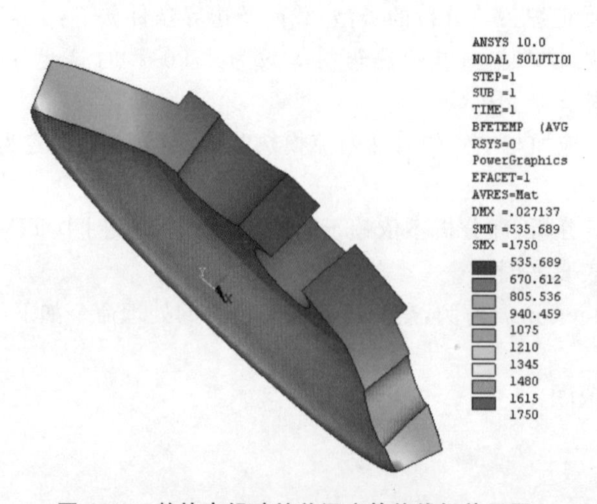

图6.13　整块高铝砖炉盖温度等值线切片云图

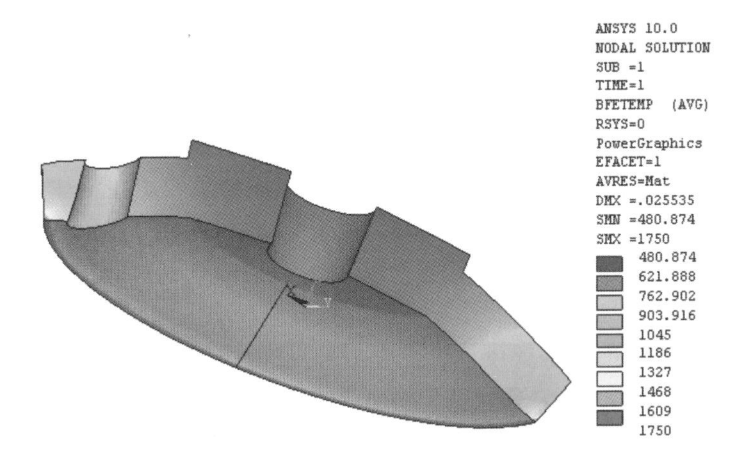

图 6.14 预制块炉盖(三块)温度等值线切片云图

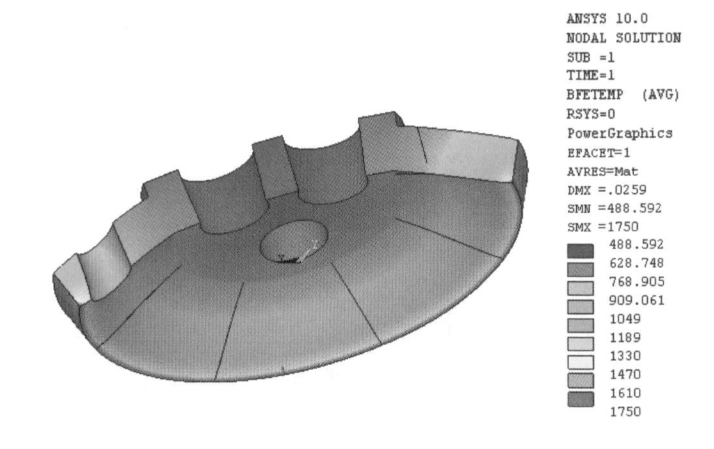

图 6.15 预制块炉盖(八块)温度等值线切片云图

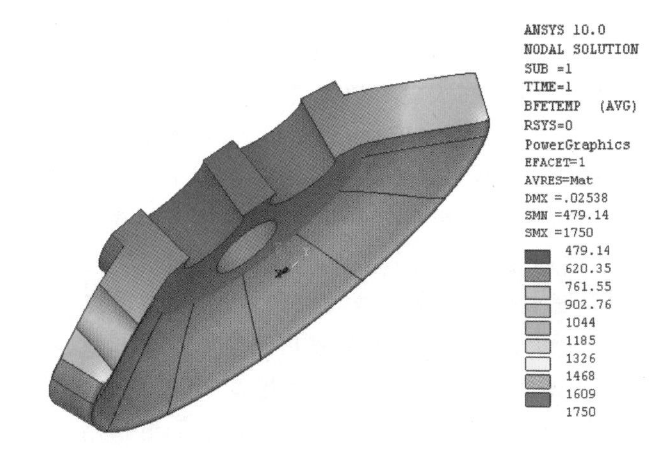

图 6.16 预制块炉盖(十二块)温度等值线切片云图

心盖温度分布在 479.145～620.351 ℃，炉盖的大部分区域温度分布在 620.351～1185 ℃；沿炉盖厚度方向，温度逐渐降低，最高温度都为 1750 ℃，分布在炉盖底面，这是因为本书将炉盖接收的热辐射等效为温度自由度，施加在整个炉盖底面圆周，因此其最高温度分布位置相同；由电弧炉炼钢工艺特点相关内容可知，这一位置离高温区钢水及电弧距离最近，基本与事实相符；同时由于高铝砖炉盖和预制块炉盖的制作工艺不同而导致炉盖整体结构上的不同，高铝砖炉盖内部没有分界面，而预制块炉盖由几大块组装而成，存在分界面，因此热量在各炉盖的径向和厚度方向的传递速率不一样，其温度水平也不一样。

炉盖温度水平呈现在径向方向上外圆周附近温度高而中心附近温度低和沿厚度方向上内壁温度高而外壁温度低的分布规律。这主要是因为炉盖底面、内壁更靠近钢水，受到的热辐射较其他部位强，与事实相符。各模型平均温度分布统计数据见表 6.3。

表 6.3 各模型平均温度分布统计数据 (℃)

部位	高铝砖炉盖	预制块炉盖(三块)	预制块炉盖(八块)	预制块炉盖(十二块)
中心盖	535.68～670.612	480.874～621.888	488.592～628.748	479.145～620.351
炉盖	670.612～1210	621.888～1186	628.748～1189	620.351～1185

6.2.4 温度场分析

计算结果表明，在熔化末了阶段，高铝砖炉盖的中心盖和炉盖温度水平均高于预制块炉盖的中心盖和炉盖温度水平，各模型的温度分布规律基本一致。

根据传热理论，当热量流过两个相接触的固体交界面时，界面本身对热流呈现出明显的接触热阻，阻碍热量的传递。高铝砖炉盖是砌筑而成，结构上浑然一体，没有交界面；而预制块炉盖是由几大块拼装而成，块与块之间存在接触边界。即相对于高铝砖炉盖，预制块炉盖由于交界面的存在而有接触热阻，阻碍了热量传递，因而预制块炉盖获得的热量较少，这和传热学理论一致，说明模型的建立及接触对的考虑基本符合事实，证明了温度分析结果的可靠性。

根据热力学第一定律，能量是守恒的。对于电弧炉炼钢来说，能量的来源是电极电弧通电产生的电能，能量消耗途径主要有两个：一是用于转化为热量形成高温，冶炼钢水，这正是电弧炉炼钢的工艺特点；二是通过热辐射传递给炉盖，经过炉盖本身的传递和周围空气换热，一部分用于增加炉盖的内能，其外在表现为炉盖温度的升高，另一部分空气对流消耗的热量则由周围空气流动带走。据热力学第二定律，温差越大，热流量越大，炉盖的温度越高，通过与空气对流散发的热量也越多。由于能量总量保持不变(熔化末了阶段持续通电)，因此传递给炉盖的能量越多，用于冶炼钢水的能量就越少，而炉盖温度越高，和空气换热就越多，即其隔热保温的性能越差。

由于高铝砖炉盖的温度水平整体高于预制块炉盖，其隔热保温性能也就相对较低。因而，与高铝砖炉盖相比，预制块炉盖具有较好的隔热保温性能[9-10]，这也为预制块炉盖的制作提供了理论支持。同时，根据传热理论，预制块数目越多，则在保证接合面不脱离接触的情况下，其等效接触热阻越大，即预制块炉盖的隔热保温性能有随着预制块数目的增多而增强的趋势。虽然本书分析的三种浇铸方案下的炉盖温度水平相差较小，但从三块、十二块炉盖的温度统计数据来看，符合这一趋势。但也存在误差，这是因为在建立 CAE 模型时，由于各

CAD 模型的几何拓扑关系不同，为保证接合面的节点对应，对不同预制块数目的炉盖进行了不同的网格数目控制，即各 CAE 模型之间存在偏差。结合项目需要，本书只建立了浇铸三块、八块、十二块的炉盖模型，在以后的研究中可尝试分析十五块、二十块、三十块的炉盖温度水平及分布。

就建立的三种浇铸方案下的炉盖模型来说，其隔热保温性能差别较小，需从炉盖使用寿命角度进行评判。

6.3 电炉盖应力场分析

6.3.1 载荷及边界条件的确定

进行应力场计算时，采用序贯耦合法，即先计算模型的温度场，再将温度场结果作为应力场计算的体载荷，计算炉盖的应力场。本书重点研究炉盖预制块是否能承受温度冲击而不至碎裂破坏，因此在进行应力分析时仅仅将节点温度读入到模型中作为体载荷，同时考虑炉盖与炉体配合时的放置状态及冷却水管对炉盖底部斜面的定位作用，对应力分析的边界条件及载荷作如下处理：

① 采用耐火砖砌筑炉盖时，最后一块砖势必要借助外力敲入，即中心盖和接合面处为过盈配合。因此在高铝砖电炉盖 CAE 模型的中心盖与炉盖接合的圆柱面上施加很小的均布压强来近似模拟这一效应，预制块炉盖 CAE 模型均不考虑这一因素。

② 均考虑炉盖自重，所有模型均施加 $-Z$ 方向的重力加速度（MPA 单位制下输入 9800）。

③ 在笛卡尔坐标系下约束炉盖底部斜面节点所有的自由度，并忽略炉盖驱动、提升、旋转装置对炉盖的作用。

④ 读入热分析得到的节点温度值，作为结构分析的体载荷。

6.3.2 电炉盖应力场

热分析结束以后，重新进入 ANSYS 前处理器，转换单元类型。包括将 Solid70 单元转换为每个节点具有 UX、UY、UZ 三个自由度的 Solid45 单元；对接触单元，用位移自由度和旋转自由度定义接触单元关键字，其余选项采用程序默认设置；各模型结构分析的边界及载荷按 6.4.2 节所述方案处理。

以 Lugai_3_contact.mac 为例，单元转换及边界处理命令如下。

```
/PREP7
ETCHG,TTS              !转换单元类型(70 单元转为 45 单元)
KEYOPT,3,1,5
KEYOPT,5,1,5
KEYOPT,7,1,5           !接触单元关键字设置,位移/旋转自由度
!*
/SOL
FLST,2,3,5,ORDE,3
```

```
FITEM,2,6
FITEM,2,17
FITEM,2,27
DA,P51X,ALL,0                                   !底部斜面位移约束
CSYS,0
ACEL,0,0,-9.8E3                                 !考虑炉盖自重
LDREAD,TEMP,,,,,'lugai_3_contact','rth',''      !读入节点温度
!*
```

运行 LG..mac 宏文件，设置 N 值运行分析，分别得到结果数据文件。

由于炉盖受到热冲击时会发生体积和形状的改变，故应根据第四强度理论判断其应力水平。ANSYS 中的等效应力(Von Mises Stress)是程序根据第四强度理论计算获得的，因此应在计算得到结果文件后，在 ANSYS 通用后处理器中绘制各炉盖模型等效应力图，同时为显示炉盖在加料孔截面(厚度)方向上应力水平的变化，利用 ANSYS 的切片功能将各模型沿着加料孔中心对称平面剖开，得到各炉盖模型的等效应力切片云图，分别如图 6.17～图 6.20 所示。

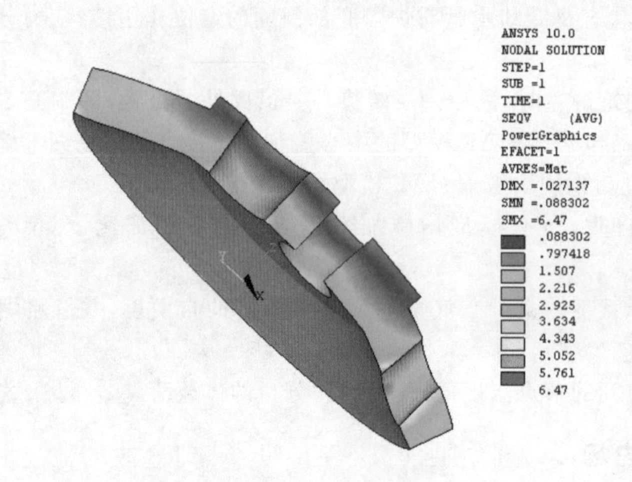

图 6.17 整块高铝砖电炉盖等效应力切片云图

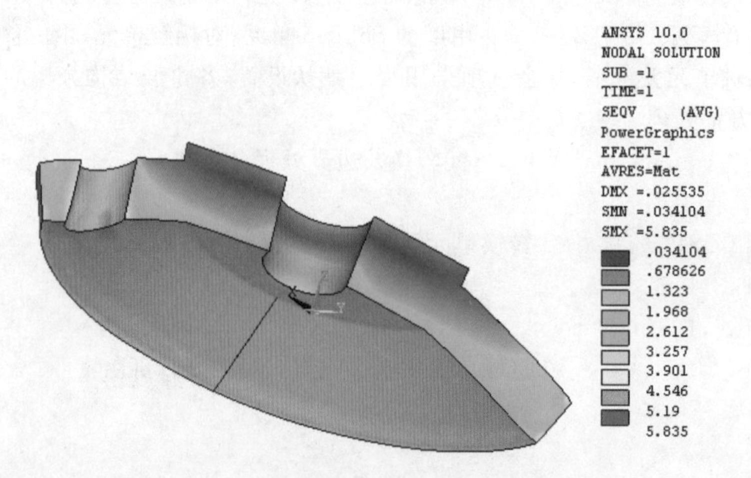

图 6.18 预制块炉盖(浇铸三块)等效应力切片云图

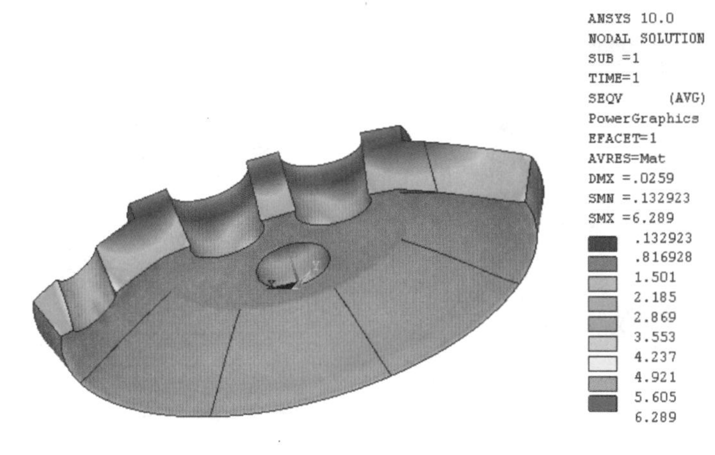

图 6.19　预制块炉盖(浇铸八块)等效应力切片云图

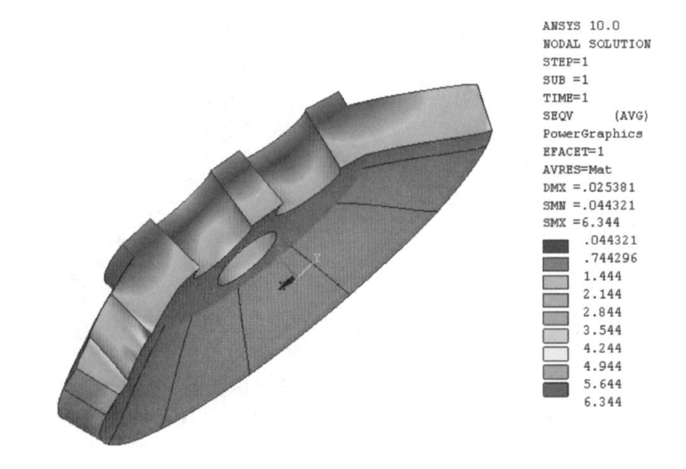

图 6.20　预制块炉盖(浇铸十二块)等效应力切片云图

由于中心盖和炉盖预制块上都有孔出现，可能会有应力集中，为了显示这两部分的应力分布，在 ANSYS 后处理器中绘制各模型中心盖和含有加料孔的炉盖预制块的等效应力图，分别如图 6.21～图 6.24 所示。

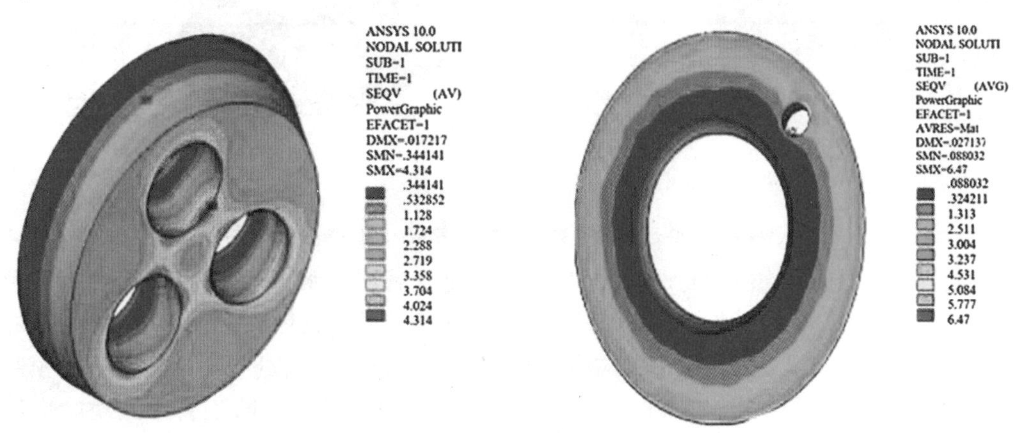

图 6.21　中心盖和炉盖等效应力图(高铝砖)

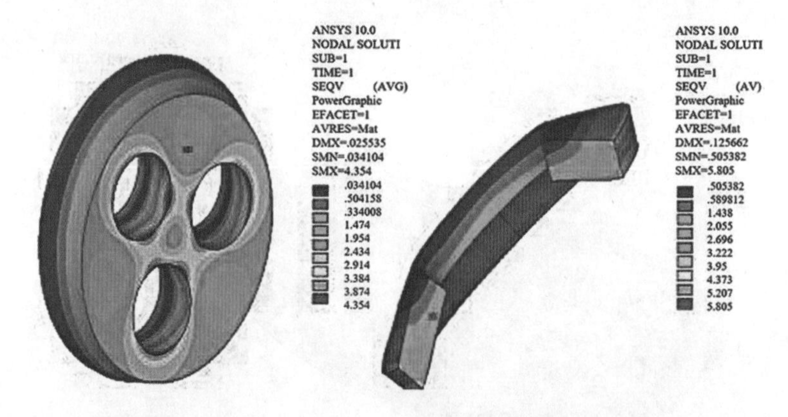

图 6.22 中心盖和加料孔预制块等效应力图(浇铸三块)

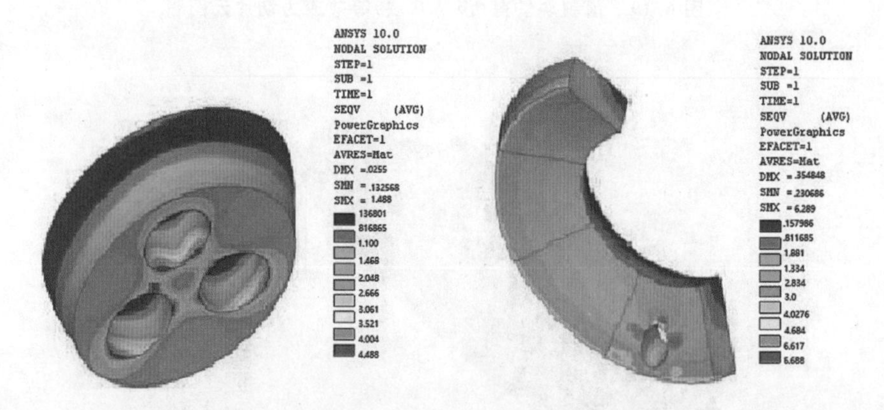

图 6.23 中心盖和加料孔预制块等效应力图(浇铸八块)

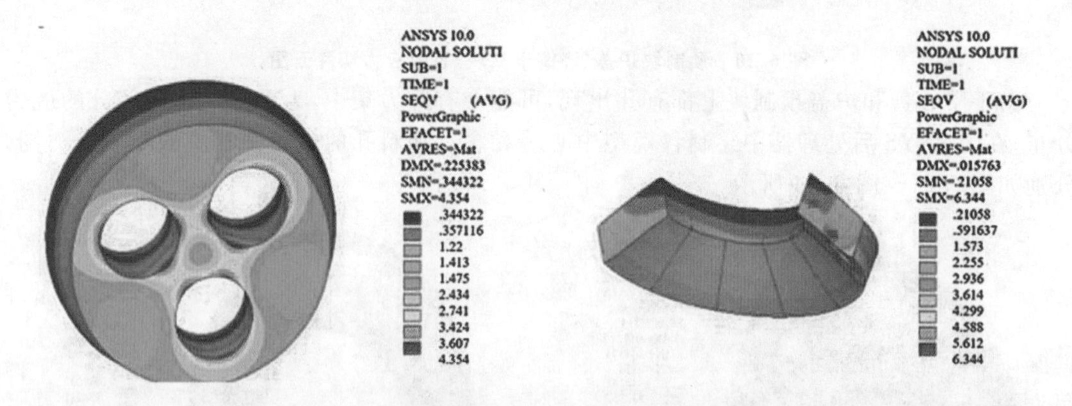

图 6.24 中心盖和加料孔预制块等效应力图(浇铸十二块)

预制块炉盖之间存在接触行为,为了解接触面上接触应力水平的变化,在后处理器中利用 ANSYS 的接触向导绘制各预制块炉盖之间的接触应力等值线图,分别如图 6.25～图 6.27 所示。为了显示预制块之间接触面的应力水平变化,在 ANSYS 后处理器中绘制不同预制块数目的等效应力图,其中浇铸三块时选择两块,浇铸八块时选择四块,浇铸十二块时选择六块,分别如图 6.28～图 6.30 所示。

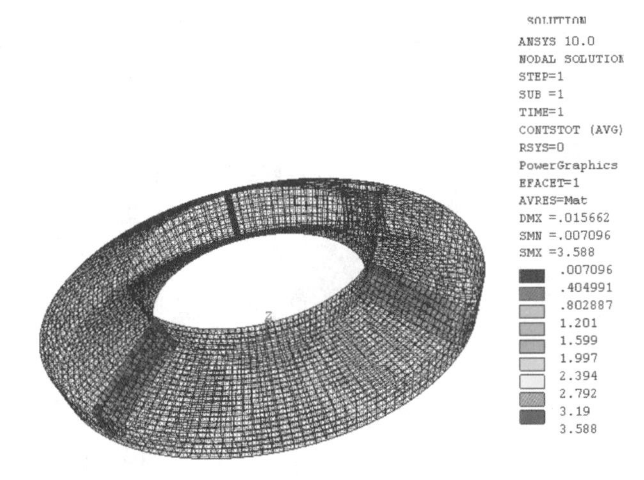

图 6.25 炉盖预制块接触应力等值线图(浇铸三块)

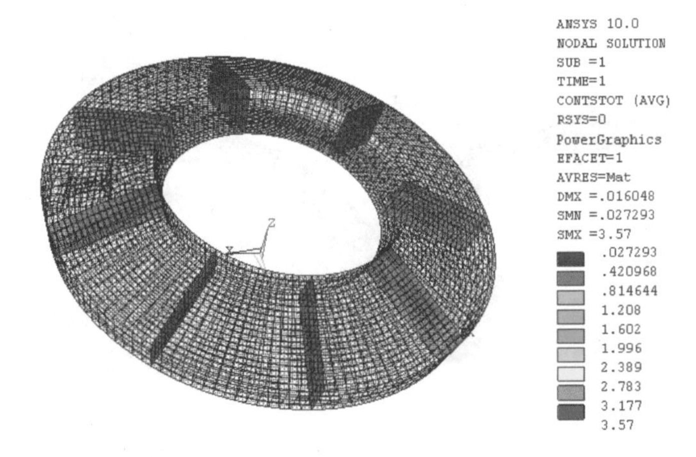

图 6.26 炉盖预制块接触应力等值线图(浇铸八块)

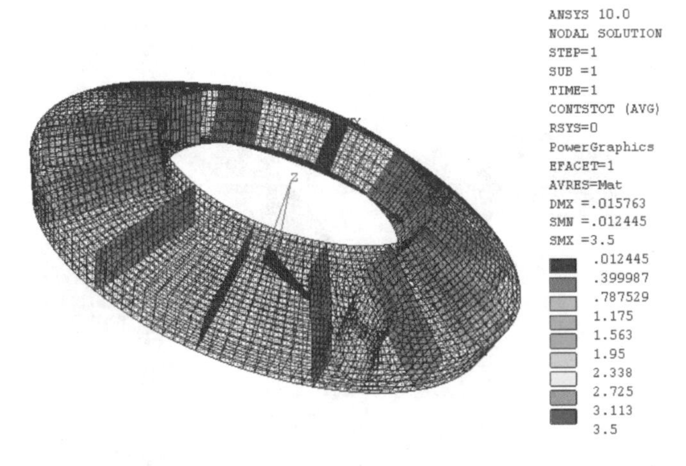

图 6.27 炉盖预制块接触应力等值线图(浇铸十二块)

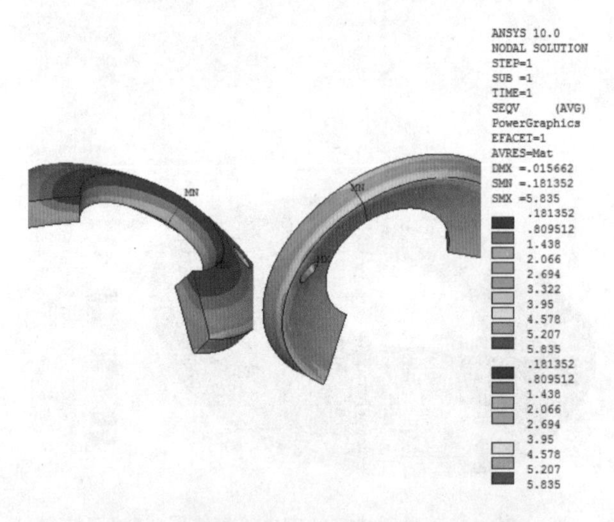

图 6.28　两块预制块等效应力图(浇铸三块)

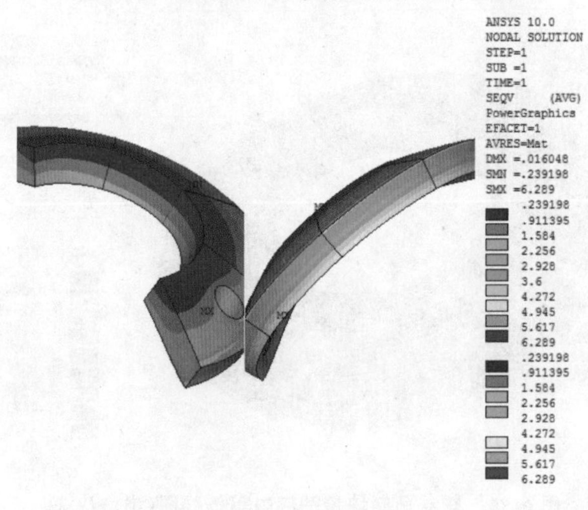

图 6.29　四块预制块等效应力图(浇铸八块)

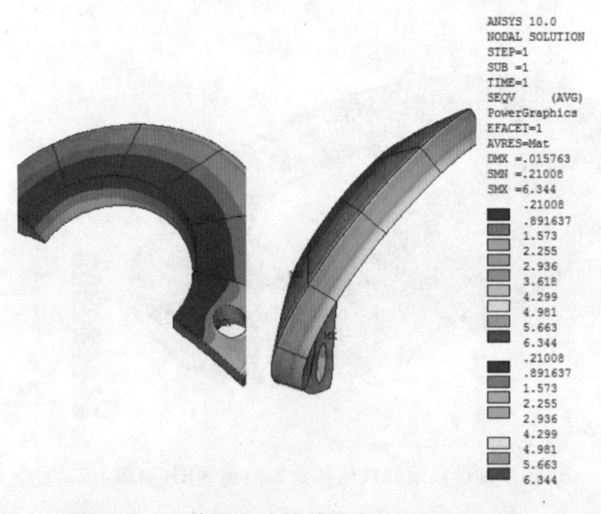

图 6.30　六块预制块等效应力图(浇铸十二块)

各炉盖模型的最大应力、最小应力、平均应力及接触应力水平统计数据如表6.4所示，MPA单位制下，应力单位为MPa。

表6.4 各模型应力水平统计 (MPa)

应力	高铝砖炉盖	预制块炉盖(三块)	预制块炉盖(八块)	预制块炉盖(十二块)
最大应力	6.47	5.835	6.289	6.344
最小应力	0.088	0.034	0.132	0.044
平均应力	1.507～4.343	1.323～3.257	1.501～3.553	1.444～3.544
平均接触应力	—	0.007～1.997	0.027～1.996	0.012～1.95
最大接触应力	—	3.588	3.57	3.5

6.3.3 应力场分析

从图6.17～图6.20中可以看出，两种制作工艺下的炉盖等效应力水平各不相同。高铝砖炉盖的最大等效应力为6.47MPa，炉盖平均应力水平为1.507～4.343 MPa，均比预制块炉盖的最大等效应力和平均应力水平高。根据第四强度理论，材料屈服破坏主要由形状改变比能，即等效应力引起，材料承受的等效应力水平越高，材料的使用寿命就越短。故可由此推知，预制块炉盖的等效应力水平较低，其较高铝砖炉盖具有更长的使用寿命，这和高铝质电炉盖预制块在某厂电炉上使用寿命超过600炉次而烧成高铝砖电炉盖的寿命为80～120炉次的试验结果相一致。充分说明了预制块炉盖比高铝砖炉盖具有更长的使用寿命，说明模拟结果与试验结果相符。根据热力学理论，热应力的产生是由于物体内部各点不能自由胀缩。高铝砖炉盖的整体温度水平高于预制块炉盖，故其热膨胀相对较大；同时由于高铝砖炉盖在结构上浑然一体，自行封闭，其内部各点受到的约束较强导致其不能自由膨胀的程度较高，因此其应力水平总体较预制块炉盖高。而预制块炉盖在结构上由几大块组成，块与块之间有边界，使得在受到热冲击时其内部各点能自由膨胀的程度相对较高，因此预制块炉盖整体应力水平低于高铝砖炉盖，即计算结果和理论分析一致。

计算结果既和试验结果相符，又与理论分析一致，说明了模型的建立、载荷及边界条件的处理基本合理，证明了该模拟的可靠性，为预制块炉盖的制作和推广提供了理论支持。

从图6.17～图6.20还可以看出，沿炉盖径向方向，其应力水平呈现近外圆周附近高而中心部位低、沿径向逐渐减小的分布规律。由于炉盖是圆顶形结构，炉盖到钢水的距离沿径向逐渐增大，故受到热冲击的程度逐渐降低，同时炉盖放置于炉体上，底部还有冷却水管约束，故和炉盖中心部位相比，其边缘受到的约束更强。由热应力理论可知，热应力的产生是由于物体内部不能自由膨胀，炉盖边缘受热冲击和受到约束的程度都较中心部位高，因而沿径向方向，呈现近外圆周附近应力水平高而中心部位低的规律，与热应力理论相符。应力水平越高的地方其热膨胀也就越大，可以推知炉盖的变形也将服从这一规律，即炉盖外端面有膨胀上翘的趋势，而中心盖附近区域有收缩下陷的趋势，这和高铝砖炉盖的水冷圈被挤压胀裂漏水及拱顶往下塌现象吻合。对于预制块炉盖，随着热冲击的增大，其外翘内陷的趋势有可能造成中心盖和预制块接合面之间的脱离，影响炉盖的整体性能。建议通过增大预制块与中心盖接合面的锥度来防止中心盖与预制块接合面的脱离。由矢量力学可知，预制块与中心盖接合面的锥度越大，中心盖的重力在接合面法向方向的分力也就越大，在一定程度上可以保证中心盖与预制块之间结合的紧密性，但同时也会对炉盖产生附加载荷，可能会对炉盖应力水平及分布规律有所影响，故应对其进行应力分析。限于篇幅及本书分析目的，此处仅提出建议，不做深入研究。

沿炉盖厚度方向，炉盖整体应力水平呈现内壁高而外壁低且逐渐减小的分布规律，这主要是因为炉盖内壁离热源较近，其膨胀也就较剧烈，因而应力水平较高；其膨胀的剧烈程度沿厚度方向逐渐降低。炉盖外壁是依靠和炉盖内壁热传导而获得热量引起膨胀的，因此炉盖外壁热膨胀程度较弱，其应力水平较低。这和高铝砖炉盖的内壁剥落现象吻合。

从图 6.21～图 6.24 中可以看出，对于中心盖，就应力分布规律来看，其应力分布呈现内壁高外壁低、沿高度方向逐渐减小的规律，且各模型中均有应力集中，最大应力均分布在中心盖内壁电极孔圆周处。这是因为，中心盖外壁暴露在空气当中，主要依靠中心盖内部分子的热运动来传递热量并和空气对流换热，因此相对内壁而言，外壁受到热冲击的程度较低，热膨胀较小，其应力水平沿高度方向逐渐降低；应力集中主要是由于电极孔的存在，中心盖轴截面发生突变，导致模型中材料不连续，引起应力集中；从应力水平来看，预制块炉盖的中心盖最大等效应力均较高铝砖炉盖的中心盖最大等效应力小。这是因为，在模型热分析载荷的处理环节中，将钢水对炉盖的辐射等效为温度自由度施加在炉盖模型的底面，因此中心盖仅通过热传导的方式和炉盖进行热量交换。高铝砖炉盖内部没有交界面，其炉盖接收的热辐射较多，因而传递给中心盖的热量就多，也就是高铝砖炉盖的中心盖的热膨胀均比预制块炉盖的中心盖的大，其应力水平整体偏高，与理论推论相符。

对于炉盖，从应力水平看，预制块炉盖的最大等效应力均比高铝砖炉盖的最大等效应力小。高铝砖炉盖的整体温度水平高于预制块炉盖，因此其热膨胀较大，应力水平也较高，与物理规律相符。从应力分布规律来看，仍然呈现沿径向近外圆周高、中心部位低且逐渐减小，沿高度方向内壁高、外壁低且逐渐减小的趋势，原因同上所述。最大等效应力均分布在炉盖内壁加料孔圆周处，即有应力集中，主要是因为加料孔孔径尺寸较小(150 mm)，引起截面突变所致，与材料力学知识相符。

从中心盖和炉盖的最大等效应力水平来看，各模型炉盖内壁加料孔圆周处的最大等效应力均高于中心盖内壁电极孔圆周处的最大等效应力。这是因为虽然加料孔和电极孔的存在都会引起应力集中，但加料孔位置靠近炉盖底面，承受的热冲击较大，其周围的热膨胀就更剧烈，同时由于加料孔孔径比电极孔孔径小且炉盖较中心盖薄，引起截面突变的程度较高，因此其应力水平较中心盖内壁电极孔圆周处高，符合物理规律。

由此可推知，炉盖内壁加料孔圆周处为危险截面，是最易损害部位，对炉盖的使用寿命有较大影响。由前文分析可知，加料孔尺寸和其设置位置将极大影响其应力水平，故建议根据电炉生产能力适当调整其孔径大小，同时建议其布置位置应适当靠近炉盖中心部位，因为此处离钢水较远，相比之下，其热膨胀的剧烈程度会有所降低。

从图 6.25～图 6.27 中可以看出，预制块炉盖各预制块之间接触面大部分区域接触应力水平均为 0.007～1.997 MPa，最大接触应力均分布在接触面内靠近炉盖预制块边缘位置处，且差别较小；最小接触应力均分布在预制块与中心盖接触部位的外缘。这是因为，炉盖底面离钢水及电弧最近，承受的热冲击最大，因此热膨胀最剧烈；同时冷却水管对炉盖的约束作用限制了炉盖底部斜面节点的所有自由度，即一方面想自由膨胀，另一方面又受到很强的限制，不能自由胀缩的程度越高，其接触应力也就越大，而在与中心盖接触部位的接触应力水平低正是因为受到的约束较弱，这和物理事实相符。

对比图6.25～图6.27和图6.21～图6.24可以看出，炉盖预制块的接触应力分布规律与炉盖预制块的等效应力分布规律一致，即近炉盖边缘部位高，沿径向和高度方向均逐渐降低，与前文理论分析一致。

根据第四强度理论，材料的屈服破坏是由于其形状改变比能超过了某一极限所引起的，故炉盖寿命的判断应以炉盖等效应力水平为依据。同时，接触应力仅作用于接触面及附近区域，且各预制块的接触应力水平均处于炉盖平均应力水平范围之内，因此对炉盖的使用寿命影响较小。但接触应力的存在会引起接触面之间产生法向位移，导致炉盖预制块接触面之间产生微小的缝隙，而这些非直接接触的缝隙又直接导致了接触热阻的产生。从图中可以看出，三种方案下预制块之间均存在沿接触面法向的变形，最大位移量均在0.015 mm左右(图中DMX数值)，即接触面间产生了缝隙。虽然位移量很小，但可推知，位移量会随着热冲击的增强而增大，可能会造成接触面的脱离，使电极产生的热量直接和空气换热，这对于整个电炉炼钢系统来说是不利的，会影响炉盖的隔热保温性能。因此建议在炉盖预制块之间采用槽型接合面来代替平面接合或者增加紧固装置，以增强炉盖的隔热保温性能。

从图6.28～图6.30可以看出，预制块接合部位存在明显的分界线，这主要是考虑了预制块之间的接触行为，其应力水平变化较为连续是因为载荷施加在炉盖底面圆周，同时材料的定义未考虑其各向异性所致，其应力分布规律同前文所述。

从表6.4可以看出，随着炉盖预制块数的增多，其应力水平逐渐增大。这是因为：电炉盖整体尺寸一定，预制块数目越多，结构越“紧凑”，内部各点受到约束的程度相对就越高，应力水平也就越高，使用寿命就越短；预制块数目越少，结构越“松散”，内部各点受到约束的程度相对较弱，应力水平也就较低，使用寿命就越长。即预制块炉盖寿命随预制块数目增多而减小。而在保证预制块接合面不脱离接触的情况下，其隔热保温性能随着预制块数目的增多而增强。因此这是一对矛盾，建议针对不同预制块数目的炉盖做多次分析，在炉盖使用寿命和隔热保温性能之间找到平衡的方案。就本书所建立的模型来看，浇铸三块预制块时炉盖等效应力水平较低，具有较长的使用寿命，相对而言，是一种较为合理的浇铸方案。

综上所述，可以得出以下结论：

① 预制块炉盖整体应力水平较高铝砖炉盖的低，具有更长的使用寿命，为炉盖预制块的制作提供了理论依据。在炉盖厚度方向上，应力水平呈现内高外低的分布规律；在炉盖径向方向上，应力水平呈现近外圆周高而中心部位低的分布规律，有可能造成中心盖与预制块接合面的脱离，建议增大中心盖与预制块接合面的锥度。

② 炉盖最易受损部位在加料孔内壁圆周处，建议根据电炉生产能力适当调整加料孔孔径尺寸及设置位置，以期降低其应力水平。

③ 预制块之间的接触应力水平位于炉盖平均应力水平范围之内，故对炉盖的使用寿命影响不大。接触应力会使预制块接合面之间产生间隙，但变形较小，建议采用槽型接合面代替平面接合或增设紧固装置。

④ 针对本书建立的三种浇铸方案预制块炉盖模型，浇铸三块预制块组装的炉盖整体应力水平较低，具有较长的使用寿命，因而是较为合理的浇铸方案，为浇铸方案的选择提供了理论参考。

6.4 炉盖温度场和应力场的影响因素

6.4.1 炉盖温度场和应力场影响因素分析

由物理学可知，模型的材料属性将直接影响到物理量的数值，针对本书的炉盖模型，炉盖材料的热物理性能参数及力学性能参数将对炉盖的温度和应力水平有直接的影响。由有限元理论基础——微分方程的等效积分形式可知，模型的几何形状和结构直接影响物理场微分方程的求解域和边界条件，进而也会影响物理量的分布规律。

(1) 炉盖材料参数

炉盖均是由高铝质材料采用不同的制造工艺制成，其有限元模型中只包含高铝质材料，因此高铝质材料的导热系数直接影响到炉盖模型的热传导矩阵，进而会影响炉盖的温度场；其弹性模量和泊松比直接影响到炉盖的整体刚度矩阵，进而会影响炉盖的应力场；由于ANSYS利用材料的热膨胀系数计算其变形量，因而高铝质材料的热膨胀系数也会对应力产生直接的影响。

对于高铝砖，由于其原材料配额百分比按行业规定已标准化，一旦烧成出窑，其物性参数就已确定，因此高铝砖炉盖的温度场和应力场可以认为是不可改变的。预制块炉盖的浇铸料是以高铝质原料为主，同时加入 MgO、Cr_2O_3、ZrO_2 粉末等，浇铸料的导热系数、热膨胀系数及弹性模量等参数可以随着各成分百分比的改变而改变，这就预示着预制块炉盖的应力水平是可以控制的。

(2) 炉盖结构

炉盖内部结构的几何关系对温度场有较大的影响，如预制块之间的交界面会导致接触热阻的产生，进而阻碍热量传递，因此预制块炉盖温度水平整体较高铝质炉盖低；同时电极孔孔径大小及其设置位置、加料孔孔径大小及其布置位置、炉盖厚度开口直径及厚度尺寸等都会影响到炉盖的温度水平分布。此外，加料孔孔径大小直接影响到炉盖的使用寿命，电极孔孔径大小及其设置位置、加料孔布置位置直接影响到炉盖应力水平及分布规律。

炉盖周向尺寸与电炉生产能力有直接关联且已规范化，因此可以认为，对于特定生产能力的电炉，其炉盖的周向尺寸是不允许变更的，可尝试减小其厚度尺寸，并对其进行温度、应力分析，但和材料性能参数的影响相比，结构尺寸的影响相对较小，限于本书分析目的，在此不作深入研究。

综合考虑，预制块炉盖浇铸料的导热系数、热膨胀系数和弹性模量对温度场和应力场具有较大影响，且规律本身并无特殊之处，其共性寓于特性当中，同时兼顾单元数目对计算耗时的影响，本章作出如下选择：

① 为探求预制块炉盖浇铸的物性参数对预制块炉盖的温度、应力水平影响的规律，不考虑高铝砖炉盖，以浇铸三块预制块炉盖模型作为研究对象，载荷、边界条件均按 6.3.2 节、6.4.2节设置。

② 由于泊松比一般变化较小，因此仅探讨浇铸料的导热系数、热膨胀系数、弹性模量对炉盖温度场和应力场的影响规律，不考虑其结构尺寸的影响。

本章以 lugai_3_contact.mac 宏文件为基础，载荷、边界的处理均不改动，同时将主宏文件的控制参数N默认值改为3,物性参数值的改变直接在主宏文件运行界面上输入,每独立更改一次,即进行一次分析。

6.4.2 浇铸料物性参数对温度场和应力场的影响

导热系数的物理意义为单位厚度的物体具有单位温差时,在单位时间内其单位面积的导热量,其数值大小与材料的组成结构、密度、含水率、温度等因素有关。

分析时其材料参数除导热系数外,均按表6.2进行设定,分别将导热系数由原来的20 W/(m·K)设定为10 W/(m·K)、40 W/(m·K),载荷及边界条件均按前文设定。

由于炉盖结构及载荷、边界条件均未改变,因此材料参数的改变只会影响物理量的数值大小,不会影响其定性分布规律。接触面上的接触应力对炉盖的使用寿命影响较小,故本节及后续各节均不绘制接触应力图,仅绘制完整模型的温度等值线和等效应力图,分别如图6.31~图6.34所示。

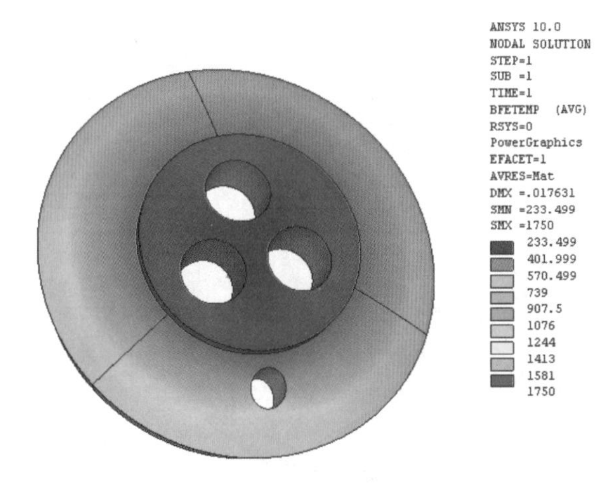

图6.31 导热系数为10 W/(m·K)时炉盖温度等值线图

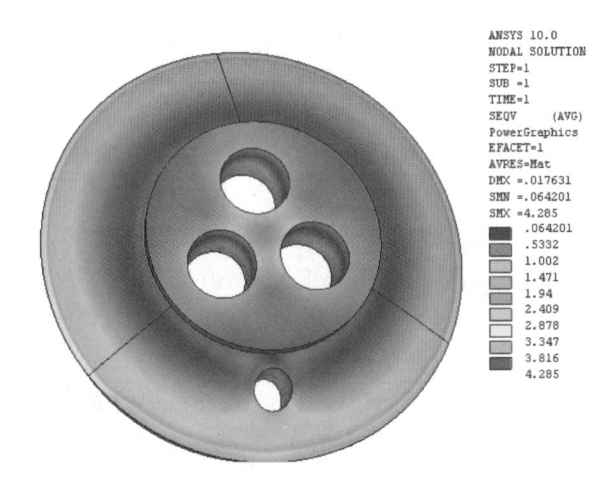

图6.32 导热系数为10 W/(m·K)时炉盖等效应力图

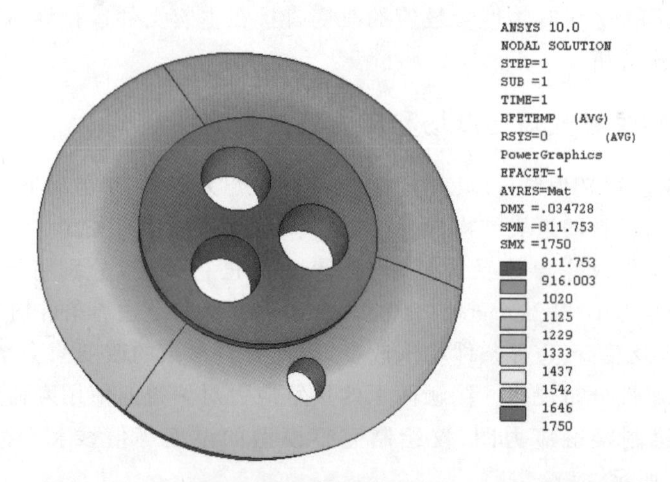

图 6.33 导热系数为 40 W/(m·K)时炉盖温度等值线图

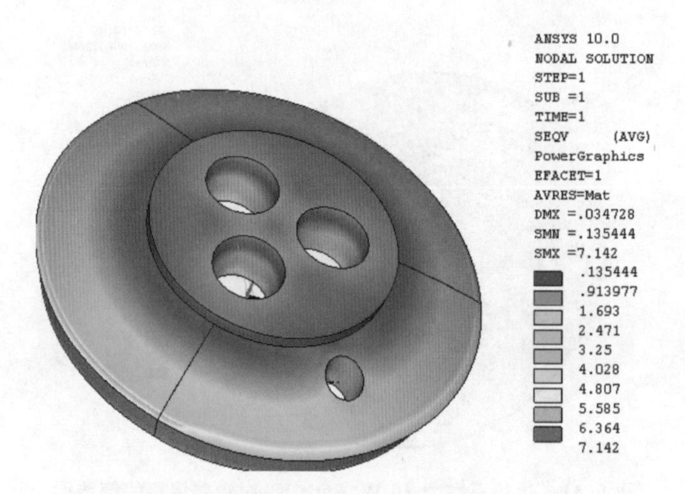

图 6.34 导热系数为 40 W/(m·K)时炉盖等效应力图

从图 6.31 中可以看出，在其他参数和条件不变的情况下，仅改变浇铸料的导热系数，将其值从 20 W/(m·K)减小到 10 W/(m·K)时，预制块炉盖外壁温度约为 233.499 ℃，炉盖大部分温度在 401.999～1076 ℃之间；从图 6.33 中可以看出，浇铸料的导热系数为 40 W/(m·K)时，炉盖外壁温度升高，约为 811.753 ℃，炉盖大部分温度在 916.003～1333 ℃之间。

对比图 6.14 可以看出，导热系数的改变不会影响温度分布规律，但会对炉盖的温度有较大的影响。随着导热系数的增大，炉盖整体温度升高，炉盖吸收的热量增多，即炉盖的隔热保温性能会下降。因此炉盖温度与导热系数之间呈同向变化规律，而炉盖的隔热保温性能与导热系数呈反向变化规律。

从图 6.32 中可以看出，导热系数为 10 W/(m·K)时，炉盖最大等效应力为 4.285 MPa，最小等效应力为 0.64 MPa，炉盖大部分应力值在 1.002～2.409 MPa 之间；从图 6.34 中可以看出，导热系数为 40 W/(m·K)时，炉盖最大等效应力为 7.142 MPa，最小等效应力为 0.135 MPa，炉盖大部分应力值在 1.693～4.028 MPa 之间。

对比图 6.18 可以看出,应力分布规律没有变化,但应力值随着导热系数的增大而增大、减小而减小,即炉盖使用寿命会随着导热系数的增大而降低。因此炉盖应力水平与导热系数也呈同向变化规律,而炉盖使用寿命则与导热系数呈反向变化规律。

综上,炉盖的温度、应力水平呈现随导热系数的增大而升高、减小而降低的同向变化规律;炉盖的隔热保温性能和使用寿命与导热系数均呈反向变化规律。

不同的材质,其热膨胀系数各不相同,且其数值也与实际温度和确定其基准长度时所选定的参考温度有关。高铝质材料的热膨胀系数参考温度为 30 ℃,浇铸料是以氧化铝材料为主,同时加入其他合金粉末,因此属于复合材料。由材料学知识可知,复合材料的热膨胀系数会随着各相所占比重的不同而改变。

在材料其他参数和载荷条件不变的情况下,将热膨胀系数选取的数值由 7.3×10^{-9} 分别改为 3.65×10^{-9}、14.6×10^{-9},设定 ALPX 的值分别为 3.65×10^{-9}、14.6×10^{-9},进行计算比较。由于热膨胀系数不会对温度水平产生影响,因此只考虑炉盖应力水平的变化。两种热膨胀系数下炉盖等效应力图分别如图 6.35、图 6.36 所示。

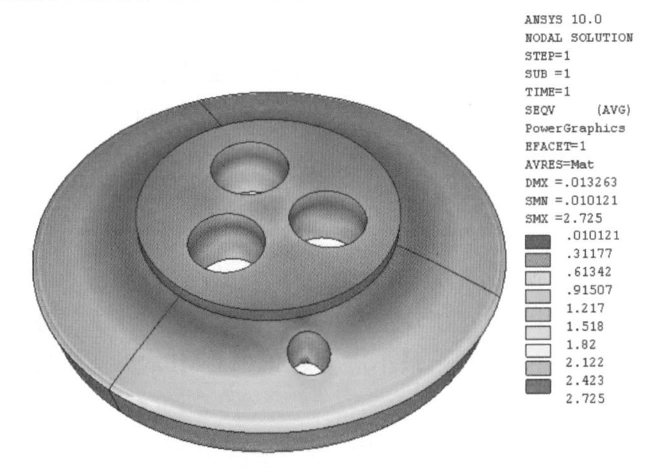

图 6.35 热膨胀系数为 $3.65\times10^{-9}\,K^{-1}$ 时炉盖等效应力图

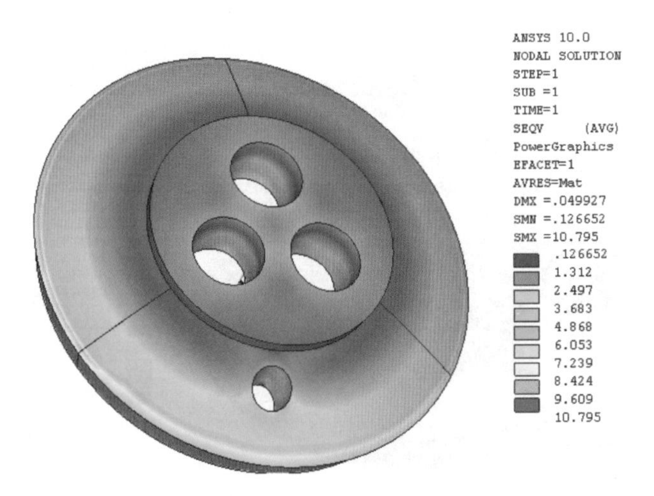

图 6.36 热膨胀系数为 $14.6\times10^{-9}\,K^{-1}$ 时炉盖等效应力图

从图 6.35 中可以看出，在其他条件均不变的情况下，仅改变浇铸料的热膨胀系数，将其值从 $7.3\times10^{-9}\ K^{-1}$ 减小到 $3.65\times10^{-9}\ K^{-1}$ 时，炉盖最大应力为 2.725 MPa，最小应力为 0.01 MPa，炉盖大部分应力值在 0.613～1.518 MPa 之间。从图 6.36 中可以看出，浇铸料热膨胀系数为 $14.6\times10^{-9}\ K^{-1}$ 时，炉盖最大应力为 10.795 MPa，最小应力为 0.126 MPa，炉盖大部分应力值在 2.497～6.053 MPa 之间。

对比图 6.18 可以看出，热膨胀系数的改变并不影响应力整体分布规律，在加料孔内壁仍有应力集中；但应力值随热膨胀系数的改变而改变，即炉盖任一点的等效应力值随热膨胀系数的增大而增大、减小而减小，由第四强度理论可知炉盖的使用寿命随应力值的升高而降低。

综上所述，炉盖应力值与热膨胀系数之间呈同向变化规律，而炉盖的使用寿命则与热膨胀系数呈反向变化规律。

材料在弹性变形阶段，其应力和应变呈正比例关系（即服从胡克定律），其比例系数称为弹性模量。弹性模量可视为衡量材料产生弹性变形难易程度的指标，其值越大，使材料发生一定弹性变形的应力也越大，即材料刚度越大，在一定应力作用下，发生弹性变形越小。

由广义胡克定律可知，ANSYS 利用材料的弹性模量和泊松比构建单元刚度矩阵，由于泊松比变化很小，所以第三个影响预制块炉盖应力值的关键参数就是浇铸料的弹性模量。在不改变其他物性参数和载荷条件的情况下将弹性模量的数值由 2.63×10^5 MPa 改为 2×10^5 MPa、8×10^5 MPa。在主宏文件运行窗口设定 EX 的值为 2×10^5、8×10^5 分别计算，得到炉盖等效应力图，分别如图 6.37、图 6.38 所示。

从图 6.37 中可以看出，在其他条件均不变的情况下，当浇铸料的弹性模量为 2×10^5 MPa 时，炉盖最大应力为 4.126 MPa，最小应力为 0.029 MPa，炉盖大部分应力值在 0.939～2.305 MPa之间；从图 6.38 中可以看出，浇铸料的弹性模量为 8×10^5 MPa 时，炉盖整体应力值有所增大，其最大应力为 16.4 MPa，最小应力为 0.211 MPa，炉盖大部分应力值在3.809～9.205 MPa之间。

对比图 6.18 可以看出，材料弹性模量的变化导致炉盖同一位置的等效应力值也随之同向变化，且炉盖的使用寿命随弹性模量呈反向变化。

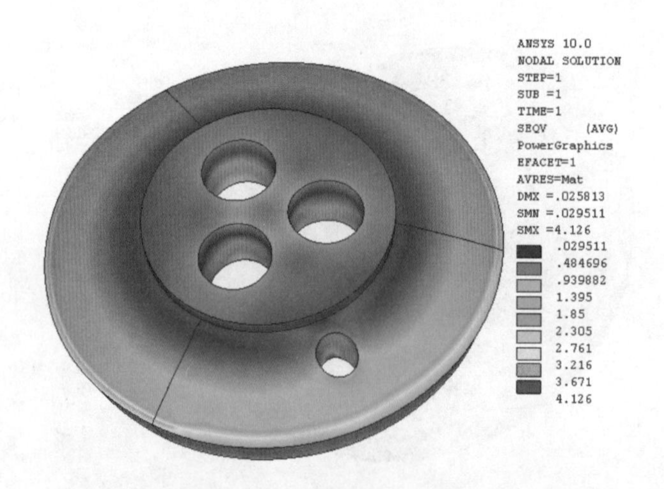

图 6.37 弹性模量为 2×10^5 MPa 时炉盖等效应力图

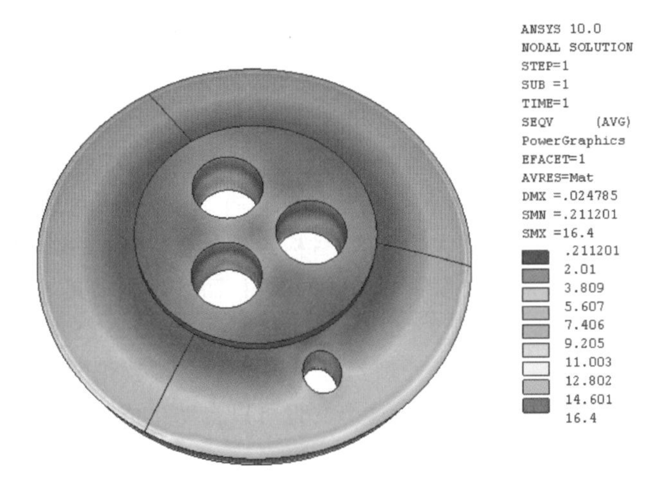

图 6.38　弹性模量为 8×10^5 MPa 时炉盖等效应力图

综上所述，炉盖的温度水平与导热系数呈同向变化，而炉盖的隔热保温性能与导热系数呈反向变化，炉盖的应力水平与导热系数、热膨胀系数、弹性模量均呈同向变化，而炉盖的使用寿命则与导热系数、热膨胀系数、弹性模量呈反向变化。

导热系数、热膨胀系数和弹性模量对炉盖等效应力水平的影响统计数据见表 6.5，浇铸料性能参数值均为其在国际单位制与 MPA 单位制下的换算数值。

表 6.5　浇铸料性能对炉盖等效应力水平的影响

应力(MPa)	导热系数[W/(m·K)]		热膨胀系数(K^{-1})		弹性模量(MPa)	
	10	40	3.65×10^{-9}	14.6×10^{-9}	2×10^5	8×10^5
最大值	4.285	7.142	2.725	1.795	4.126	16.4
最小值	0.064	0.135	0.01	0.126	0.029	0.211
平均值	1.002～2.409	1.693～4.028	0.613～1.518	2.497～6.053	0.939～2.305	3.809～9.205

6.5　浇铸料物性参数的优化

6.5.1　优化模型的建立

由表 6.5 可知，浇铸料的弹性模量、热膨胀系数和导热系数对预制块炉盖温度、应力水平影响较大，考虑到浇铸是将液态单体或预聚物注入模具内经聚合而固化成型的工艺，只要改变预聚物内成分的配额和颗粒度关系就能改变成型后材料物性参数。因此在炉盖工况及其他条件不变的情况下必定存在一组浇铸料最优材料参数，使得炉盖的等效应力水平最低。本章应用 ANSYS 的优化设计模块对浇铸料的材料参数进行优化，以期得到较优的浇铸料参数，为浇铸料的研制提供有益的参考。

优化设计作为一种确定最优设计方案的技术，一直都是机构设计理论和方法研究领域的前沿技术。最优设计指的是满足所有设计要求的前提下寻找支出(如重量、面积、体积、应力、费用等)最小的一种方案。

长期以来，不少学者从不同角度提出了多种结构优化理论，如极大熵原理、简单遗传算法、模拟退火法等，但这些方法普遍存在着求解复杂、实现困难等缺陷。

在 ANSYS 优化模块中，是通过改变设计变量、状态变量和目标函数来实现该优化过程的。其中设计变量为自变量，优化结果的取得就是通过改变设计变量的数值来实现的，每个设计变量都有上下限，它定义了设计变量的变化范围；状态变量即约束设计的数值，用来体现优化的边界条件，是设计变量的函数，状态变量可能会有上下限，也可能只有单方面的限制，即只有上限或只有下限；目标函数即优化目的，目标函数是要尽量减小的数值，必须是设计变量的函数，改变设计变量的数值将改变目标函数的数值，而且只能求其最小值。

要进行优化分析，必须建立分析文件。分析文件是一个 ANSYS 命令流输入文件，包括一个完整的分析过程(前处理，求解，后处理)，必须包含一个参数化的模型，用参数定义模型并指出设计变量、状态变量和目标函数，由这个文件可以自动生成优化循环文件，并在优化计算中循环处理。

其中生成分析文件是 ANSYS 优化设计过程中的关键部分。ANSYS 程序运用分析文件构造的循环文件进行循环分析，分析文件中可以包括 ANSYS 提供的任意分析类型(结构，热，电磁等，线性或非线性)；但模型的建立必须是参数化的(通常是优化变量为参数)，结果也必须用参数来提取(用于状态变量和目标函数)。建立分析文件有用系统编辑器逐行输入和交互式地完成分析两种方法。用系统编辑器生成分析文件同生成其他分析时的批处理文件方法一样，可以通过命令输入来完全地控制参数化定义，省去了删除多余命令的麻烦，但是对 ANSYS命令及 APDL 语言要求较高；交互式方法比较直观，便于随时观察程序的运行状态和及时对程序作出调整，但操作过于频繁，影响效率。

对比两种方法的优缺点，为提高操作效率，本文采用 APDL 语言编辑生成优化分析文件，进行优化计算。

6.5.2 优化分析

利用 ANSYS 进行优化分析需要定义优化变量和生成优化分析文件，针对本文的炉盖模型，优化变量的选取根据 6.4 节的内容，选择浇铸料的性能参数，但目标函数及状态变量的选择需根据计算的结果确定。

考虑到优化分析包含迭代计算，单元数目多，耗时较长；单元数目少，精度又有影响。由表 6.1 可知，炉盖浇铸八块预制块模型中单元数目适中，且经前述章节证明满足精度要求，为不失一般性，以炉盖浇铸八块预制块为研究对象。由于接触属于非线性计算，耗时较长，且由前文分析可知，接触应力对炉盖的使用寿命影响不大，故本章以生成的 lugai_8_contact. mac 宏文件中创建的 CAD 模型为基础，对所有的体采取 GLUE 操作，消除预制块之间的接触面，重新进行网格划分，并按前述章节施加载荷及约束，进行初步计算，定义优化变量，生成 Optimize. inp文件作为分析文件。

初始计算后，得到初始结果文件，在 ANSYS 后处理器中绘制其等效应力图和 Z 向位移分量等值线图，分别如图 6.39、图 6.40 所示。从图中可以看出，由于未考虑接触，预制块炉盖的最大等效应力为 5.555 MPa，而在表 6.5 中，考虑接触时炉盖的最大等效应力为 6.289 MPa，再次证明接触应力对炉盖的使用寿命影响较小。

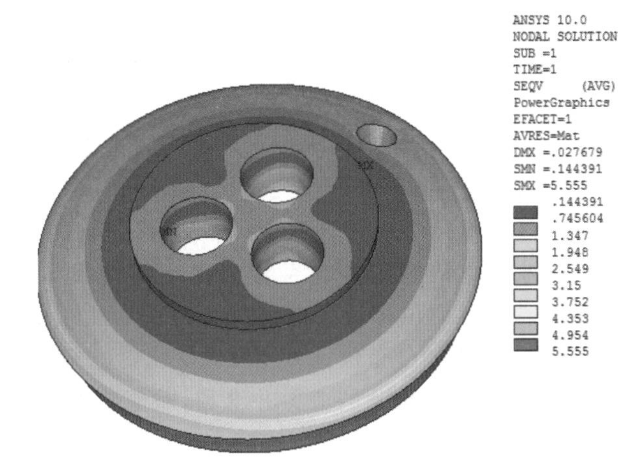

图 6.39 预制块炉盖(浇铸八块)等效应力图

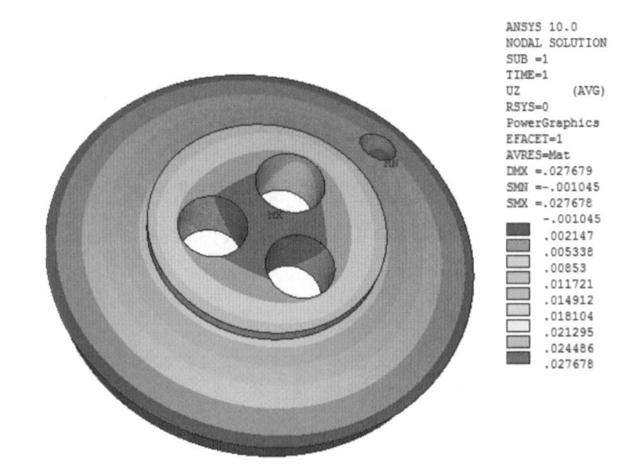

图 6.40 预制块炉盖(浇铸八块)Z 向位移分量等值线图

应力是材料在抵抗变形或破坏的过程中产生的,其水平的高低直接影响到材料的使用寿命,因此低应力水平是工程控制的首要目标。从图 6.39 中可看出炉盖的等效应力水平在 0.144～5.555 MPa 之间,且等效应力方向相同,使得可以通过单元表的操作对单元应力进行求和计算而获得其等效应力之和。综合前述因素,选择炉盖各单元应力和作为此次优化的目标函数。具体做法是利用 APDL 语言的 *GET 命令和 ETABLE 命令将所有单元应力提取求和并赋给参数 S_TRESS,部分命令见下文。

从图 6.40 中可以看出,炉盖 Z 向位移分量最大值在中心盖顶部,为 0.027 mm,且各节点的位移随着 Z 向坐标的增大而增大。根据材料学知识,在材料刚度一定的情况下,应变越大,炉盖的应力水平越高,而应变是由外部位移受到约束引起的,因此选择炉盖 Z 向位移分量最大值作为状态变量可以真实地模拟这一物理过程。具体做法是应用 APDL 语言 *GET 命令将炉盖 Z 向位移分量最大值提取出来并赋给参数 DMAX。

完成上述两步操作的命令如下:

```
!*
```

```
ETABLE,STRESS,S,EQV
SSUM
*GET,S_TRESS,SSUM, ,ITEM,STRESS
NSORT,U,Z,,1
*GET,DMAX,SORT,,MAX
!*
```

根据6.5.2节的内容，选择浇铸料的导热系数(KX)、弹性模量(EX)和热膨胀系数(ALPX)作为设计变量；选择炉盖Z向位移最大值(DMAX)作为状态变量，结合实际情况确定其上限为0.03 mm；由于最大应力的分布位置可能发生变化，且炉盖等效应力方向相同(均为正值)，因此提取炉盖CAE模型所有单元的应力并求和，赋值给参数S_TRESS，并定义为目标函数。

即炉盖的优化模型为：

目标函数：　S_TRESS→min

状态变量：　DMAX≤0.03

设计变量：　10≤KX≤40

1.3E5≤EX≤5.26E5

3E－9≤ALPX≤14.6E－9

优化采用零阶随机搜索法，不使用设计变量的偏导数，迭代次数和不可行解连续出现的次数均按程序默认值设置，状态变量的容差也均按程序默认值设定。完成上述功能的命令如下：

```
! ………
/INPUT,Optimize,inp
/OPT
OPANL,Optimize,inp
OPVAR,ALPX,DV,3E-9,14.6E-9,,
OPVAR,EX,DV,1.3E5,5.26E5,,
OPVAR,KX,DV,10,40,,
OPVAR,DMAX,SV,,0.03,,
OPVAR,S_TRESS,OBJ,,,,
OPTYPE,RAND
OPRAND,30,0,
! ………
```

优化分析生成两个文件：Optimize.inp和Optcircle.inp。其中Optimize.inp文件中包含整个分析过程和数据提取，是分析文件；Optcircle.inp文件中包括定义优化变量和优化控制过程，是循环控制文件。

将这两个文件拷贝到ANSYS工作目录下，启动ANSYS，在命令输入窗口输入：

```
/INPUTE,Optcircle,inp
```

回车即运行优化程序。

保存设计变量取最优值时炉盖的温度场和应力场结果数据，加上初值，得到31组数据。其中包括8组可行解和23组不可行解。结果见表6.6(*表示ANSYS软件指定最优解)。目标函数的变化过程如图 6.41 所示，图 6.41(a)为目标函数随热膨胀系数(ALPX)的变化过程，图 6.41(b)为目标函数随弹性模量(EX)的变化过程，图 6.41(c)为目标函数随导热系数(KX)的变化过程，图 6.41(d)为目标函数随迭代次数(Set Number)的变化过程；设计变量取最优解时炉盖的等效应力如图 6.42 所示。

表 6.6　变量及目标函数优化结果

序号	变量	SET1	SET2	…	* SET17 *	…	SET31
1	ALPX (DV)	0.73×10^{-8}	0.13×10^{-7}	…	0.34×10^{-8}	…	0.42×10^{-8}
2	EX (DV)	0.26×10^{6}	0.3×10^{6}	…	0.15×10^{6}	…	0.38×10^{6}
3	KX (DV)	20	21.640	…	28.974	…	26.488
4	DMAX (SV)	0.027	0.05	…	0.011	…	0.017
5	S_TRESS(OBJ)	10323	22183	…	3232	…	9571.3
可行性	—	可行	不可行	…	最优	…	可行

注：DV—设计变量；SV—状态变量；OBJ—目标函数。

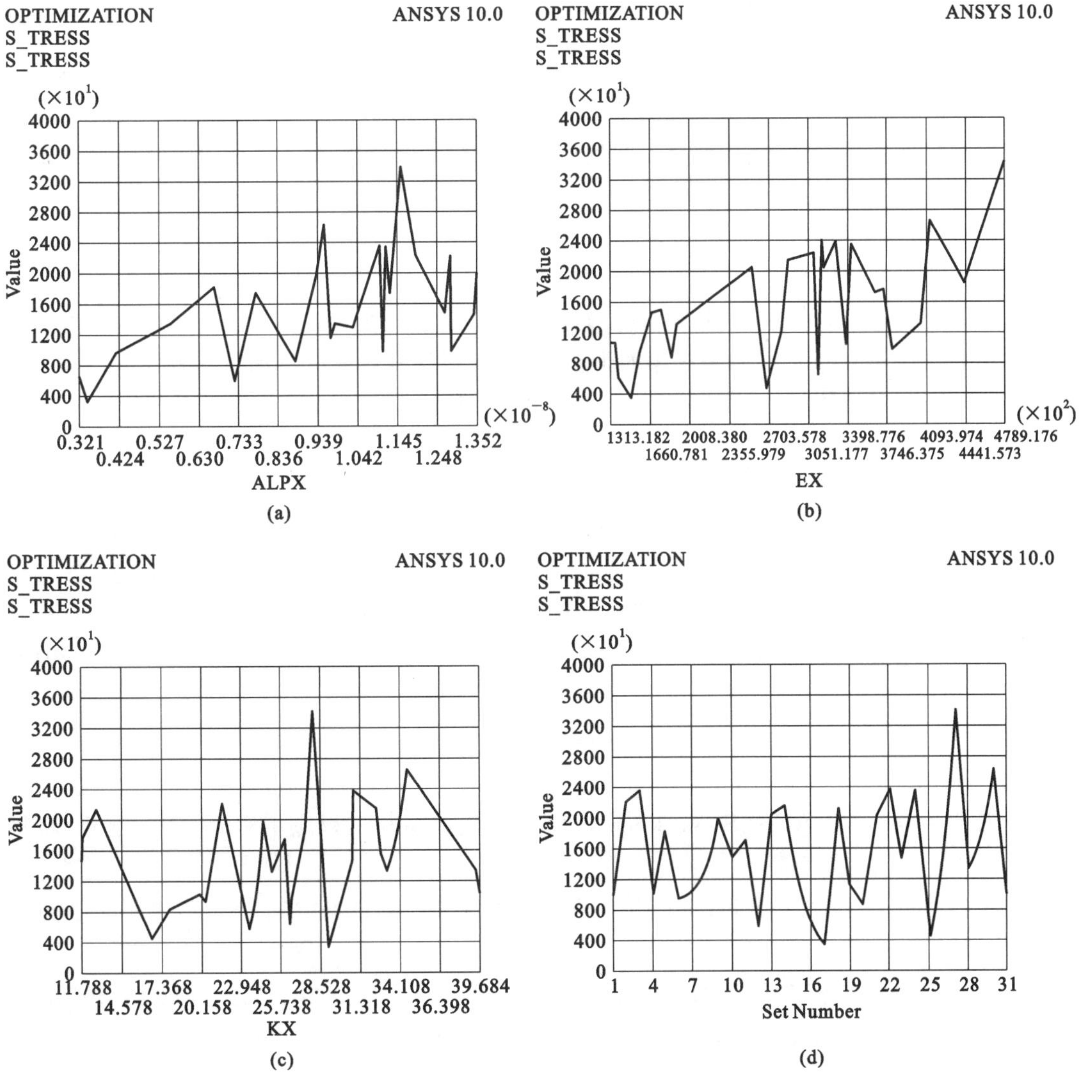

(a)

(b)

(c)

(d)

图 6.41　目标函数随设计变量、迭代次数的变化过程

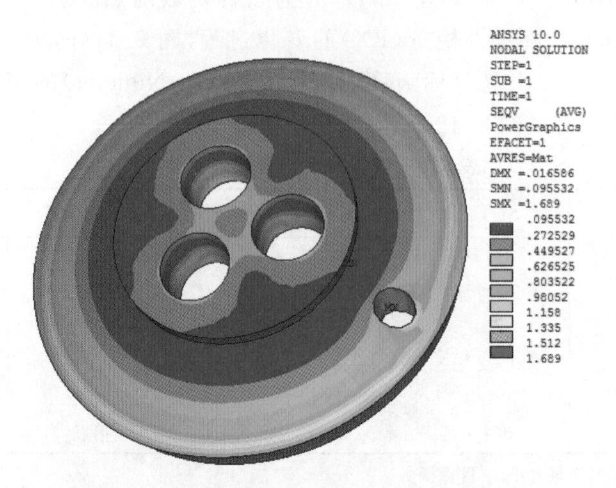

图 6.42　设计变量取最优解时炉盖等效应力图

从表 6.6 和图 6.41(d)可以看出，优化次数在第 17 次(第 1 次是初始数据)时目标函数的值最小，值为 3232 MPa，即炉盖承受的总应力为 3232 MPa；状态变量的值为 0.011 mm，设计变量对应的材料参数分别为：热膨胀系数 3.4×10^{-9} K^{-1}；弹性模量 1.5×10^{5} MPa，导热系数 28.974 W/(m·K)；从图 6.41(a)、(b)、(c)可以看出，炉盖总等效应力随导热系数、热膨胀系数、弹性模量增大而增大。

当设计变量取最优解时，炉盖等效应力如图 6.42 所示。从图中可以看出，虽然炉盖内壁加料孔圆周处仍有应力集中，但其最大等效应力由 5.555 MPa 减小为 1.689 MPa，炉盖大部分应力水平在 0.8 MPa 以下。根据第四强度理论，材料的寿命与材料承受的等效应力水平呈反向变化，因此，当浇铸料的材料参数达到最优解时，能显著地延长炉盖的使用寿命。

参考文献

[1] 刘浩. ANSYS 15.0 有限元分析从入门到精通[M]. 北京：机械工业出版社，2014.

[2] 张朝晖. ANSYS 16.1 结构分析工程应用实例解析[M]. 北京：机械工业出版社，2016.

[3] XIAO W T, LI G F, JIANG G Z, et al. Research on temperature field and stress field of prefabricate block electric furnace roof [J]. Sensors and Transducers, 2013, 159(11): 74-79.

[4] LIU J, LI G F, JIANG G Z, et al. Influence factors on stress distribution of electric furnace roof [J]. Sensors and Transducers, 2013, 159(11): 80-86.

[5] CAE 应用联盟组. ANSYS Workbench 16.0 理论解析与工程应用实例[M]. 北京：机械工业出版社，2016.

[6] CAX 技术联盟. ANSYS Fluent 15.0 流体计算从入门到精通[M]. 北京：电子工业出版社，2015.

[7] 段中喆. ANSYS FLUENT 流体分析与工程实例[M]. 北京：电子工业出版社，2015.

[8] LIU J, LI G F, JIANG G Z, et al. Stress distribution model of prefabricate block electric furnace roof [J]. Sensors and Transducers, 2013, 21(5): 20-24.

[9] LI Z, JIANG G Z, LI G F, et al. Research on temperature distribution model of electric furnace roof [J]. Sensors and Transducers, 2013, 21(5): 95-99.

[10] LEI C W, JIANG G Z, LI G F, et al. Influence factors on temperature distribution of electric furnace roof [J]. Sensors and Transducers, 2013, 21(5): 85-88.

[11] SHI S Y, LI G F, JIANG G Z, et al. Temperature and thermal stress analysis of refractory products [J]. Sensors and Transducers, 2013, 21(5): 53-57.

[12] 何涛. 基于ANSYS的高铝质电炉盖预制块热应力分析[D]. 武汉:武汉科技大学, 2008.

[13] 何涛,孔建益. 电弧炉炉盖预制块热应力分析[J]. 机械制造, 2009, 47(2): 35-37.

[14] 祝洪喜,邓承继,白晨,等. 高铝质电炉盖预制块的研制与应用[J]. 炼钢, 2008, 24(2): 50-53, 58.

7 混铁炉的CAE及其长寿化技术

混铁炉是炼钢厂贮存铁水，保持和均化铁水温度及其成分的热工设备，提高其使用寿命对降低生产成本、稳定生产过程、降低职工劳动强度以及降低耐火材料消耗等都有着十分重要的意义[1-3]。国内混铁炉多为砖砌，其设计与施工较为困难，且整体性能差。此外，国内混铁炉多采用顶兑铁工艺，兑铁时炉顶承受高温铁水的机械冲刷和高温侵蚀，且由于高位兑铁，炉底容易形成冲击区，因此，国内混铁炉的寿命普遍偏低，一般只有18个月左右，通铁量一般为300万吨。为了提高混铁炉寿命，降低生产成本，保障生产稳定，莱钢炼钢厂银山前区600 t混铁炉应用侧兑铁工艺、整体浇铸工艺、短流程套浇出铁口技术、成套长寿命维护技术等，使混铁炉寿命达到42个月，通铁量达到410万吨。随着炼钢及连铸生产技术的发展，对于转炉炼钢的原材料——铁水质量的稳定性提出了越来越高的要求，受前部各工序处理工艺、方法和控制参数不同的影响，进入炼钢厂的铁水质量波动较大。为解决这一问题，充分发挥混铁炉均匀铁水成分和温度的功能，保证铁水质量是一种行之有效的方法。而混铁炉的安全性是充分发挥其功能的重要保障。本文以某钢厂1300 t混铁炉为研究对象，探讨混铁炉工作时在热与结构载荷耦合作用下的应力场分布，为混铁炉的安全生产与维护提供科学依据。

7.1 混铁炉CAD/CAE模型的建立

为保持高炉供应铁水和转炉需要之间的平衡，在高炉和转炉之间，设置了临时存储铁水的混铁炉[4]。混铁炉的作用主要是存贮铁水及混匀铁水的成分和温度。为了保证出铁时的温度，通常采用辅助燃料器进行供热（燃料有：焦炉煤气、高炉煤气、重油和煤油等）。兑铁水时，在操作上要注意使铁水成分均一化。混铁炉的总容量要比转炉容量大15～20倍，应与转炉的容量相配合。铁水在混铁炉中储存的时间为8～10 h，储存时要注意保温。

图7.1和图7.2所示是混铁炉的简化三维模型和CAD图。

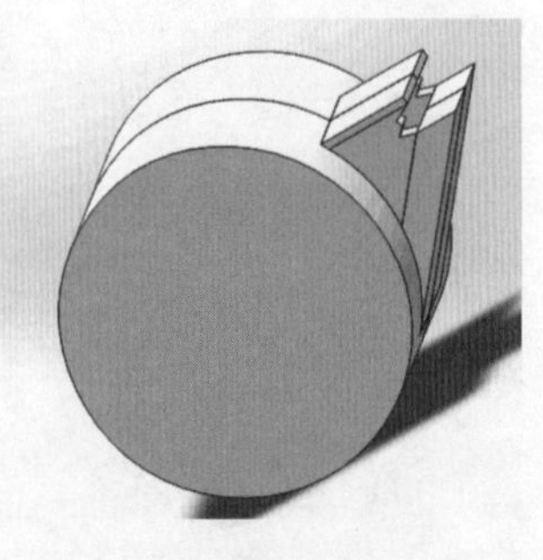

图7.1 混铁炉三维模型

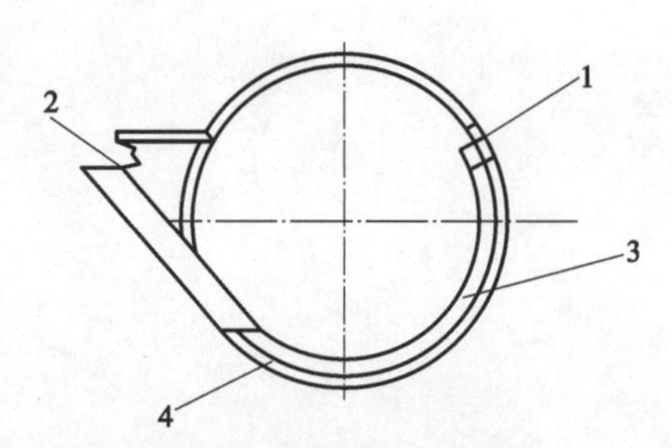

图7.2 混铁炉CAD图

1—受铁口；2—出铁口；3—镁砖；4—高铝砖

7.2 混铁炉温度场和应力场分析

7.2.1 热分析的数学模型

混铁炉结构的应力场是一个三维热与结构应力场耦合的问题。为此需首先计算其温度场,再将温度场引起的结构应力与炉内铁水引起的结构应力进行耦合场分析计算。混铁炉结构的温度场是一个无内热源的稳态温度场,其温度场分布函数 $\phi(x,y,z,t)$ 在直角坐标系中满足热传导微分方程:

$$\rho c\frac{\partial \phi}{\partial t}-\frac{\partial}{\partial x}\left[k_x\frac{\partial \phi}{\partial x}\right]-\frac{\partial}{\partial y}\left[k_y\frac{\partial \phi}{\partial y}\right]-\frac{\partial}{\partial z}\left[k_z\frac{\partial \phi}{\partial z}\right]=0 \tag{7.1}$$

在域 Ω 内应满足第三类边界条件,即:

$$k_x\frac{\partial \phi}{\partial x}n_x+k_y\frac{\partial \phi}{\partial y}n_y+k_z\frac{\partial \phi}{\partial z}n_z=h(\phi_a-\phi) \tag{7.2}$$

式中 ρ——材料密度,kg/m^3;

c——材料比热容,J/(kg·K);

t——时间,s;

k_x,k_y,k_z——材料沿 x,y,z 方向的导热系数,W/(m·K)。

在域 Ω 内应满足第三类边界条件,即:

$$k_x\frac{\partial \phi}{\partial x}n_x+k_y\frac{\partial \phi}{\partial y}n_y+k_z\frac{\partial \phi}{\partial z}n_z=h(\phi_a-\phi) \tag{7.3}$$

式中 n_x,n_y,n_z——边界外法线的方向余弦;

h——对流传热系数,$W/(m^2\cdot K)$。

利用有限单元原理,用 Galerkin 法构造近似函数,将近似函数带入温度场微分方程(7.1)和边界条件方程(7.2)中,因近似函数不满足方程(7.1)会产生余量,通过选择权函数,使得余量的加权积分为零[5-7]。组成 n(有限单元节点个数)个联立的线性代数方程组,写成矩阵形式如下:

$$[K]\{T\}=\{Q\} \tag{7.4}$$

式中 $[K]$——传导矩阵,包含导数系数、对流系数;

$\{T\}$——节点温度向量;

$\{Q\}$——节点热流率向量。

通过求解方程式(7.4)就可以得到节点温度。

7.2.2 热与结构耦合应力场分析的理论基础

当物体各部分温度发生变化时,物体由于热变形而只产生线应变,剪切应变为零。计算热应力时只计算出热变形引起的初应变。热变形产生的应变可以认为是物体的初应变 δ_0。

$$\delta_0=\alpha\Delta\phi \tag{7.5}$$

式中 α——材料的线膨胀系数;

$\Delta\phi$——物体节点的温度改变值。

对于热-固耦合应力解析表达式为:

$$\sigma = D(\varepsilon - \varepsilon_0) \tag{7.6}$$

式中 σ——综合应力；

D——弹性矩阵；

ε——应变。

对于三维固体单元：

$$D = \frac{E(1-\mu)}{(1+\mu)(1-2\mu)}\begin{bmatrix} 1 & \frac{\mu}{1-\mu} & \frac{\mu}{1-\mu} & 0 & 0 & 0 \\ 0 & 1 & \frac{\mu}{1-\mu} & 0 & 0 & 0 \\ 0 & 0 & 1 & 0 & 0 & 0 \\ 0 & 0 & 0 & \frac{1-2\mu}{2(1-\mu)} & 0 & 0 \\ 0 & 0 & 0 & 0 & \frac{1-2\mu}{2(1-2\mu)} & 0 \\ 0 & 0 & 0 & 0 & 0 & \frac{1-2\mu}{2(1-\mu)} \end{bmatrix} \tag{7.7}$$

式中 E——弹性模量；

μ——泊松比。

7.2.3 热与结构耦合应力分析有限元模型的建立

应用上述理论，可以对混铁炉的热与结构耦合应力场进行有限元分析。为了简化有限元计算过程，将混铁炉上的窥视孔和出铁口等局部开口忽略，而将混铁炉看作一个密封的罐体，其内部盛放着高温铁水和高温气体。这样简化的结果可能对那些存在开口的局部有影响，但对混铁炉的主要结构及法兰连接部位的计算结果影响不大。经过上述简化以后，整个混铁炉可看作一个对称结构[8-10]。取其 1/4 作为研究对象，进行实体建模与有限元网格划分。在 workbenth 中选择热与结构耦合模块如图 7.3 所示。

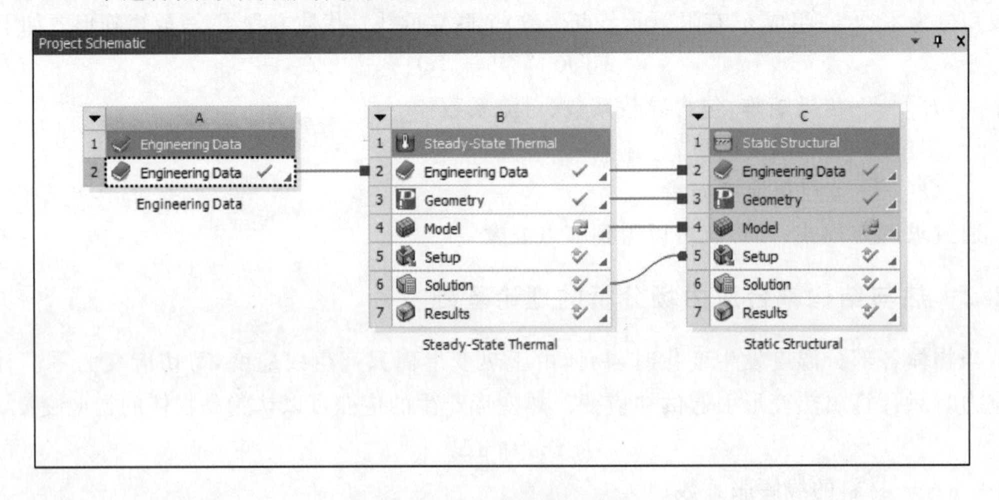

图 7.3 热与结构耦合模块

混铁炉炉体由辊道、金属炉壳及炉内衬组成。其中，炉内衬又由绝热层、黏土层、耐火砖构成。建模时，辊道与法兰连接处采用壳单元，而金属炉壳与耐火炉内衬均采用三维块单元。利用 ANSYS 软件建立的有限元模型如图 7.4 所示。

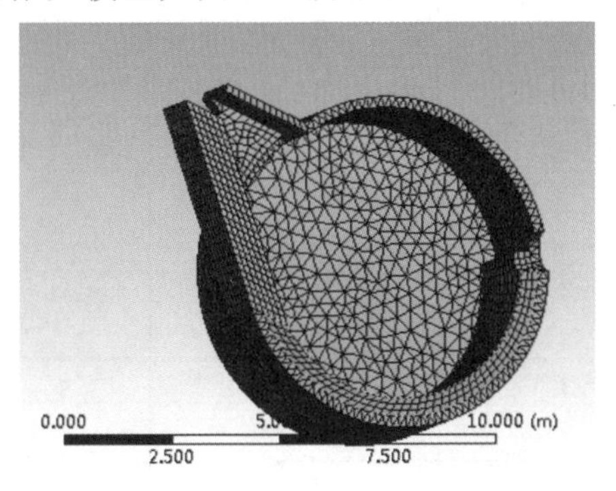

图 7.4　混铁炉有限元网格划分

7.2.4　材料物性参数

根据混铁炉衬体的工作环境和损坏的原因，其所用的耐火材料应具有机械强度高、抗渣性强、组织致密、有良好的抗热震性、热导率低、重烧变化不大的特点。采用的耐火材料有镁砖、镁铬砖、高铝砖、黏土砖、硅藻土砖及一些耐火填料等[11]。目前，各国用的混铁炉的材料是多种多样的，普遍砌成综合炉衬。若局部损坏时，一般采用耐火喷涂料进行修补。因此，混铁炉衬体蚀损比较均衡，使用寿命逐步提高。表 7.1 和表 7.2 所示为混铁炉的基本尺寸和主要砌筑材料需要量。表 7.3 所示为混铁炉用耐火砖的性能和使用部位。

表 7.1　混铁炉的基本尺寸

项目名称	炉子容量(t)	项目名称	炉子容量(t)
	1300		1300
炉身内径(mm)	6180	黏土砖	67
炉身砌体厚度(mm)	704	硅藻土砖	67
其中：镁砖	461	硅藻土填料(mm)	62
黏土砖	114	拱顶半径(mm)	3150
硅藻土砖	67	拱顶中心角	105°30′
硅藻填料	62	拱顶砌体厚度(mm)	600
炉身端墙半径(mm)	3390	其中：硅砖	300
炉身端墙砌体厚度(mm)	657	黏土砖	300
其中：镁砖	460	硅藻土砖	60

表 7.2　主要砌筑材料需要量

各项目材料需要量	炉子容量(t)	各项目材料需要量	炉子容量(t)
	1300		1300
镁砖(t)	6180	硅藻土砖(t)	67
镁铬砖(t)	704	硅藻填料(m^3)	62
拱顶硅砖(t)	461	30 mm 厚的石棉板(m^2)	3390
黏土砖(t)	114		

表 7.3 混铁炉用耐火砖的性能和使用部位

砖种	镁砖	镁铬砖	直接结合镁铬砖	高铝砖
体积密度(g/cm^3)	2.83	3.10	3.06	2.34
显气孔率(%)	18.0	16.0	15.9	18.0
耐压强度(MPa)	54.6	56.3	41.7	66.4
化学成分(%)				
MgO	95.0	42.9	73.6	
Al_2O_3	0.2	17.9	4.7	50.3
Cr_2O_3		22.6	12.6	
SiO_2	0.3	5.4	0.8	44.7
Fe_2O_3	0.2	10.2	7.0	1.8
使用部位	出铁口壁 安全内衬	筒壁 工作衬	出铁口底和 侧壁的工作衬	筒壁上部 炉顶

7.2.5 边界条件的确定

由上节中的表格,设置新型的材料,对混铁炉的模型进行材料的物性参数设置,如图 7.5 和图 7.6 所示。

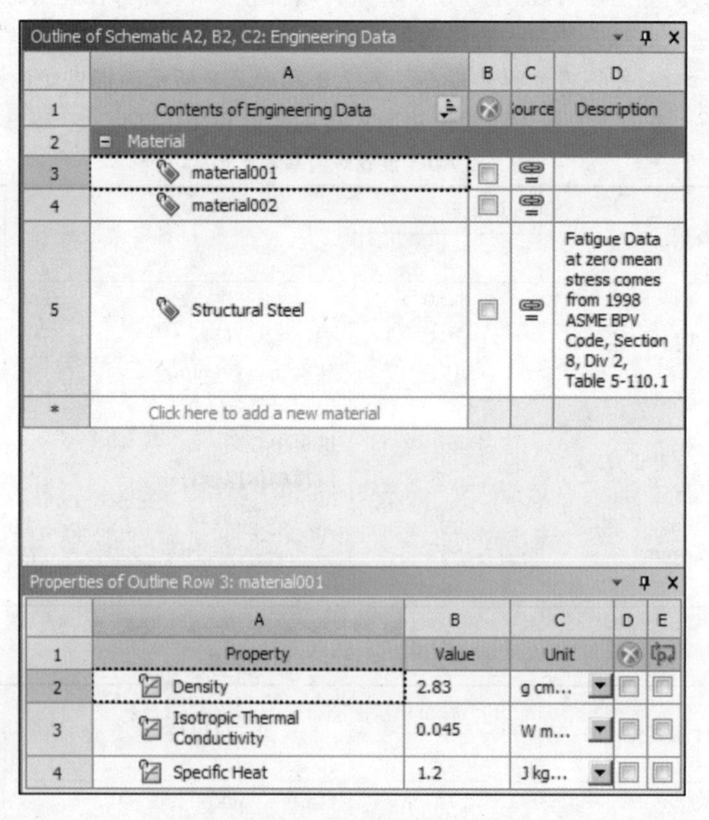

图 7.5 材料 1 的物性参数设置

边界条件的设置如图 7.7 所示。

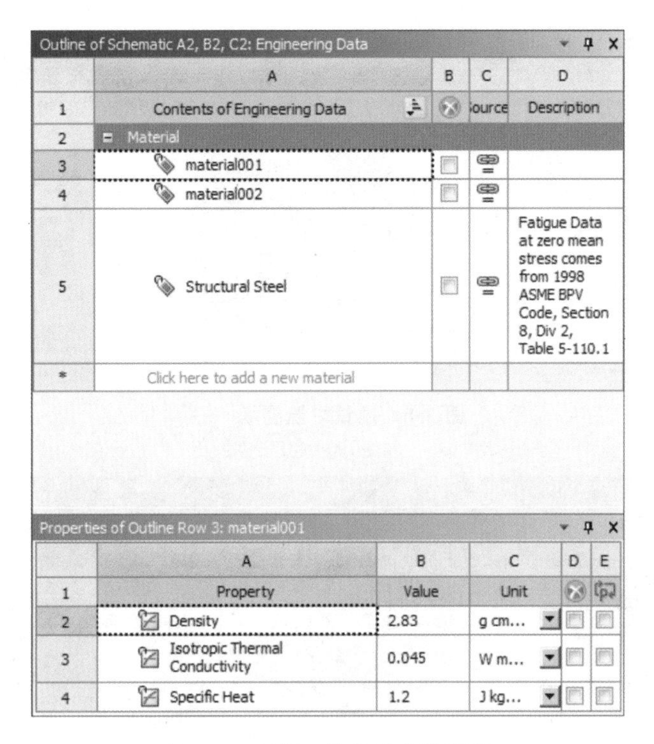

图 7.6　材料 2 的物性参数设置

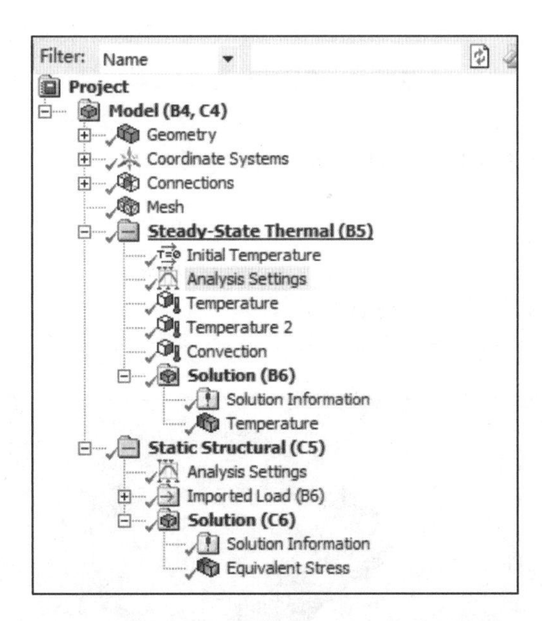

图 7.7　混铁炉热结构耦合分析边界条件设置

7.2.6　混铁炉温度场分析结果

采用上述有限元分析模型，计算出工作时混铁炉炉壳的温度场如图 7.8、图 7.9 所示。

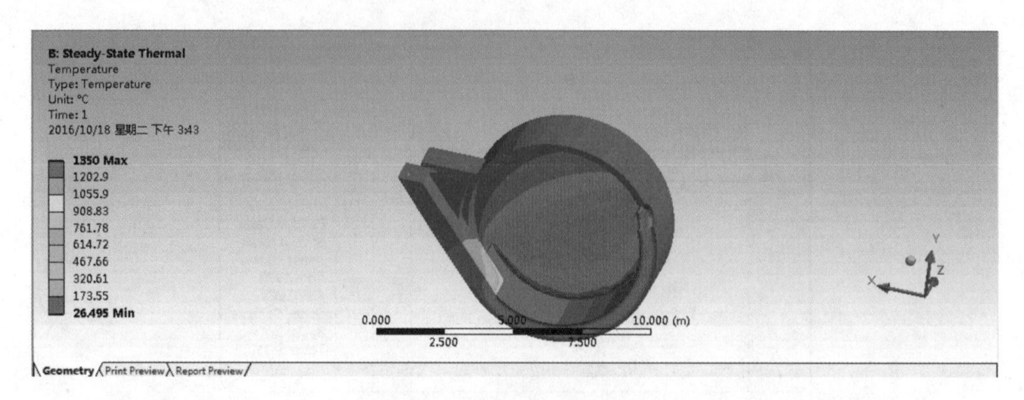

图 7.8　混铁炉温度场(一)

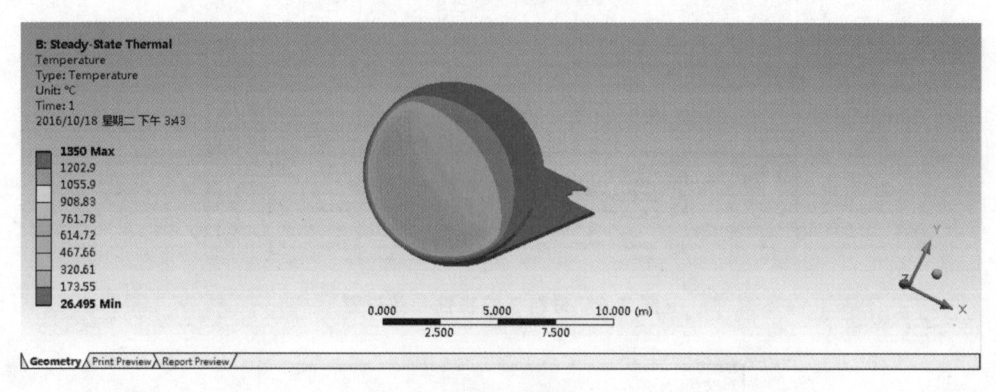

图 7.9　混铁炉温度场(二)

7.2.7　混铁炉热与结构耦合应力场的计算结果

将混铁炉内的铁水重量作为外载荷及热分析得出的混铁炉的温度场载荷施加到混铁炉的有限元模型上,按炉内铁水温度为 1250 ～ 1350 ℃,炉膛温度为 1050～1200 ℃分多种工况对混铁炉的热与结构耦合应力场进行计算。图 7.10、图 7.11 为其中一种工况的计算结果。从图中可以看出,混铁炉上应力最大区域为炉底与炉身法兰连接处。

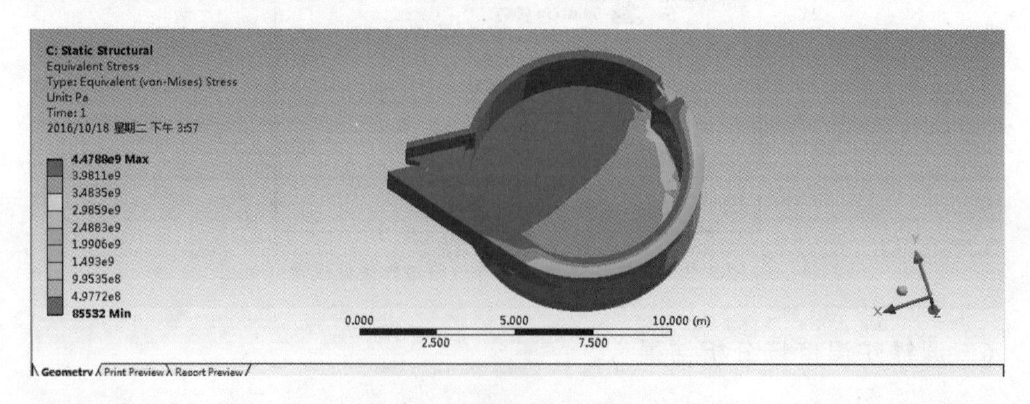

图 7.10　混铁炉应力场(一)

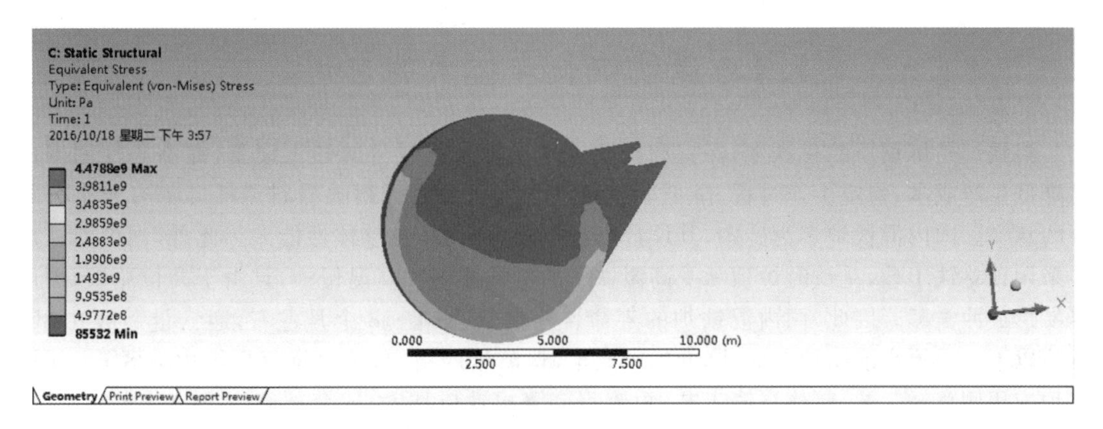

图 7.11　混铁炉应力场(二)

7.3　混铁炉温度场和应力场的影响因素

铁水温度及环境温度与空气流动速度的影响为:在稳定工作期内,炉内铁水温度一般在1250～1350 ℃范围内变化,相应地,炉膛温度的变化范围为 1050～1200 ℃。此外环境温度与空气流动速度也会影响炉体的热交换。这些都会影响混铁炉的温度场和应力场。取环境温度变化范围为 10～30 ℃,按不同的空气流动速度采用不同的热交换系数进行计算,计算表明,随着这些条件的变化,炉身下部的温度变化范围为 196～237 ℃。

(1) 炉内铁水量的影响

1300 t 混铁炉的铁水量一般为 480～780 t。如果不考虑炉体的温度载荷,仅考虑炉内铁水载荷引起的应力场,计算表明,炉内装载 480 t 铁水时,炉体的最大应力为 9 MPa,而当炉内装载 780 t 铁水时,炉体的最大应力仅为 14 MPa,两者均很小,说明混铁炉炉体上的应力主要由温度场引起。

(2) 炉内衬砌砖间隙的影响

在同等温度载荷条件下,砌炉时预留的耐火炉衬间隙大小对炉体结构的变形和应力场分布影响十分巨大。计算表明,如果耐火砖完全致密地砌筑,不预留任何膨胀间隙,炉体的应力将达到 900 MPa 以上,大大超过材料的屈服极限。因此,炉内衬必须在砌筑时预留一定的间隙,以便补偿部分高温引起的膨胀。按不同的预留间隙对应力场的影响进行计算。计算表明,当耐火砖间预留间隙 2 mm 时,混铁炉炉壳的最大应力为 296.5～340 MPa,当耐火砖间预留间隙为 2.5 mm 时,混铁炉炉壳的最大应力为 207.3～228.3 MPa,当耐火砖间预留间隙为 2.75 mm 时,混铁炉炉壳的最大应力为 162.1～199.1 MPa。这些最大应力均发生在混铁炉炉底与炉身法兰连接且接近上下垂直象限位的 45°范围区域。

炉壳材料一般采用 Q235,显然,炉内衬砌砖间隙对混铁炉炉壳的应力分布有较大的影响,如果炉衬耐火砖的预留间隙较小,将使炉壳局部区域的应力水平高于或接近材料的屈服极限,从而易导致混铁炉炉壳开裂。

7.4 混铁炉长寿技术的应用

混铁炉是炼钢厂贮存铁水,保持和均化铁水温度及其成分的热工设备,提高其使用寿命对降低生产成本、稳定生产过程、降低职工劳动强度以及降低耐火材料消耗等都有着十分重要的意义。国内混铁炉多为砖砌,其设计与施工较为困难,且整体性能差。此外,国内混铁炉多采用顶兑铁工艺,兑铁时炉顶承受高温铁水的机械冲刷和高温侵蚀,且由于高位兑铁,炉底容易形成冲击区。因此,国内混铁炉的寿命普遍偏低,只有18个月左右,通铁量一般在300万吨以下。为提高混铁炉寿命,降低生产成本,保障生产稳定,莱钢炼钢厂银山前区600 t混铁炉应用侧兑铁工艺、整体浇铸工艺、短流程套浇出铁口技术、成套长寿命维护技术等,使混铁炉寿命达到42个月,通铁量达到410万吨。随着高炉冶炼的不断强化和炼钢节奏的不断加快,衔接高炉与转炉的混铁炉的地位和作用日趋突出。它不仅是铁水温度和成分的均衡器,更是协调整个生产和加快冶炼节奏的重要工艺环节。以前,混铁炉寿命一般为6～12个月,好的也只有15～20个月。经过钢铁和耐火材料工作者的努力,混铁炉的寿命目前已提高到2年以上。为了最大限度地服务生产,技术人员从各方面做了大量的工作,期望将混铁炉的寿命进一步提高到3～4年甚至更长。

7.4.1 混铁炉内衬受损机理

混铁炉频繁接受铁水的进出,其内衬各部位的受损机理如下:不接触铁水的区域及拱顶部位,主要受热辐射引起的热应力的影响,会产生裂纹和剥落,甚至坍塌;接触铁水的区域,摇炉倾翻时铁水对墙体产生机械冲刷,使砖缝泥浆掉落,砖体松动、上浮;受铁区域,由于承受落差不小于5 m的高温铁水的冲击,砖体更容易松动、上浮;由于渣线上下浮动,渣线区域的面积增大;炉底耐火材料承受铁水渗透;出铁口拐角处的墙体及沟口受铁水的频繁冲刷和侵蚀,出现掉砖和渣封的现象比较严重。一般来说,混铁炉出铁口拐角处的墙体及沟口的过早侵蚀及堵塞,受铁区域的局部损毁,渣线部位侵蚀过快,是影响混铁炉一代炉龄的主要因素,炉顶和炉底的影响则相对较小。

7.4.2 提高混铁炉寿命的手段和方法

混铁炉的容积一般为300～1200 t,工作原理和结构基本上大同小异。20世纪80年代以前,混铁炉内衬工作层主要采用高铝砖和镁砖,寿命一般为6个月至1年。20世纪90年代,采用了整体浇铸工艺,在材质方面也有大的突破,即便是采用砖砌工艺,对砖的材质和砖形也都作了较大的改进,因此混铁炉寿命有了较大的提高,达到1.5～2年。为了进一步提高混铁炉的寿命,最大限度地发挥其作用,技术人员从以下几个方面进行了探索:

(1) 改进筑炉工艺

砖筑工艺中注意砖形和材质的改善,整体浇铸技术的应用,针对受损严重的部位,提高砖的咬合程度,并注意砖与耐火泥的配套使用,使整个内衬同步消耗,寿命一致。

(2) 补炉技术的应用

借用转炉内衬的贴补、喷涂技术,对混铁炉的渣线部位、受铁区域、前墙拐角和出铁口等易损部位,采用贴补砖进行热补,采用半干法喷涂或火焰喷补,避免因局部过早损坏而影响混铁炉内衬的整体寿命。

（3）设置铁水最低储量限位

有时为了增加产量，将炉内铁水倒干，这就加剧了受兑铁水时铁水对墙体的冲击。为此，在炉内设置有铁水最低储量限位，以缓冲铁水注入时的冲击力。

（4）定期检修

出铁口部位容易出现严重的掉砖和渣封现象，需要定期检修、清理和恢复，当内衬局部受损特别严重时，亦可停炉修复。

7.4.3　兑铁工艺的选择与设计

常见的兑铁工艺有侧兑铁及顶兑铁。顶兑铁兑铁口小，兑铁时间长，铁水四溢，炉顶部位耐火材料受高温侵蚀及机械冲刷严重，炉底容易形成冲击区，而侧兑铁工艺可以有效地解决这些问题。侧兑铁工艺兑铁时，开动兑铁车将铁水流槽深入到炉内，用行车将铁水罐吊起，铁水由兑铁槽经流槽进入炉内，炉顶仅需留直径为 800 mm 的观察孔，以便于停炉检修时观察炉内情况。

侧兑铁工艺兑铁口设计在混铁炉侧面，铁水无法直接进入混铁炉内。为此，设计增加兑铁车、兑铁槽、铁水流槽等设备及工艺件以满足工艺要求。兑铁车主要用于运送兑铁槽及铁水流槽，兑铁车的设计主要考虑备件更换方便，与现有运输车辆相一致；兑铁槽的设计是根据铁水在兑铁槽内的流动原理，使得铁水在注入兑铁槽后反向流动，既可挡渣又能减尘；铁水流槽镶嵌在兑铁槽嘴内部，整体为预制件形式，其截面为倒梯形，根据铁水的流动规律，预制件的倾斜度为 10°，预制件要伸进炉内 100 mm 左右，防止铁水直接冲刷混铁炉内衬。

采用侧兑铁工艺后，由于兑铁位位置较低，且铁水兑入混铁炉后呈现抛物线形状，这样就大大减轻了铁水对炉底的冲刷，大幅度提高了炉底的安全系数，同时成功解决了顶兑铁工艺中炉顶积渣积铁难处理、炉顶掉料等问题。

7.4.4　整体浇铸工艺技术研究

混铁炉内衬通常采用高铝砖或碳化硅砖等定型制品砌筑，但使用寿命短，通钢量小，易发生事故。采用刚玉碳化硅浇铸料整体浇铸混铁炉内衬，具有整体性能好、炉衬设计与施工简单高效等特点。整体浇铸混铁炉可根据不同部位的使用条件灵活选配材料：渣线及出铁口部位选用抗侵蚀、耐冲刷的刚玉碳化硅浇铸料；炉底部位选用刚玉莫来石质浇铸料；炉顶部位选用低水泥浇铸料。在炉壳上铺混合好的炉底轻质料，捣实并找平，再在轻质料上平砌一层轻质砖，轻质砖上面侧砌两层黏土砖，在两端墙炉壳上平砌轻质砖及黏土砖各一层。

根据整体浇铸的工艺特点，工作层用浇铸料要严格控制料与水的混合比例，以不流淌不开裂、振动时表面不泛浆为原则。所有浇铸作业结束后，根据硬化情况脱模，自然养护 48 h 后，开始烘炉。

针对刚玉碳化硅浇铸料的特性，制定合理可行的烘烤曲线，确保前期机械水和中期结晶水的顺利烘出。烘炉采用双管烘炉，管子要与炉底平行，彼此冒出的火焰不能烧着另一根管子，升温到 1250 ℃后，检查炉顶和炉墙亮度一致，炉内各处温度均匀，即可兑铁。烘烤曲线如图 7.12所示。

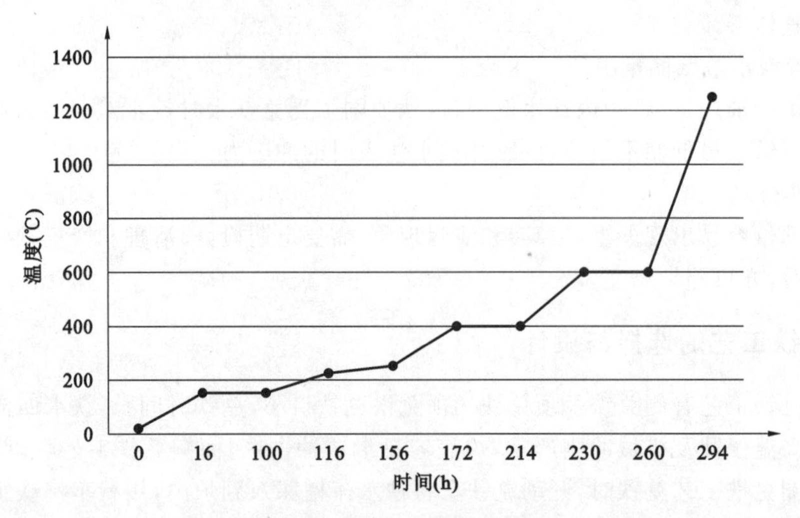

图7.12 混铁炉烘烤曲线

参考文献

[1] 潘俐,郑魁. 炼钢厂混铁炉粉尘污染治理的研究[J]. 环境工程，2013，31：437-439.

[2] 黄燕飞,梅金波,裘韶均,等. 一种混铁炉用简易烘炉管结构的改进[J]. 耐火材料，2013，47(5)：602-603.

[3] CAE应用联盟组. ANSYS Workbench 16.0理论解析与工程应用实例[M]. 北京:机械工业出版社，2016.

[4] CAX技术联盟. ANSYS Fluent 15.0流体计算从入门到精通[M]. 北京:电子工业出版社，2015.

[5] 段中喆. ANSYS FLUENT流体分析与工程实例[M]. 北京:电子工业出版社，2015.

[6] 权芳民,李国军. 混铁炉整体浇铸方案的研究与应用[J]. 冶金能源，2005，24(3)：47-49.

[7] 王永刚,刘江婷. 900 t混铁炉的开发与研究[J]. 一重技术，2006，4(7)：13-15.

[8] 阎凤义,宋满堂. 1300 t混铁炉炉衬砌筑的改进[J]. 冶金能源，2000，19(5)：32-34.

[9] 刘麟瑞,林彬荫. 工业窑炉耐火材料手册[M]. 北京:冶金工业出版社,2007.

[10] 杨挺. 优化设计[M]. 北京:机械工业出版社,2014.

[11] 谢龙汉,李翔. 流体及热分析[M]. 北京:电子工业出版社,2012.

8 回转窑的CAE及其长寿化技术

随着冶金工业的不断发展，锅炉的使用越来越普遍，锅炉煅烧已经成为选矿工业生产中不可或缺的工艺环节，技术也日趋成熟。锅炉煅烧设备中回转窑的使用最普遍，被广泛应用于固体物料的煅烧处理中[1]。由于冶金技术的发展，冶金设备的更新换代速度也十分迅速，回转窑的结构只有不断地改进才能适应新技术的需求。回转窑的工作环境比较恶劣，工作时长期处在高温运转的情况下，因而要具备适应这种恶劣工况的能力。为了使回转窑工作状态更加稳定、具有更长的使用寿命和更高的生产效率，分析其不同结构和工况条件下的温度场和应力场显得很有必要。

回转窑是冶金工业中最常用的热工设备之一，其热工制度的稳定性直接关系到烧成物料的质量，而窑内气体温度又是影响热工制度的重要因素[2-4]。因此，研究回转窑内部气流温度分布情况，对了解回转窑内的受热状况，实时掌握窑内物料的煅烧情况具有十分重要的意义。

回转窑内的传热过程主要表现为烟气、物料和窑内壁之间的热传导、对流和辐射过程。通常有以下两种形式来分析回转窑的传热过程，一种是建立数学模型来分析，另一种是在数学模型的基础上建立数值模型来分析。回转窑传热过程的数学模型是指描述回转窑传热过程的一系列数学方程式，主要用来反映回转窑内高温气流、物料以及窑体之间传热的热力学行为。此外还对传热介质的运动、传质以及相关物理化学反应等过程对窑内传热过程产生的影响进行分析，应用数值计算方法对所建立的微分方程组进行求解，求得各热工参数之间的变化关系。数值模型就是在数学分析的基础上运用有限元软件创建的可视化的有限元模型。两种分析方法都能为回转窑的优化设计提供一定的依据和指导，同时也具有一定的经济效益。

通过深入的研究回转窑内部传热过程、不断改进热工试验手段和计算机仿真技术，可以使得建立的回转窑传热过程数值模型更加接近现实，能够更加准确地预测出回转窑内部气流和物料的温度分布情况，更加准确地掌握窑内热工参数的分布场，更加深刻地了解窑体结构、操作步骤、煅烧工艺以及烧成物料档次之间的关系，从而大大提高回转窑的经济运行水平和优化设计效率，进而产生显著的经济效益与社会效益。

从研究分析回转窑的热工因素、不同窑皮厚度和窑体结构在不同工况环境下的温度场和应力场出发，分析相关热工因素、窑皮厚度和窑体结构对回转窑窑体温度场和应力场的影响规律，试图得到最优化的窑皮厚度和窑体结构，对回转窑的优化设计起到一定的指导作用，从而提高回转窑的使用寿命。通过窑皮厚度和窑体结构的优化，使得回转窑外壁温度分布均匀，方便回转窑外表面冷却风机的配置[5]。因此，该研究有利于降低回转窑的设计投入，节约生产成本，降低能源消耗，为矿用回转窑冷却风机的合理配置提供一定的指导依据。

8.1 回转窑的模型

回转窑三维模型图如图 8.1 所示。

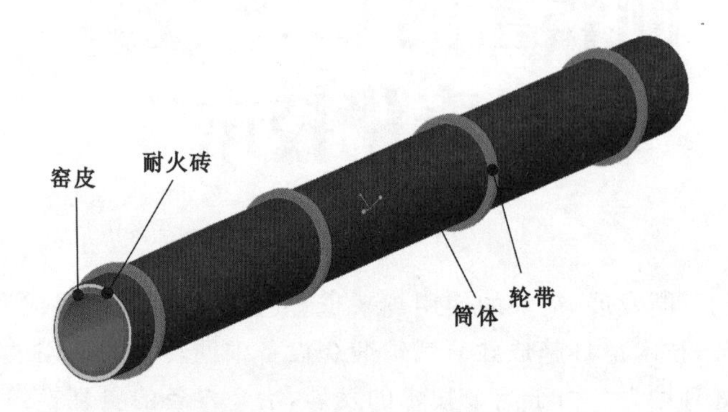

图 8.1 回转窑三维模型图

回转窑由燃烧装置、筒体、传动装置、窑端密封装置及窑头罩等部分组成，窑筒体采用锅炉用钢经自动焊焊接而成，其特点是可以大大降低回转窑的重量。筒体上设置有几个矩形实心轮带，轮带由两个托轮支撑和若干挡轮固定。筒体受热后会发生膨胀变形，故轮带与筒体间存在一定的间隙，间隙大小由热膨胀量决定，回转窑正常工作时，轮带与筒体间能保持微量的滑移。

由于回转窑安装时具有一定的倾斜度，故窑体会因重力往下滑移，为了消除窑体滑移的影响，通常配置一套液压推力挡轮装置推动窑体向上移动。轮带的跨度是通过设计计算，合理进行分布的。为了防止低温空气进入和高温烟气粉尘溢出筒体，在筒体的进料端和出料端都设置有可靠密封装置。回转窑的尾气中带有大量的热，通过管道连接回收再利用，可以达到节能的目的。

8.2 回转窑温度场和应力场的数值模拟

8.2.1 回转窑火焰温度场的模拟

回转窑工作时，温度控制比较关键，通常对回转窑燃烧器进行调节来控制温度，大多数燃烧器从回转窑窑头端插入，通过火焰辐射和产生的高温气流将物料加热到所需要的温度。常用的燃烧器有喷煤管、喷油枪、煤气喷嘴等，一般根据燃料的不同选择相应的燃烧器。

本研究模拟火焰温度场采用 Fluent 软件进行分析，用 Gambit 软件划分好有限元网格后导入到 ANSYS Workbench 中的 fluent 模块进行燃烧模拟分析。

分析过程中选用 k-ε 湍流模型，激活能量方程 Energy Equation 后启用化学组分传输模块进行分析。定义好流体材料和边界条件后，设置松弛因子和迭代次数便可以开始计算，计算得出燃烧火焰温度云图，从温度云图中可以直观地看出火焰的温度、近似形状及高温气流分布情况，如图 8.2 所示。

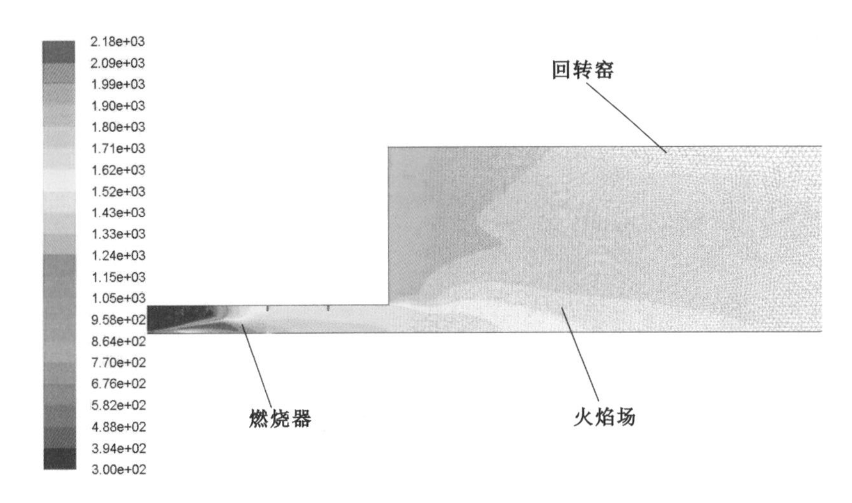

图 8.2 采用 Fluent 软件模拟出的火焰温度云图

目前工业上使用的燃烧器样式很多，总的来说可以分为直流和旋流两大类，直流式燃烧器的出口气流是直流射流，旋流式燃烧器的出口气流是旋转射流。旋流燃烧器相比直流燃烧器燃烧效果更好，但结构相对更加复杂，制造成本更高，通常综合考虑工况需求和经济性后选择合适的燃烧器[6-9]。

实际生产中比较常用的回转窑燃烧器是煤、气混烧燃烧器，其特点是：调节灵活方便，操作自如，各个风道的喷出速度在操作时都可以按需求进行调节，可调出不同工况下所需要的任何火焰，煅烧温度容易控制。煤气燃烧系统由燃烧器、控制阀组等组成，煤气通过管道输送到控制阀进行流量调控后，进入回转窑燃烧器，与一、二次风混合后燃烧。该系统中煤气流量调节灵活，整个系统由空心套筒和一个螺旋导流体组成，煤气和助燃风在烧嘴通道内形成直流或旋流，使其混合均匀，燃烧效果比较理想，同时还可以通过控制燃烧器进口空气的速度使得火焰形状能够自主调节。

目前主要有以下几种结构的回转窑燃烧器：① 简单预混燃烧器；② 圆筒形燃烧器；③ 三通道燃烧器；④ 四通道燃烧器。

上述煤、气混烧燃烧器即为多通道燃烧器结构。采用同样的燃料进口尺寸和速度，四种不同结构的燃烧器产生的火焰温度及形状分别如图 8.3～图 8.6 所示。

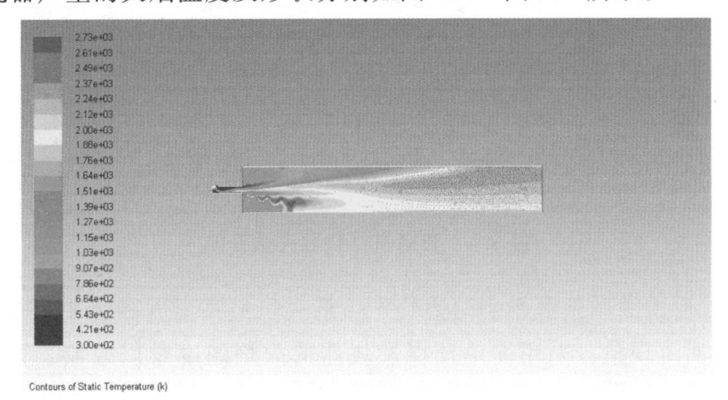

图 8.3 简单预混燃烧器火焰云图

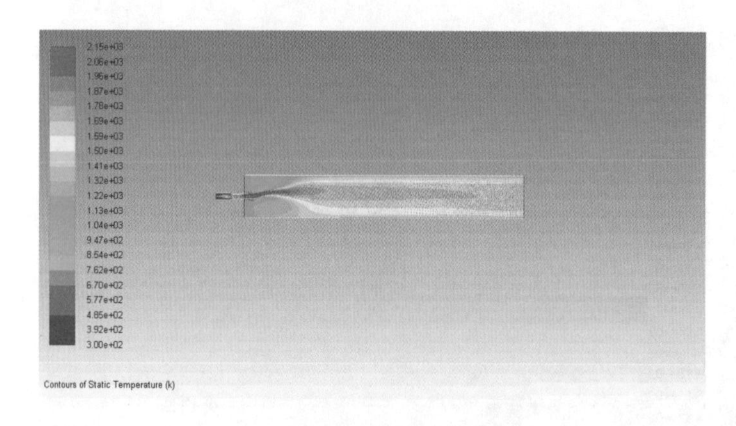

图 8.4　圆筒形燃烧器火焰云图

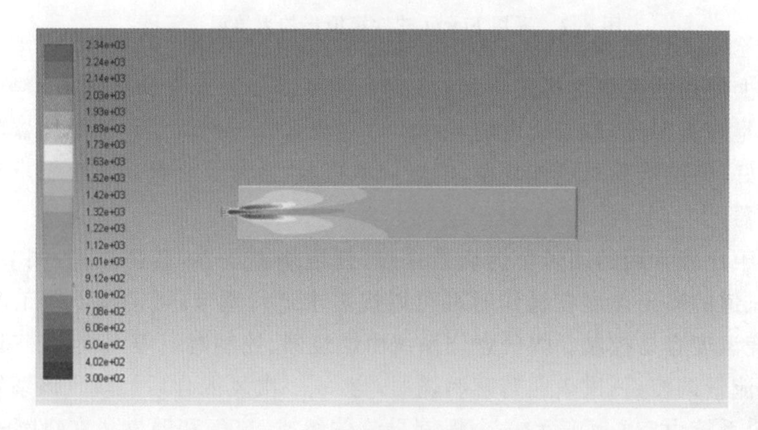

图 8.5　三通道燃烧器火焰云图

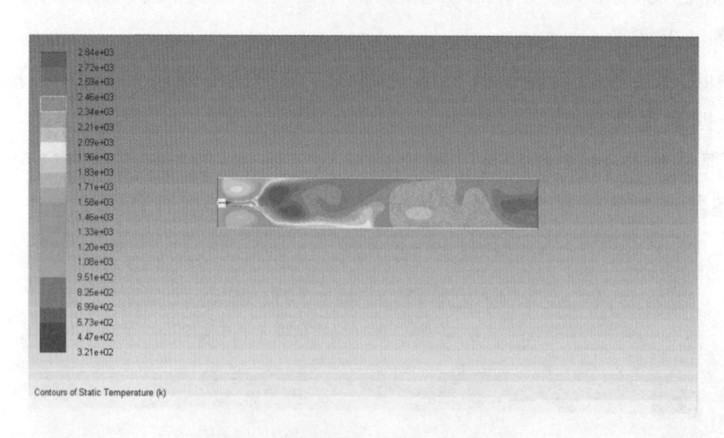

图 8.6　四通道燃烧器火焰云图

由图 8.3 可以看出简单预混燃烧器燃烧产生的火焰最高温度高达 2730 K，火焰形状比较散乱，且存在火焰回流现象。采用简单预混燃烧器的火焰温度难以控制，且火焰形状不容易调节。

由图 8.4 可以看出同样的燃料进口条件下圆筒形燃烧器燃烧火焰最高温度为 2150 K 左

右，火焰形状相对稳定，产生的高温气流在燃烧器径向横截面上分布较为均匀，且温度分布合理。

由图8.5可以看出三通道燃烧器产生的火焰中间出现中空现象，且火焰较短，产生的气流温度相对较低，火焰形状相对较稳定。

由图8.6可以看出同样燃料进口条件下四通道燃烧器燃烧火焰充满腔体，燃烧火焰不易控制，各通道要合理设置进口条件才能得到理想的火焰形状。通常用于煤粉的燃烧，煤气作燃料时不宜采用该燃烧器。

由上述几种结构燃烧器产生的火焰形状分析可知，煤气作为燃料时，选用圆筒形燃烧器结构比较合适[10-11]。

研究对象为某矿用 ϕ3 m×60 m 型内热式回转窑，其燃烧器采用内径为0.5 m的圆筒形燃烧器，其外部尺寸及燃料进口边界条件示意图如图8.7所示，燃烧器中心有一个直径为0.012 m的喷嘴。工作过程中，以一定的速度向喷嘴中注入发生炉煤气，空气从喷嘴周围以相对较低的速度进入燃烧器，经过内部混合以后进行燃烧。

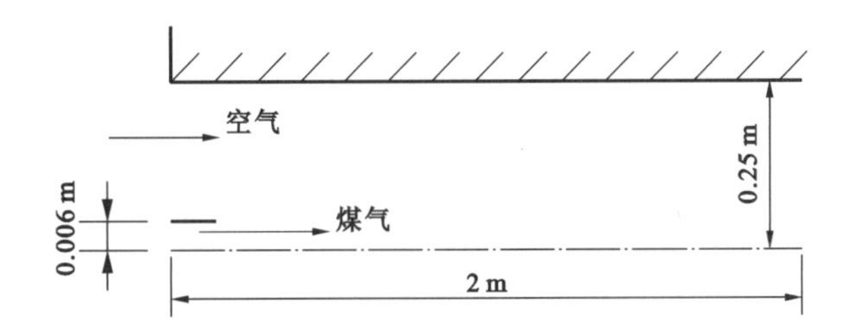

图8.7 圆筒形燃烧器外部尺寸及燃料进口边界条件示意图

该回转窑采用的燃料是发生炉煤气。气体燃料的燃烧实际上就是燃料与氧进行强烈化学反应的过程。从本质上讲，燃烧过程包含三个阶段，即：煤气与空气的混合，混合后的可燃气体的加热和着火，完成燃烧化学反应进而进行正常燃烧。

利用Fluent中组分传输与气体燃烧功能进行燃烧模拟。根据上述燃烧的三个阶段，利用Gambit建模软件建立回转窑燃烧器内部空间的二维模型，如图8.8所示。

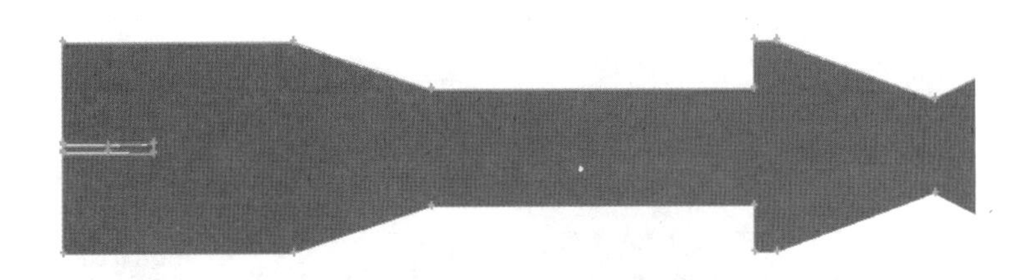

图8.8 燃烧器内部空间二维模型

由于燃烧不仅仅是在燃烧器内部发生，燃料燃烧不充分时在回转窑内也会进一步燃烧，故单一的建立燃烧器的模型不足以反映真实的燃烧现象，燃烧火焰可能存在的区域应该在距离燃烧器火焰端20 m内[12-14]。在保证不影响模拟结果的前提下，为减轻计算机负担，将燃烧器与部分段(前20 m)回转窑的模型连接起来进行燃烧火焰的温度场分析，建立的模型如图8.9所示。

图 8.9　燃烧器与回转窑联合二维模型

回转窑燃烧时靠近燃烧器一端的温度比较高，且温度梯度变化较大，故划分网格时采用合理的疏密控制，既要能够较好地显示出火焰的温度场，也要尽量减少网格的数量，提高计算的效率。Gambit 软件中网格划分功能可以很好地实现这一目标，首先对煤气进口边界、出口边界、喷嘴壁面横边、燃烧器外壁面以及回转窑的各边界进行边界网格划分，然后再对整个计算域划分面网格。为了看清计算域网格的疏密分布情况，图 8.10 仅显示了燃烧计算域的一部分。

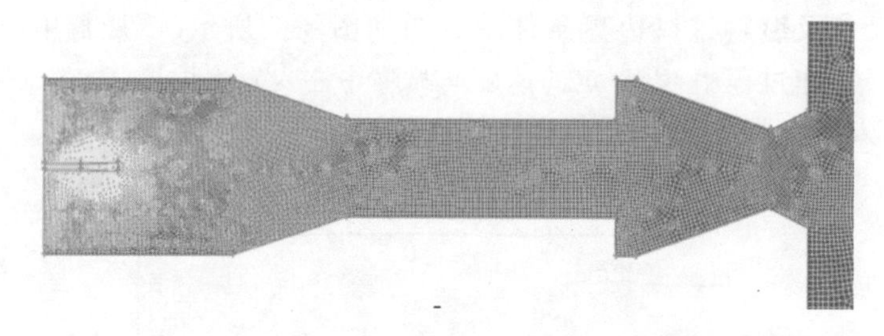

图 8.10　燃烧计算域部分有限元网格

为了分析不同燃料及燃气进口速度对火焰场的影响，在保证燃气能充分燃烧的基础上，以煤气作燃料选用几种不同的燃料进口速度和空气进口速度进行燃烧分析，然后再换用甲烷作燃料进行燃烧模拟，对比两种不同燃料燃烧所产生火焰场，进而分析它们各自的特点。

采用煤气作燃料，只改变燃料的进口速度，其他条件不变来进行分析。将上述建立的二维有限元模型调入 fluent 模块中，煤气进口速度分别以 100 m/s、80 m/s 和 60 m/s 来进行模拟计算。得到的火焰温度云图分别如图 8.11～图 8.13 所示。

为了使分析更具有说服力，在可以正常燃烧的前提下选取更多的燃料进口速度来进行模拟实验分析，将得到的数据调入 Matlab 软件处理，得出如图 8.14 所示燃料进口速度与火焰温度关系曲线图。

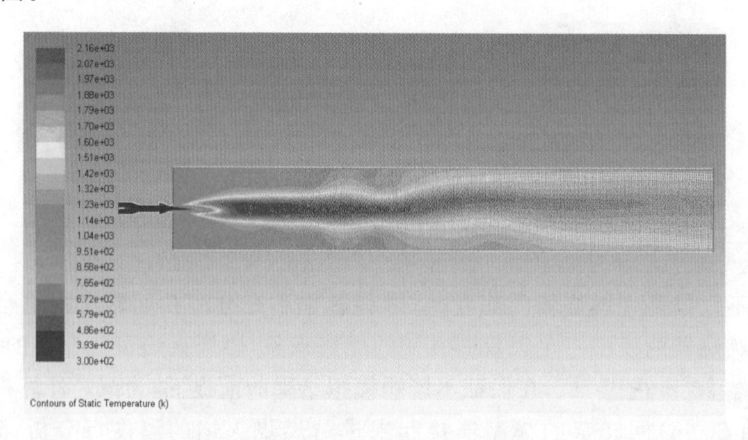

图 8.11　煤气进口速度 100 m/s 时的火焰云图

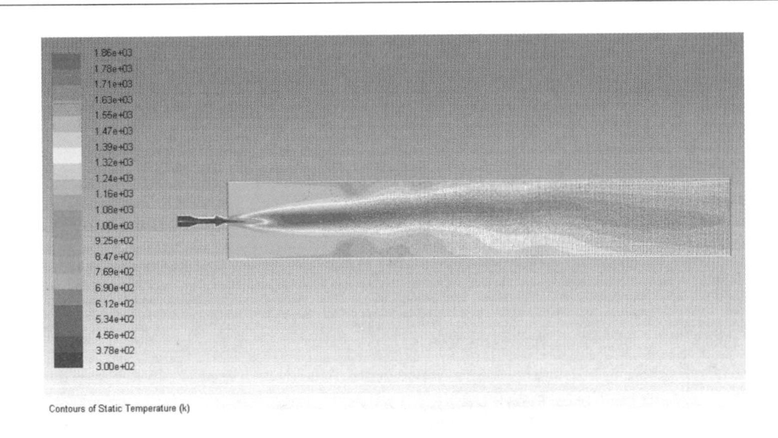

图 8.12　煤气进口速度 80 m/s 时的火焰云图

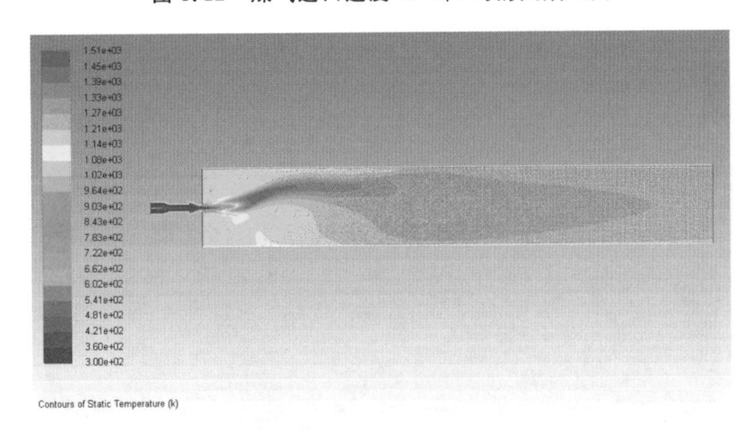

图 8.13　煤气进口速度 60 m/s 时的火焰云图

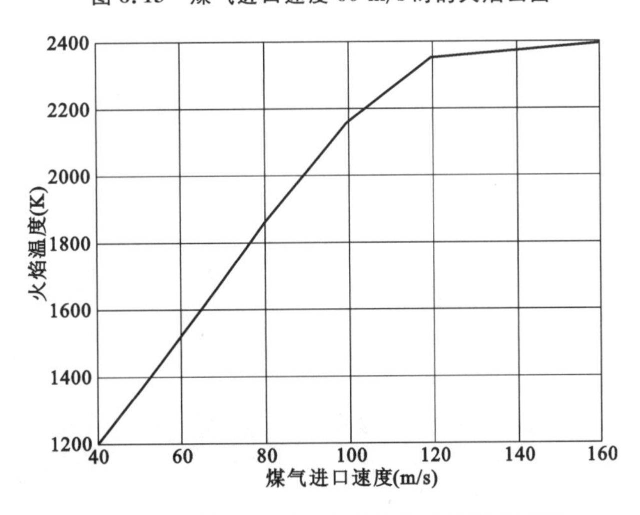

图 8.14　煤气进口速度与火焰温度关系曲线图

从图 8.11 中可以看出燃烧火焰温度最高可达 2160 K，火焰形状较细长，相对稳定；从图 8.12中可以看出火焰最高温度为 1860 K，火焰形状细长，相对稳定；从图 8.13 中可以看出火焰温度最高为 1510 K，火焰形状较短，且火焰偏离中心。对比分析可知，煤气进口速度较大时火焰形状更加稳定,不易发生偏移。从曲线图 8.14 中看出在可以充分燃烧的前提下,煤气进口速度越大火焰温度越高。模拟实验过程中还发现燃料进口速度超过 160 m/s 或小于 40 m/s时得不出想要的火焰形式,即不能正常燃烧。

煤气进口速度 100 m/s 不变,仅改变空气进口速度,以空气进口速度分别为 16 m/s、18 m/s、20 m/s 进行计算分析,模拟出 3 个速度下的火焰温度云图分别如图 8.15～图 8.17所示。

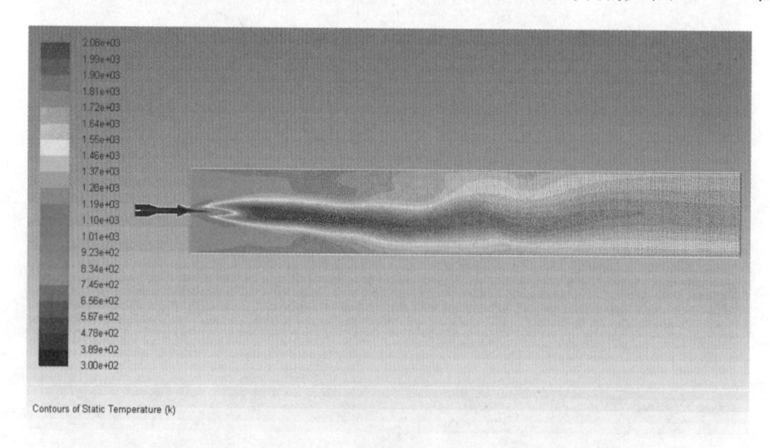

图 8.15 空气进口速度 16 m/s 时的火焰云图

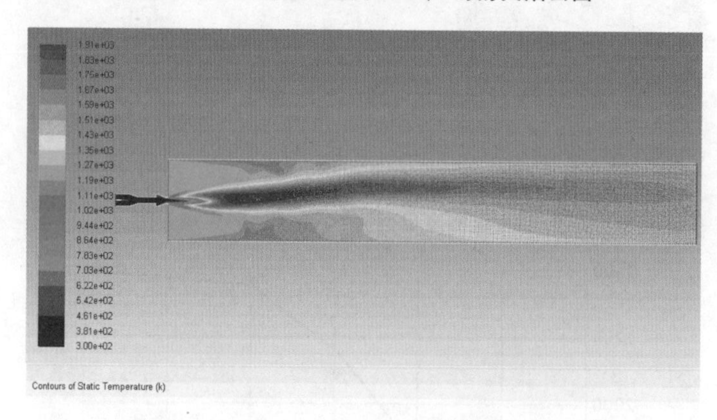

图 8.16 空气进口速度 18 m/s 时的火焰云图

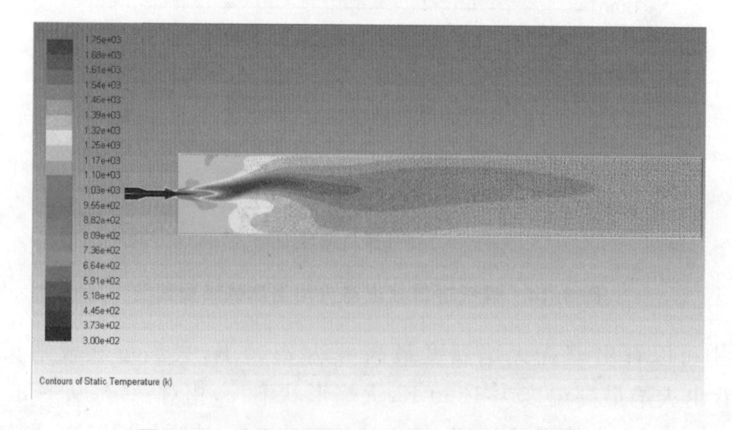

图 8.17 空气进口速度 20 m/s 时的火焰云图

在可以正常燃烧的前提下，选取更多的空气进口速度来进行模拟实验分析，将得到的数据调入 Matlab 软件处理，得出如图 8.18 所示空气进口速度与火焰温度关系曲线图。

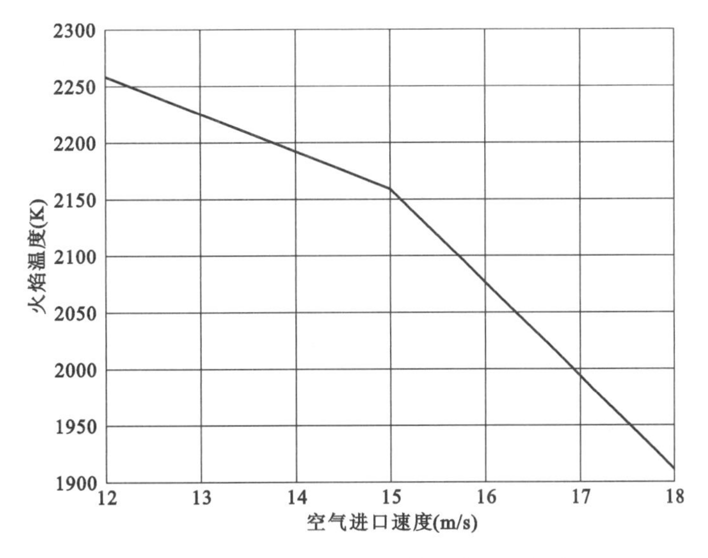

图 8.18　空气进口速度与火焰温度关系曲线图

从图 8.15 中可以看出，火焰最高温度为 2080 K，火焰形状细长且稍带扭曲；从图 8.16 中可以看出，火焰最高温度为 1910 K，火焰形状细长；从图 8.17 中可以看出，火焰最高温度为 1750 K，火焰形状较短。对比图 8.15～图 8.17 可以发现，在可以正常燃烧的前提下，燃料进口速度不变时，随着空气进口速度的增加火焰长度逐渐缩短。从图 8.18 中可以看出，空气进口速度越大火焰温度越低，但空气进口速度过大或者过小时不能得到理想的火焰形式。

换用甲烷作燃料，为了保证能耗不发生变化，使甲烷进口速度为 100 m/s，计算得出空气进口速度为 20 m/s 时的火焰云图如图 8.19 所示。从图中可以看出火焰最高温度为 1870 K，火焰形状较短，且发生较大扭曲。

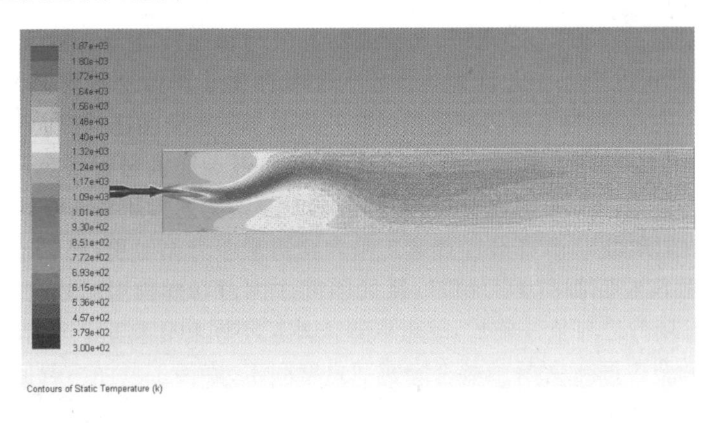

图 8.19　甲烷作燃料空气进口速度 20 m/s 时的火焰云图

对比图 8.17 和图 8.19，可以看出煤气和甲烷作燃料进行燃烧的区别。甲烷燃烧产生的火焰温度相对高些，且火焰形状较为细长，不过两种燃料产生的高温气流差别不大，在燃烧工况要求不是很严格时，可以用甲烷代替煤气作为燃料。

8.2.2 回转窑风机速度场模拟

回转窑端部设置有引风机，它的主要作用是克服尾部烟道、除尘器、空气预热器等的压力损失，使回转窑内产生的高温烟气能够顺利排出，并使回转窑内维持一定的负压，让窑内燃料能够充分燃烧。

回转窑采用的是离心式引风机，离心式引风机的工作原理图如图 8.20 所示。叶轮内的流体伴随叶轮一起旋转，受离心力的作用绝大部分流体被甩向叶轮外缘，使得叶轮中心区域形成真空，在大气压作用下，外部流体沿流体入口管道补充到叶轮中心，从而形成吸气和排气的连续工作。

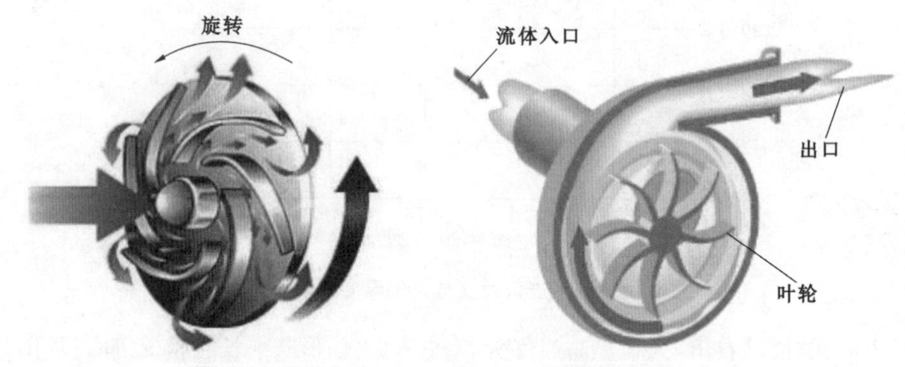

图 8.20 离心式引风机工作原理图

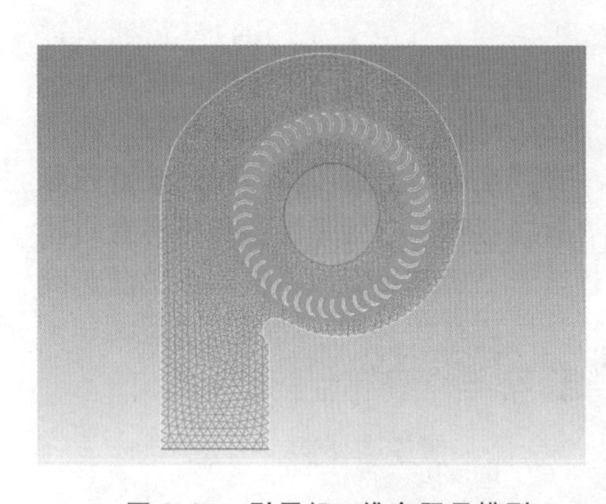

图 8.21 引风机二维有限元模型

考虑到离心式引风机工作部位为对称结构，可以建立二维的有限元模型来提高计算效率。实际生产中回转窑引风机的尺寸不一，本文查阅相关文献后选用一种较常规的引风机尺寸进行模拟计算，用 Gambit 软件建立引风机的二维有限元模型如图 8.21 所示，包括引风机流体出入口、叶轮、蜗壳边界和流体域。

引风机是通过管道连接对内部气流产生作用的，不考虑烟气的泄漏，单位时间内引风机排出的气体量和单位时间内排出回转窑的气体量是相同的，故可以通过模拟出进入引风机的气流速度来计算回转窑内部气流的近似速度。

引风机的转速不同直接影响引风机的排气压力，由于 Fluent 软件模拟引风机时引风机的转速不方便作为直接的边界条件施加，故可以等效地把不同转速对应的排气压力当作边界条件来进行分析。

不同型号的引风机排气压力和转速不同，常见的引风机转速有 1450 r/min 和 2900 r/min 两种，排气压力不等，为了分析计算的方便，本研究过程中选取 2000 Pa、3000 Pa、4000 Pa 和 8000 Pa 4 个不同的排气压力来进行模拟，对比 4 种排气压力下的气流速度来分析引风机转速与产生气流速度的关系。

利用 Fluent 软件模拟 4 种不同排气压力下的气流速度云图分别如图 8.22～图 8.25 所示。

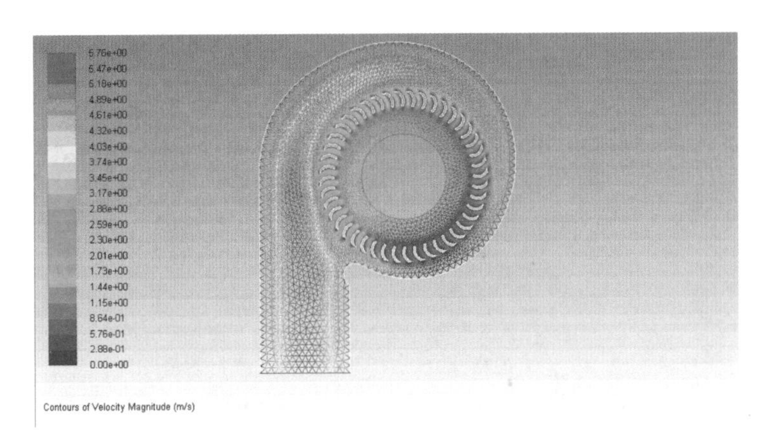

图 8.22 排气压力 2000 Pa 的速度场分布

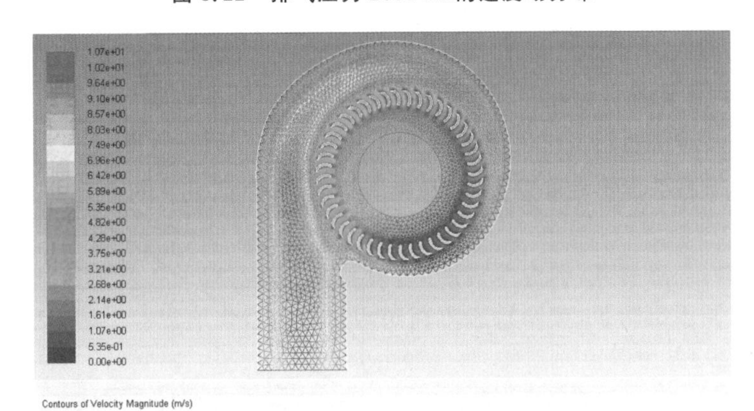

图 8.23 排气压力 3000 Pa 的速度场分布

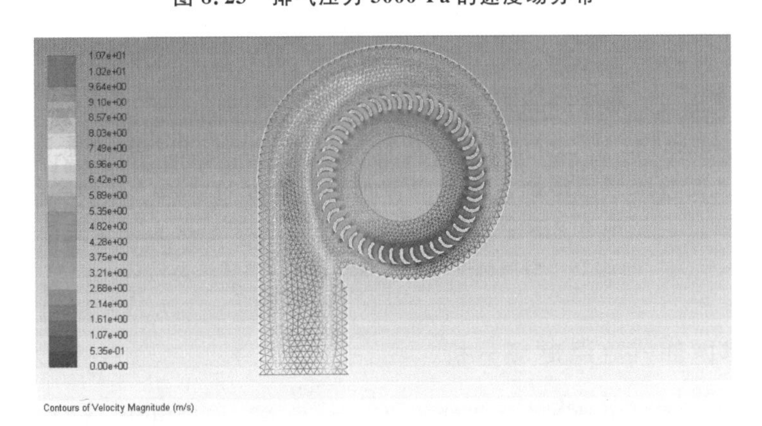

图 8.24 排气压力 4000 Pa 的速度场分布

从图 8.22 中可以看出排气压力为 2000 Pa 时气流出口的速度约为 5.76 m/s；从图 8.23 中可以看出排气压力为 3000 Pa 时气流出口的速度约为 8.43 m/s；从图 8.24 中可以看出排气压力为 4000 Pa 时气流出口的速度约为 10.7 m/s；从图 8.25 中可以看出排气压力为 8000 Pa时气流出口的速度约为 21.3 m/s。不考虑蜗壳边界滞留影响，出口横截面上的气流速度都分布较均匀。

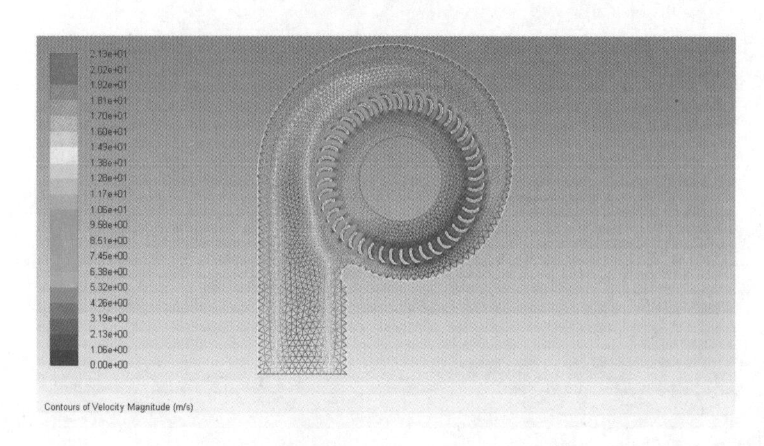

图 8.25 排气压力 8000 Pa 的速度场分布

对比分析图 8.22～图 8.25，可以看出引风机排气压力越大气流流速越高，由图 8.26 可以看出引风机排气压力与气流速度近似为线性关系，即引风机转速与产生的气流速度近似为线性关系，为特定气流速度下引风机型号的选取提供了一定的参考依据。

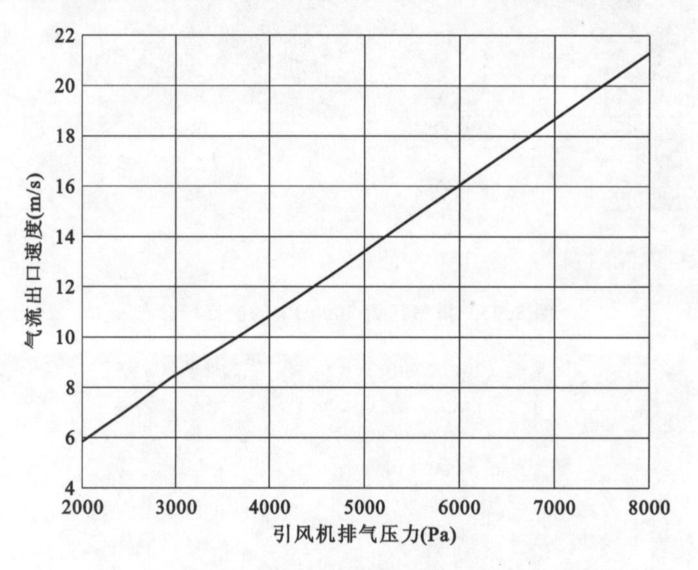

图 8.26 引风机排气压力与气流出口速度关系曲线

8.2.3 回转窑内部气流温度场分析

获得火焰温度和回转窑端部引风机气流速度后，可进一步运用 Fluent 传热模型模拟出回转窑内部气流的温度场分布。研究过程中，将物料对气流的温度影响程度转化为热对流换热系数；回转窑端部设有引风机，引风机对回转窑内的气流温度有较大的影响，模拟时可将引风机的影响转化为速度施加到边界条件上，施加窑端部气流速度边界条件后窑内的对流给热属于强制对流。

模拟回转窑内部气流的温度分布需要考虑窑端部引风机和火焰辐射及所产生高温气流辐射的影响。模拟内部气流温度需要确定的边界条件有火焰的温度和各处换热系数值。

(1) 确定初始火焰温度

由 8.2.1 节的模拟可以发现不同燃料和不同进出口条件时火焰的温度大小不同，模拟得出的火焰温度从 1200 K 到 2330 K 不等，可以在此温度区间内选用一个值作为模拟的初始火焰温度条件，取 $T_1=1800$ K。

(2) 确定各处换热系数值

窑内的对流给热属于强制对流，强制对流换热方程式为：

$$N_{uf} = 0.023R_{ef}^{0.8}P_{rf}^{0.3} \tag{8.1}$$

$$R_{ef} = \frac{\omega d}{\nu_f} \tag{8.2}$$

$$\alpha = kN_{uf}\frac{\lambda_f}{d} \tag{8.3}$$

式中 R_{ef}——雷诺数；

P_{rf}——普兰特准数；

ν_f——气流运动黏度，m^2/s；

λ_f——导热系数，W/(m·K)；

ω——气流速度，m/s；

d——窑内径，m；

k——修正系数；

α——对流换热系数，$W/(m^2 \cdot K)$。

查得：$P_{rf}=0.725$，$\lambda_f=0.086$ W/(m·K)，因 $d=3$ m，取 $k=1.06$。由窑内气流温度曲线图可知气流平均温度为 1000 ℃，此时计算得出气流运动黏度 $\nu_f=20.35\times10^{-6}\,m^2/s$。参考 8.2.2 节的模拟结果取气流速度初始值 $\omega=5$ m/s，计算得出对流换热系数 $\alpha=31.37\ W/(m^2 \cdot K)$。

火焰的辐射能力主要是通过其燃烧过程中产生的二氧化碳和水分子等非灰气体的辐射来体现的。由于火焰的辐射难以直接当作边界条件施加，在工程上一般将辐射换热折算成对流换热进行计算，其等效换热系数由下式确定：

$$h_r = \frac{\varepsilon_1\sigma_b(T_1^4 - T_2^4)}{T_1 - T_2} \tag{8.4}$$

式中 ε_1——黑度；

σ_b——斯忒藩-玻耳兹曼常数；

T_1，T_2——两辐射点的温度。

窑内壁不同的煅烧段温度相差较大，应分开计算。一般来说，回转窑沿窑长方向可以划分为干燥带、预热带、分解带、放热反应带、烧成带、冷却带。在不影响计算结果的前提下，计算辐射换热可以只将其分为三个典型的温度段(预热段 T_y、烧成段 T_s 和冷却段 T_l)即可。对于不同的回转窑，各煅烧段的长度也不相同，本研究中假设三个典型温度段的长度相同，均为 20 m，三段的温度取平均温度分别为 $T_y=1000$ ℃、$T_s=1400$ ℃和 $T_l=1200$ ℃。查得煤气燃烧火焰黑度 ε_1 为 0.213，斯忒藩-玻耳兹曼常数为 $5.67\times10^{-8}\ W/(m^2 \cdot K)$。三段的等效对流换热系数分别计算如下。

预热段：

$$h_{ry} = \frac{\varepsilon_1\sigma_b(T_1^4 - T_y^4)}{T_1 - T_y} = 143.38\ W/(m^2 \cdot K)$$

故预热段综合对流换热系数 $\alpha_{ry}=\alpha+h_{ry}=174.75\ \mathrm{W/(m^2\cdot K)}$。

烧成段：

$$h_{rs}=\frac{\varepsilon_1\sigma_b(T_1^4-T_s^4)}{T_1-T_s}=200.96\ \mathrm{W/(m^2\cdot K)}$$

故烧成段综合对流换热系数 $\alpha_{rs}=\alpha+h_{rs}=232.33\ \mathrm{W/(m^2\cdot K)}$。

冷却段：

$$h_{rl}=\frac{\varepsilon_1\sigma_b(T_1^4-T_l^4)}{T_1-T_l}=169.56\ \mathrm{W/(m^2\cdot K)}$$

故冷却段综合对流换热系数 $\alpha_{rl}=\alpha+h_{rl}=200.93\ \mathrm{W/(m^2\cdot K)}$。

确定各边界条件和参数后，模拟得到的回转窑内部气流温度分布如图 8.27 所示，进一步提取出内部气流与窑内壁接触一侧温度沿窑长方向的分布曲线如图 8.28 所示，从图中可以直观地看出内部气流温度的变化趋势。

图 8.27 回转窑内气流温度云图

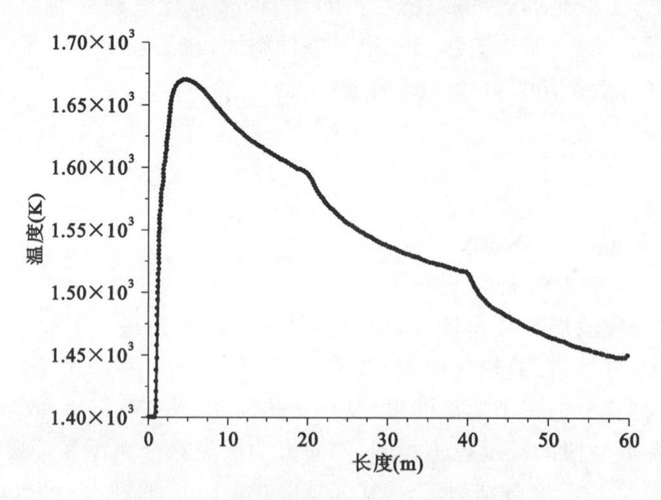

图 8.28 气流温度沿窑长方向分布曲线

燃料不同会直接导致火焰温度不同，其产生的气流温度也不同。采用 8.2.1 节中使用过的煤气和甲烷两种燃料来进行对比分析，前面已经得出了同样能耗条件下煤气燃烧产生的高温气流温度为 1750 K，甲烷燃烧产生高温气流温度为 1870 K，以此作为初始条件来进行分析。

模拟煤气燃烧得到的气流温度分布如图 8.29 所示，进一步提取出内部气流与窑内壁接触一侧温度沿窑长方向的分布曲线如图 8.30 所示，曲线图中可以明显看出有三段平滑曲线，过渡处温度出现突变，这是由于研究过程中将回转窑分为三个典型的温度段（预热段 T_y、烧成段 T_s 和冷却段 T_l），实际的温度曲线不会出现图中三处温度突变的位置，分析结果时可以将其忽略，以平滑曲线代替。

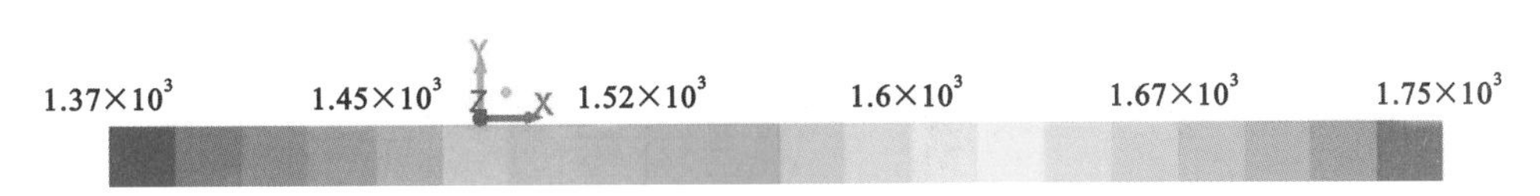

图 8.29 煤气燃烧窑内气流温度分布

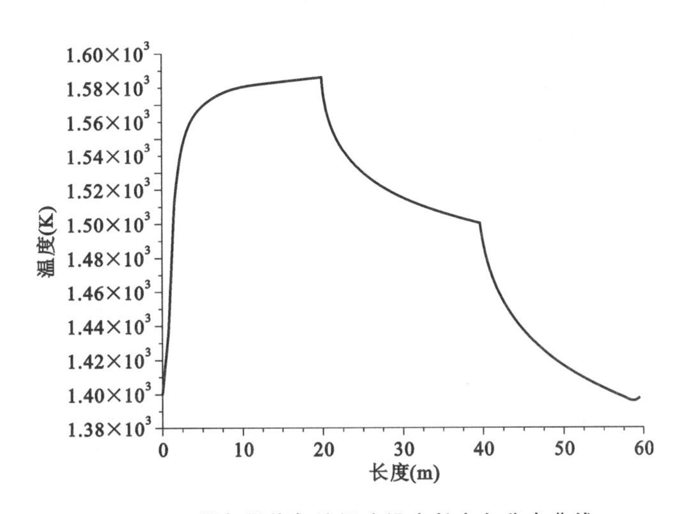

图 8.30 煤气燃烧气流温度沿窑长方向分布曲线

模拟甲烷在同样条件下燃烧得到的气流温度分布如图 8.31 所示，进一步提取出内部气流与窑内壁接触一侧温度沿窑长方向的分布曲线如图 8.32 所示。

对比图 8.30 和图 8.32 可以看出，煤气和甲烷两种燃料产生的气流温度沿窑长方向上的变化趋势基本相同，各窑长段的温度也很接近，故煤气和甲烷可以作为相互的备用燃料互换使用，两种燃料混合燃烧也不会对煅烧效果产生太大影响。

不同的引风速度影响回转窑内部气流的流动速度，对气流与物料及窑内壁的换热有一定的影响，模拟不同引风速度下内部气流的温度场分布，可以看出引风速度大小对内部气流的影响程度。

引风速度的大小取决于回转窑引风机的排风能力，8.2.2 节中已经得出了不同转速引风机所产生气流速度的大小。由于引风机是通过管道与回转窑端部连接的，故模拟出的气流速度要进一步转换为回转窑端部的气流出口速度，同一时间内排出回转窑的气流量和引风机的

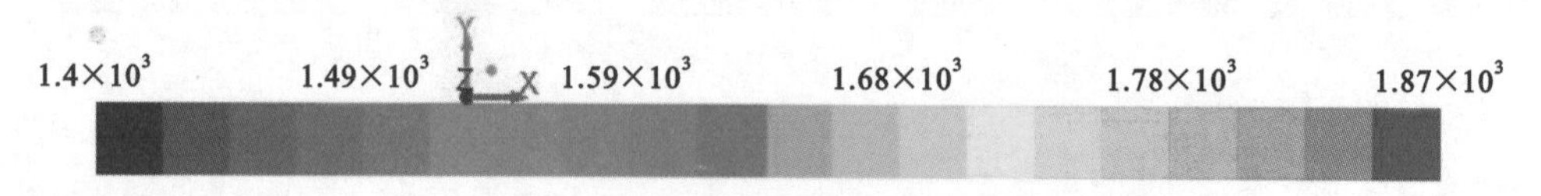

图 8.31 甲烷燃烧窑内气流温度分布

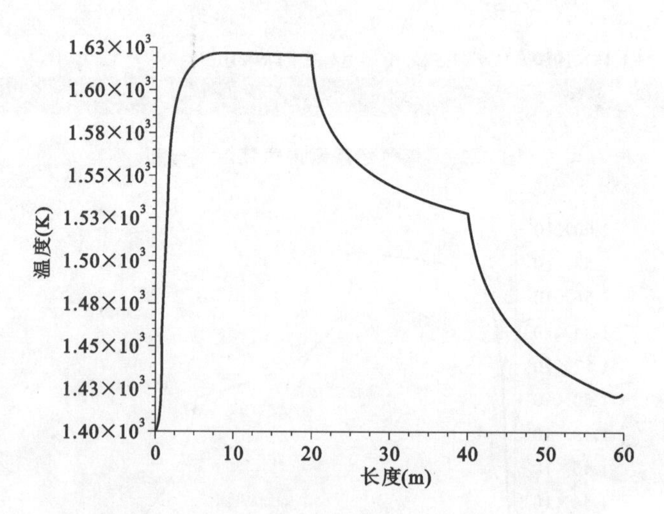

图 8.32 甲烷燃烧气流温度沿窑长方向分布曲线

排量是相同的,故可以通过式(8.5)来进行转换。

$$\pi r_1^2 v_1 = n\pi r_2^2 v_2 \tag{8.5}$$

式中 r_1——回转窑的内半径,m;

v_1——回转窑端部的气流速度,m/s;

r_2——引风机管道的内半径,m;

v_2——引风机管道内的气流速度,m/s;

n——引风机的数量。

选取上述引风机排气压力 2000 Pa 和 8000 Pa 模拟出的气流速度作为初始条件来进行对比分析,若采用 4 个引风机,则经式(8.5)转换后得到的回转窑端部的气流速度分别为 1.44 m/s和 5.32 m/s。

引风机排气压力 2000 Pa 时,模拟得到的气流温度分布如图 8.33 所示,进一步提取出内部气流与窑内壁接触一侧温度沿窑长方向的分布曲线如图 8.34 所示。

引风机排气压力 8000 Pa 时,模拟得到的气流温度分布如图 8.35 所示,进一步提取出内部气流与窑内壁接触一侧温度沿窑长方向的分布曲线如图 8.36 所示。

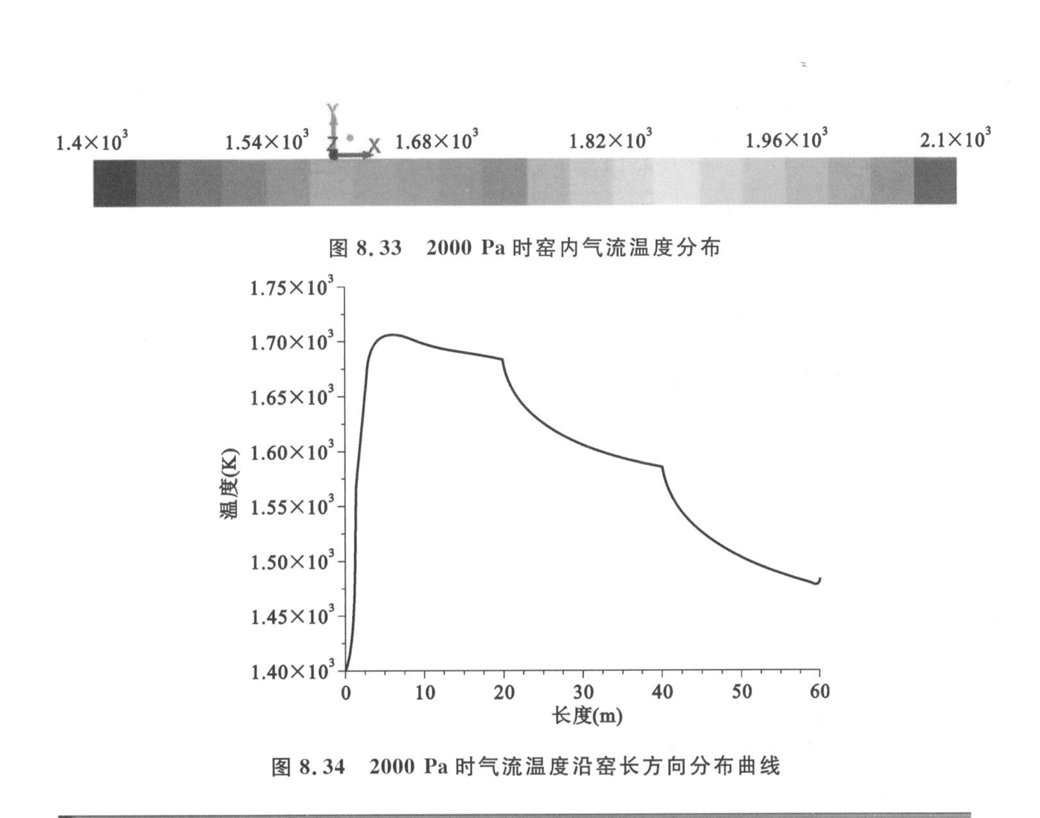

图 8.33 2000 Pa 时窑内气流温度分布

图 8.34 2000 Pa 时气流温度沿窑长方向分布曲线

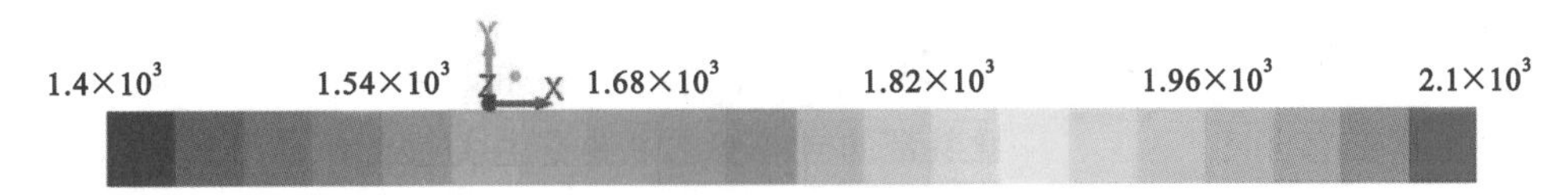

图 8.35 8000 Pa 时窑内气流温度分布

对比图 8.34 和图 8.36，可以看出引风机排气压力为 2000 Pa 时窑内最高温度出现在距窑头 8 m 左右的位置，温度约为 1700 K，窑尾端温度约为 1480 K；引风机排气压力为 8000 Pa 时窑内最高温度出现在距窑头 20 m 左右的位置，温度约为 1750 K，窑尾端温度约为 1580 K。进一步分析可知，引风机排气压力增大，即引风机转速加快时，回转窑内部气流的温度会升高，且最高温度向窑尾移动了一定距离，延长了高温煅烧带的长度。故对于不同的煅烧要求，应该合理调节端部引风机的转速来改善煅烧效果。

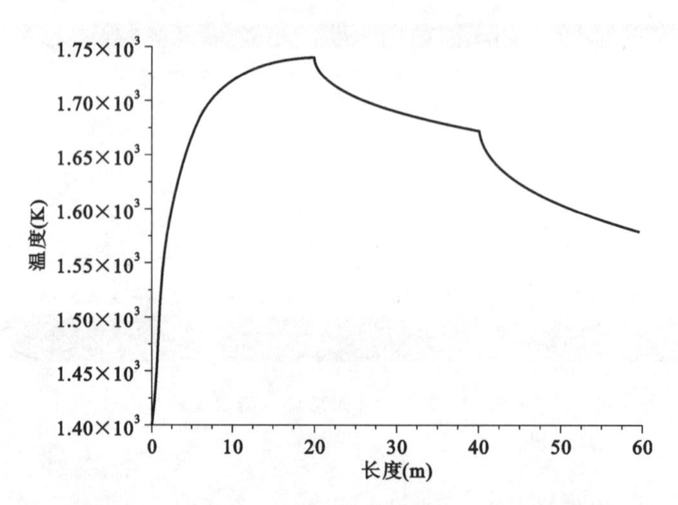

图 8.36　8000 Pa 时气流温度沿窑长方向分布曲线

8.2.4　回转窑窑体温度场的计算

创建好三维几何模型后，导入分析模块创建有限元模型，有限元模型的建立主要包括窑体各部分几何模型的建立、材质参数的定义及有限元网格划分。

回转窑三维模型的建立主要是要定义好各组成部分的结构及其材料属性。在不影响研究效果的基础上，为了模拟计算的方便，建立的模型相较于实际回转窑的结构及材料属性做了些许调整。本文结合矿用回转窑的具体结构，确定下述几种建模的要素。

① 窑体形式的选择

实际工业生产中常用的回转窑窑体形式主要有直筒型、热端扩大型、冷端扩大型和哑铃型几种，它们各自具有一定的特点。

直筒型：各处窑体直径都相同，结构较简单，易于制作和维护。

热端扩大型：扩大了燃烧区域即煅烧带的直径，加大了煅烧带的容积，可以提高回转窑的发热能力；同时增加了火焰辐射层的厚度，可以有效改善高温区域的传热效果。

冷端扩大型：扩大了预热带和干燥带的直径，提高了窑的预热能力，有效降低了窑尾的废气温度。

哑铃型：冷热两端直径都加大，冷端直径加大是为了放置热交换装置时不会因压强变化改变气体的流速，热端直径加大是为了提高窑的发热能力，中间收缩可以节省钢材。

本书在不影响研究效果的基础上为了方便模拟分析选用直筒型的窑体形式。

② 筒体材料

筒体采用钢制圆筒，用 50 mm 的钢板焊接。沿长度方向上，每隔一定距离装设有托轮，本研究中回转窑装设 4 个轮带，筒体通过 4 个轮带支撑在托轮上。

③ 窑体内衬材质

窑体内衬材质包括两个部分：耐火砖和窑皮。

由于回转窑轴向不同煅烧段所处的工作环境不同，应根据不同工作要求进行材质的选择。窑头部分化学侵蚀严重，应选用耐高温且热震稳定性好的材质；煅烧带部分承受高温冲击、化学侵蚀，应选用具有耐高温性，在高温下易于粘挂的窑皮材料；放热反应带温度高且波动大，应选用能承受高温冲击、抗折强度大且弹性模量较小的窑衬；分解带与预热带相邻区热应力小，可采用普通的黏土砖和高铝砖；分解带与放热反应带相邻区温度高、机械磨损严重，可选用高铝砖、普通镁铬砖；预热带采用黏土砖即可；卸料口、冷却带机械磨损、化学侵蚀严重，应选用具备良好的抗磨蚀性和较高的热震稳定性的材质。

研究中本应按上述描述分段建模，但分段选用不同的材质给建模带来了一定的难度，为了建模和计算的方便，研究中选用综合性能都较好的材质来进行分析，这样处理不会对研究效果产生较大的影响。

根据上述分析再结合该矿用回转窑的具体结构，使用 Ansys Workbench 自带的建模软件 Design Modeler 建立回转窑的三维模型，如图 8.1 所示，建立含筒体、耐火砖、窑皮和轮带的数值模型。建模过程中回转窑设置有一定的倾斜度，本次模拟中回转窑的斜度为 0.04，各部分的厚度为：窑皮厚 200 mm；耐火砖厚 150 mm；筒体厚 50 mm；轮带厚 300 mm，宽 500 mm。

材料的物性参数对热量传递及窑体的应力应变都有重要影响。在回转窑窑体模型中，主要关注的结构有：耐火砖、筒体、轮带及窑皮等。相关的物性参数包括材料密度、比热容、导热系数、弹性模量、泊松比和热膨胀系数等。结合上面的论述，查书得到本次研究中所需材料的物性参数如表 8.1 所示。

表 8.1　本模拟相关材料的物性参数

	密度 (kg/m^3)	比热容 $[J/(kg\cdot K)]$	导热系数 $[W/(m\cdot K)]$	弹性模量 (Pa)	泊松比	热膨胀系数 $(\alpha\times10^{-6}\ K^{-1})$
耐火砖	3200	900(400 ℃时) 1020(800 ℃时) 1200(1200 ℃时)	1.15	6.3×10^9	0.21	8.5
筒体	7800	434	30	1.75×10^{11}	0.32	13
轮带	7750	480	15.1	1.93×10^{11}	0.3	17
窑皮	3100	875	1.16	5.7×10^9	0.23	5.8
环境空气	1.1614	1007	0.26	—	—	—

(1) 回转窑内壁气流温度边界条件

窑内的传热情况比较复杂，本次模拟中主要考虑热气流对窑内壁的对流换热，将火焰对窑内壁的辐射传热转换成对流换热系数，忽略物料对窑内壁的热传导及热辐射。前面分析得出了窑内气流沿窑长方向的温度分布曲线，该曲线可作为回转窑内壁气流温度边界条件。

(2) 筒体外表面综合散热系数边界条件

回转窑筒体外表面以热对流和热辐射的方式向外界空气传递热量。不同温度和风速下筒体外表面的综合换热系数也不相同。由于实际工作车间的环境比较复杂，温度和风速数据较难测量。一般来说，空气与回转窑外部的综合对流系数为 5～10 $W/(m^2\cdot K)$，更为精确的计算式为：

$$h = 1.826\left(\frac{T_s}{T_s - T_a}\right)^{\frac{1}{3}} \tag{8.6}$$

式中　h——对流换热系数，$W/(m^2\cdot K)$；

T_s——回转窑的外部温度，K；

T_a——周围空气温度，K。

回转窑外部与周围环境的辐射换热转换为对流换热时的等价对流换热系数可用下式表示：

$$h_r = \varepsilon B(T_s^2 + T_a^2)(T_s - T_a) \tag{8.7}$$

式中 h_r——等价对流换热系数，W/(m² · K)；

ε——黑度(或辐射率)；

B——玻耳兹曼常数。

由于回转窑外表面的面积比起传播距离来小到可以忽略不计，辐射源可以视为“点热源”，其辐射类似于两平面 F_1/F_2 趋近于零的辐射换热系数，故取其辐射系数为 0.8。玻耳兹曼常数 $B=5.67\times10^{-8}$ W/(m² · K)，T_s 取回转窑外部的平均温度 573.2 K，取环境温度为 303 K，由式(8.6)和式(8.7)可得：

$$h = 1.826 \times \left(\frac{573.2}{573.2-303}\right)^{\frac{1}{3}} = 2.346\ \mathrm{W/(m^2 \cdot K)}$$

$$h_r = 0.8\times5.67\times10^{-8}\times(573.2^2+303^2)\times(573.2-303) = 5.1\ \mathrm{W/(m^2 \cdot K)}$$

综合对流换热系数为：

$$h_z = h + h_r = 7.446\ \mathrm{W/(m^2 \cdot K)}$$

回转窑窑体各部分之间主要是通过热传导的形式在传递热量，由于各部分的材料属性不同，其传热的速度和效率也有区别，通过上述建立的三维模型确定好边界条件后即可计算出回转窑窑体的温度场。

在回转窑内壁上施加沿窑长方向变化的温度边界条件后，采用 ANSYS Workbench 中的稳态热分析模块，就可以计算出回转窑稳态时的温度场分布。计算出来的回转窑窑体温度场云图如图 8.37 所示。

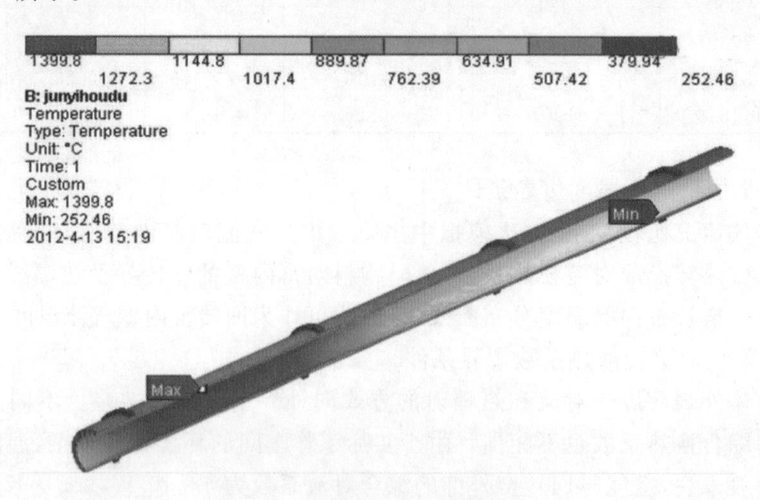

图 8.37 窑体温度场云图剖视图

从图 8.37 中可以看出，回转窑最后达到传热平衡状态时，窑体温度从窑皮到筒体逐渐降低，筒体温度最低处为 250 ℃左右，最高超过 500 ℃，且沿窑长方向上温度分布不均匀，不同段的温差较大。

8.2.5　回转窑窑体热应力场的计算

冶金行业中使用的回转窑生产能力大，工作时间长，工作环境也比较恶劣，要想保证正常生产的需求，就要具备足够的强度和刚度，从而避免筒体在工作过程中产生较大的膨胀变形甚至开裂的现象。

回转窑运行时的受热情况比较复杂，不仅仅要承受机械负荷所产生的机械应力，而且自身还会因受热而产生热应力，它同时受到机械应力和热应力的两重作用。在以往回转窑筒体的设计中，通常采用温度系数法来计算筒体上的热应力，按这种方法设计出来的筒体在高温作用下经常发生故障，最常见的故障有：筒体开裂、筒体加固圈胀裂、筒体高温带产生“缩颈”或“鼓肚”变形等。筒体开裂会使得筒体中的耐火材料疏松破坏，筒体变形会导致耐火材料塌落。这样的故障都会大大降低回转窑的使用寿命，影响回转窑的正常生产。温度系数法不能真实地反映出回转窑窑体内部热应力的实际情况，目前比较常用的是使用有限元软件来进行辅助设计和分析，可以直观地看到热应力的分布情况，设计出的产品性能更加可靠。

热应力是温度发生变化时，物体由于受到外在约束和内部各部分之间的相互制约，不能自由胀缩而产生的应力。回转窑窑体各部分由于温度的不同在窑体内部产生温度应力，各窑层的材料不同，其热膨胀系数也不同，使得不同窑层之间产生膨胀压力。

求解热应力，首先要确定温度场，在此基础上确定应变和应力场。热应力的求解一般有以下几个步骤：

① 由结构体的温度分布和各部分的热膨胀系数计算出在约束条件下的变形。

② 利用几何方程由变形量计算结构各点的应变。

③ 根据材料的物理方程即应力与应变关系，由应变计算出结构体各点的应力。

有限元计算就是把节点的温度差引起的热应变等效为节点载荷，再将其引入到有限元方程计算热应力，热弹性体温度等效节点载荷可表示为：

$$\{F\}_{\sum} = \int_V [B]^{\mathrm{T}}[D]\cdot \alpha \cdot T \cdot [1 \quad 1 \quad 1 \quad 0]^{\mathrm{T}} \mathrm{d}V \tag{8.8}$$

式中　T——单元中任意一点的温度值；

$[B]$——单元几何矩阵；

$[D]$——单元弹性矩阵；

α——材料的热膨胀系数。

应力分析中边界条件的确定主要就是要确定材料的性能、外载荷及受载时间。材料的性能是用不同的物理量来表征的，是用来度量其物质属性和运动状态的各种数据。结构应力分析涉及的基本物理量包括质量、尺寸、时间和温度；涉及的导出物理量包括速度、加速度、面积、体积、能量、热量、功等。ANSYS Workbench 中的单位要根据设计要求自己进行选择，关键是要保证推导出的物理量单位与实际所用数据单位一致。应力分析涉及的材料参数见表 8.1。

回转窑工作时是通过电机经减速器驱动窑体旋转，设置外载荷边界条件时要设置成旋转运动状态。

回转窑一般都是连续工作，工作稳定后时间设置对结果没有影响，本文分析中按稳态进行处理。

前面已经得到了回转窑窑体结构的温度场云图(图 8.37),从图中可以看出温度梯度分布,这种梯度会在窑体内部产生一定的应力。研究温度梯度产生的应力可以继续进行分析,将温度分析结果调入结构分析模块中。

计算出的应力、应变云图如图 8.38 和图 8.39 所示。由于回转窑结构规则,窑体部分的温度梯度几乎一致,产生的热应力相对比较均匀。从图 8.38 中还可以看出,窑体上的应力相对较小,约为 36 MPa,轮带上的热应力较大,平均约为 100 MPa,最大应力出现在轮带与筒体接触处,其值为 327.2 MPa,该接触处存在比较明显的应力集中,应力集中是指受力构件由于外界因素或自身因素使其几何形状、外形尺寸发生突变而引起局部范围内应力显著增大的现象,此处的应力集中是由外形尺寸发生突变引起的。从图 8.39 中可以看出回转窑两端产生的热应变较大,达到 0.155 m,故回转窑在安装时要预留足够的空间来应对这种变化。

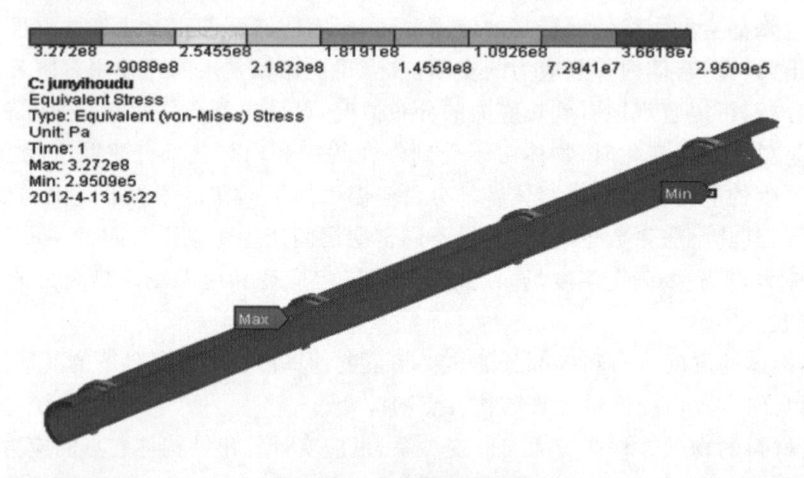

图 8.38 窑体热应力云图

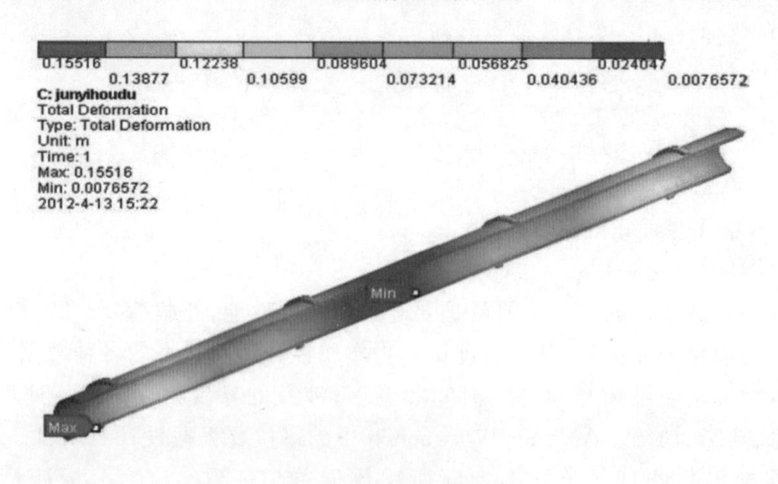

图 8.39 窑体热应变云图

回转窑窑体应力、应变分布主要有以下几个特点:

① 回转窑窑体的热应力和应变分布对称;

② 窑体的最大应力位于筒体与轮带连接处;

③ 回转窑在工作过程中受热,两端会产生一定的延伸。

8.3　回转窑温度场和应力场的影响因素及其优化

8.3.1　回转窑窑皮厚度对温度场和应力场的影响

回转窑窑体一般都有几层隔热层，其中耐火层的耐火度和厚度是有限的，经受不了长时间高温的侵袭和化学腐蚀，但是为了保证回转窑正常工作，希望能够尽量延长耐火砖的使用寿命，于是生产中通常要在耐火层表面再添上一层坚固的保护层，常见的就是挂上一层熟料，这一层熟料就是窑皮。

挂窑皮是一个复杂的过程，在回转窑煅烧过程中回转窑的窑皮厚度也会因物料累积或者窑皮脱落发生改变，因此有必要对窑皮厚度变化所产生的一系列影响进行分析。本节重点分析窑皮厚度对回转窑温度场和应力场的影响。

在窑体材料和窑外表面风速不变的情况下，回转窑外壁温度主要受窑皮厚度和回转窑内壁温度的影响。

由于回转窑为轴对称结构，为了计算的方便可取回转窑任意圆周角的一部分进行分析，本书建立如图 8.40所示回转窑 30°角的三维模型。

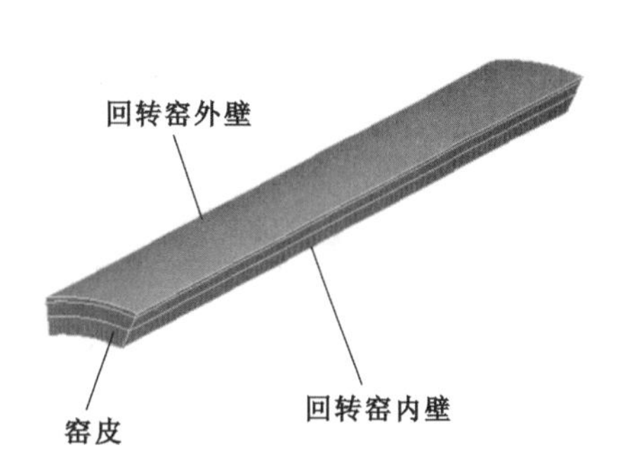

图 8.40　回转窑 30°角的三维模型

以公差为 20 mm 建立窑皮厚度从 100 mm 至 300 mm共 11 个类似图 8.40 的三维模型，再对每一个模型以 50 ℃公差给回转窑内壁设定从 500 ℃至 2000 ℃共 31 个不同的温度，对上述 11 个模型逐一计算分析，可得出共 341 个回转窑外壁温度数据，见表 8.2 所示。

表 8.2　不同窑皮厚度和窑内壁温度时的窑外壁温度数据　（℃）

T(℃) \ H(mm)	100	120	140	160	180	200	220	240	260	280	300
500	258.11	242.08	227.92	215.32	204.04	193.88	184.68	176.31	168.67	161.65	155.19
550	276.2	258.74	243.35	229.67	217.43	206.43	196.47	187.42	179.15	171.57	164.6
600	300.17	281.04	264.18	249.2	235.8	223.75	212.84	202.93	193.88	185.58	177.95
650	324.23	303.45	285.13	268.85	254.29	241.2	229.35	218.58	208.74	199.73	191.43
700	348.29	325.86	306.08	288.5	272.79	258.65	245.86	234.23	223.61	213.88	204.92
750	372.35	348.26	327.03	308.16	291.28	276.1	262.36	249.88	238.48	228.03	218.41
800	396.39	370.67	347.97	327.81	309.78	293.55	278.87	265.53	253.35	242.18	231.9
850	420	393.07	368.92	347.46	328.27	311	295.38	281.18	268.22	256.33	245.39
900	443.32	415.17	389.87	367.12	346.77	328.45	311.89	296.83	283.08	270.48	258.88
950	466.37	436.96	410.63	386.77	365.26	345.91	328.4	312.48	297.95	284.63	272.37
1000	488.84	458.62	431.07	406.33	383.75	363.36	344.91	328.13	312.82	298.78	285.86
1050	511.07	479.78	451.4	425.56	402.21	380.81	361.42	343.79	327.69	312.93	299.35
1100	533.1	500.68	471.44	444.7	420.37	398.25	377.92	359.44	342.56	327.08	312.84
1150	554.89	521.4	491.13	463.7	438.43	415.47	394.43	375.09	357.43	341.23	326.33
1200	576.46	541.95	510.68	482.32	456.42	432.54	410.79	390.74	372.29	355.38	339.82

续表 8.2

T(℃) \ H(mm)	100	120	140	160	180	200	220	240	260	280	300
1250	598.1	562.3	530.08	500.79	474.12	449.57	426.98	406.32	387.16	369.53	353.31
1300	619.86	582.48	549.33	519.14	491.62	466.46	443.13	421.7	402.01	383.68	366.8
1350	641.46	602.85	568.41	537.37	509.01	483.06	459.22	437.04	416.67	397.83	380.29
1400	662.88	623.23	587.39	555.47	526.3	499.58	475.05	452.34	431.26	411.85	393.78
1450	684.21	643.46	606.6	573.43	543.49	516.01	490.76	467.51	445.83	425.76	407.21
1500	705.84	663.55	625.74	591.37	560.56	532.35	506.39	482.47	460.35	439.64	420.49
1550	727.38	683.56	644.77	609.49	577.52	548.6	521.95	497.37	474.66	453.5	433.75
1600	748.78	703.85	663.67	627.54	594.53	564.75	537.44	512.21	488.88	467.25	446.99
1650	770.04	724.07	682.5	645.48	611.66	580.82	552.84	526.98	503.04	480.84	460.19
1700	791.16	744.17	701.58	663.32	628.72	596.97	568.16	541.69	517.15	494.38	473.22
1750	812.14	764.16	720.62	681.09	645.69	613.2	583.41	556.33	531.21	507.88	486.18
1800	832.96	784.04	739.56	699.08	662.56	629.36	598.78	570.89	545.2	521.33	499.1
1850	853.62	803.79	758.41	717.06	679.37	645.45	614.19	585.4	559.14	534.72	511.98
1900	874.13	823.42	777.16	734.95	696.38	661.45	629.53	600.04	573.01	548.07	524.82
1950	894.4	842.84	795.72	752.67	713.28	677.29	644.7	614.58	586.72	561.24	537.49
2000	909.7	857.37	809.5	765.72	725.64	688.91	655.66	625.02	596.63	570.59	546.43

注：表中 H 代表窑皮的厚度；T 代表回转窑内壁的温度。

为了更为直观地看出窑皮厚度的影响，将表 8.2 得到的窑外壁温度数据调入 Matlab 软件中拟合出回转窑外壁温度随窑皮厚度和窑内壁温度变化的三维曲面图，如图 8.41 所示。

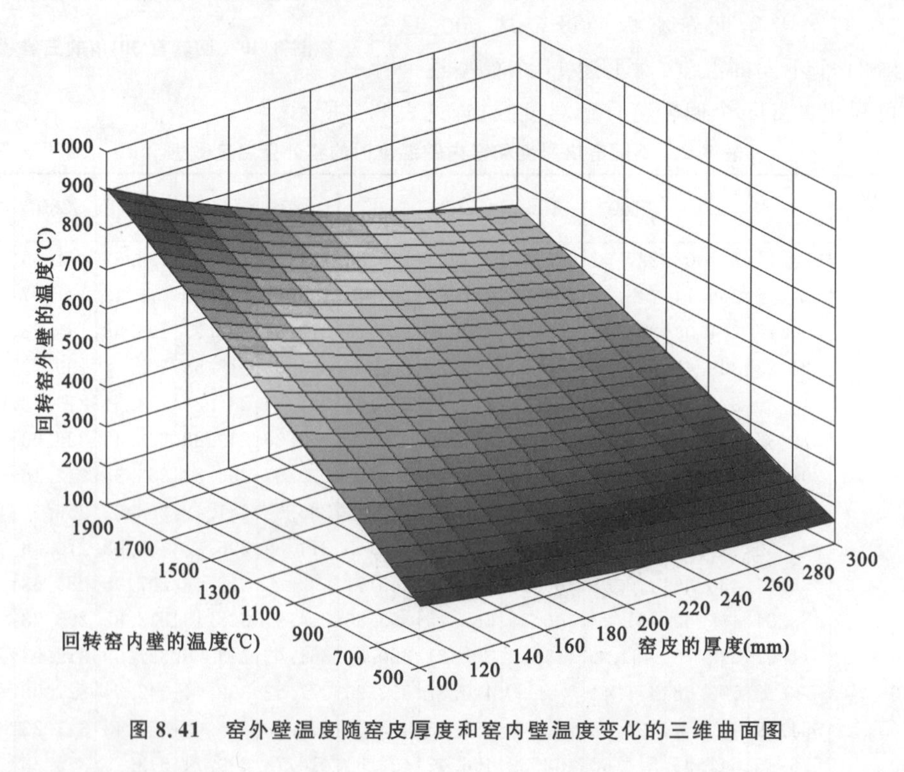

图 8.41 窑外壁温度随窑皮厚度和窑内壁温度变化的三维曲面图

从图 8.41 中可以看出，窑外壁温度随窑皮厚度和窑内壁温度变化的三维曲面图近似为一个平面，即表明窑外壁温度与窑皮厚度近似为线性关系，进而我们就可以通过回转窑外壁温度高低判断出回转窑内部窑皮的状态，也为回转窑窑皮的护理提供了一定的参考依据。

窑皮厚度的变化会对应力场产生两重影响，首先窑皮厚度变化会影响回转窑窑体的温度分布，其次也改变了回转窑的结构强度。通过对比不同窑皮厚度下的应力分布情况即可看出窑皮厚度对应力场的影响。

建立两个厚度不同的回转窑模型，模拟出的应力云图分别如图 8.42 和图 8.43 所示，其中图 8.42 窑皮厚度均匀，统一为 200 mm，图 8.43 采用分段窑皮厚度。

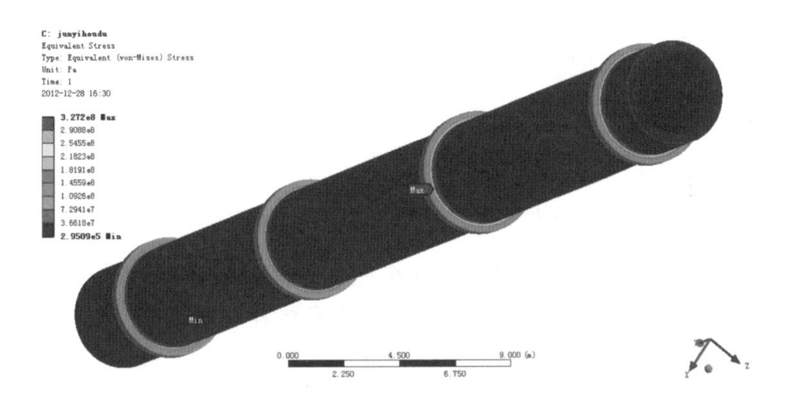

图 8.42　窑皮厚度均一应力云图

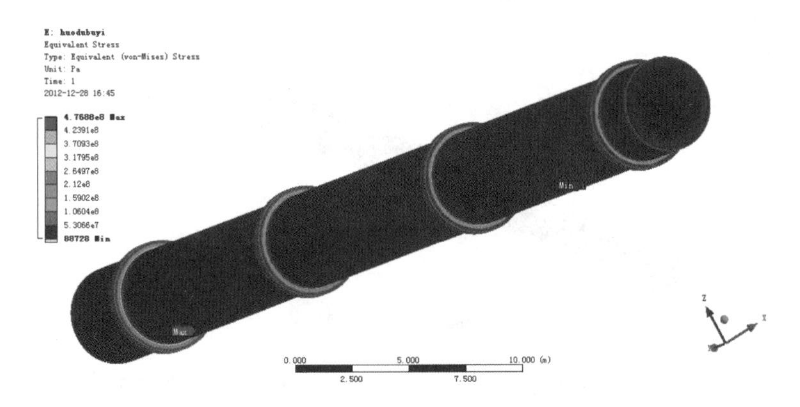

图 8.43　分段窑皮厚度应力云图

从应力云图可以看出应力主要集中在筒体与轮带接触处，窑皮厚度的改变不仅会改变最大应力的大小，还会改变最大应力的位置，窑皮厚度增加可以减小应力极值。

8.3.2　回转窑内、外通风条件对回转窑温度场和应力场的影响

回转窑内部不同的引风速度会影响到回转窑内部气流的流动速度，对气流与物料及窑内壁的换热都有较大的影响。引风速度的大小直接影响到回转窑内壁的气流环境温度，使得窑体的温度场和应力场也产生相应的变化。

前面已经分析过引风速度对内部气流的影响，可以此为基础，分析引风速度对回转窑窑体温度场和应力场的影响。

取引风速度为 1.44 m/s 和 5.32 m/s 时模拟出的内部气流温度曲线作为边界条件施加到回转窑内壁进行模拟计算，对结果进行对比分析。

引风速度为 1.44 m/s 时，模拟得到的回转窑窑体温度分布云图如图 8.44 所示。

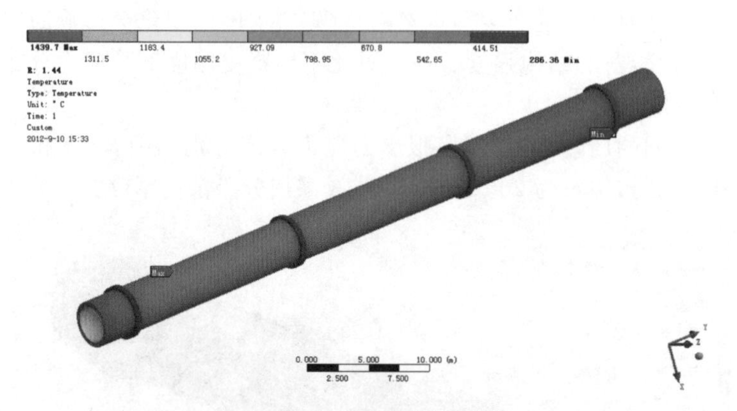

图 8.44　引风速度 1.44 m/s 时回转窑窑体温度云图

图 8.45 所示是为了清楚看到内部温度分布现实的剖视图，图中可以清楚地看出回转窑窑体内外壁温度大致的分布情况，但是难以直接看出窑体各层的温度分布情况和具体的温度数据。为了能准确看出每一层温度分布情况，提取出外壁、窑皮、耐火层和筒体的温度数据曲线如图 8.46～图 8.49 所示。

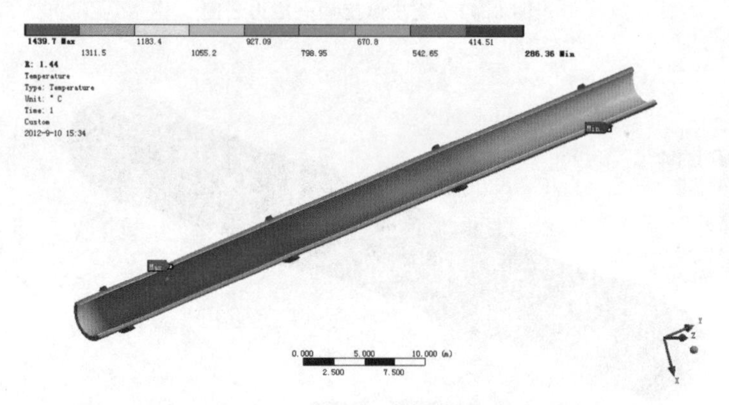

图 8.45　引风速度 1.44 m/s 时回转窑窑体温度云图剖视图

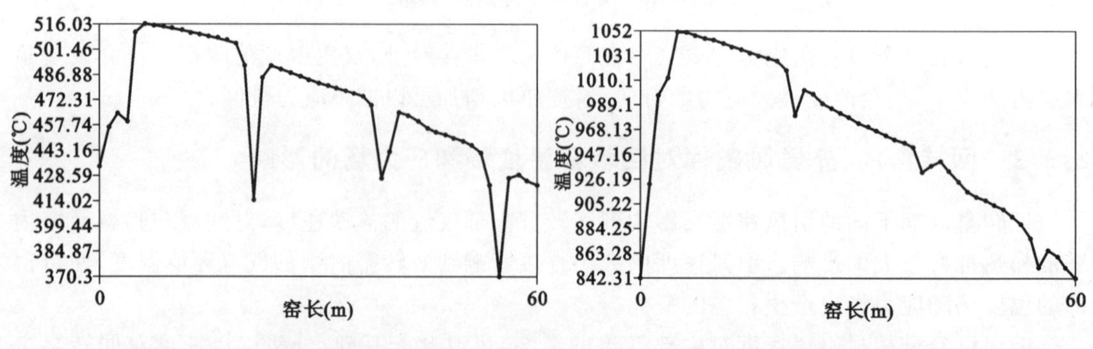

图 8.46　外壁温度曲线(1)　　　　图 8.47　窑皮温度曲线(1)

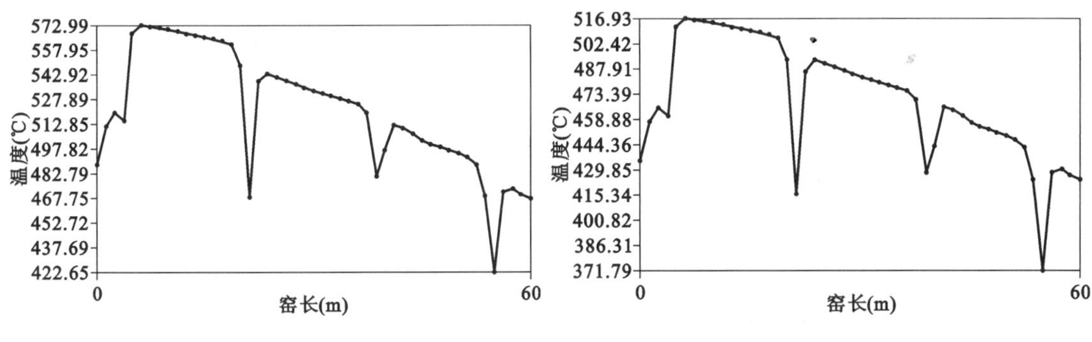

图 8.48　耐火层温度曲线(1)　　　图 8.49　筒体温度曲线(1)

从图 8.46～图 8.49 中可以看出引风速度为 1.44 m/s 时回转窑外壁、窑皮、耐火层和筒体的温度分布情况。四图分别显示出了每一层的温度变化趋势和窑长各段的温度数据，其中窑外壁温度最高达 516.03 ℃，最低为 370.3 ℃；窑皮温度最高达 1052 ℃，最低为 842.31 ℃；耐火层温度最高达 572.99 ℃，最低为 422.65 ℃；筒体温度最高达 516.93 ℃，最低为 371.79 ℃；四层的温度变化趋势都较为直线化。

引风速度为 5.32 m/s 时，模拟得到的回转窑窑体温度分布如图 8.50 所示。

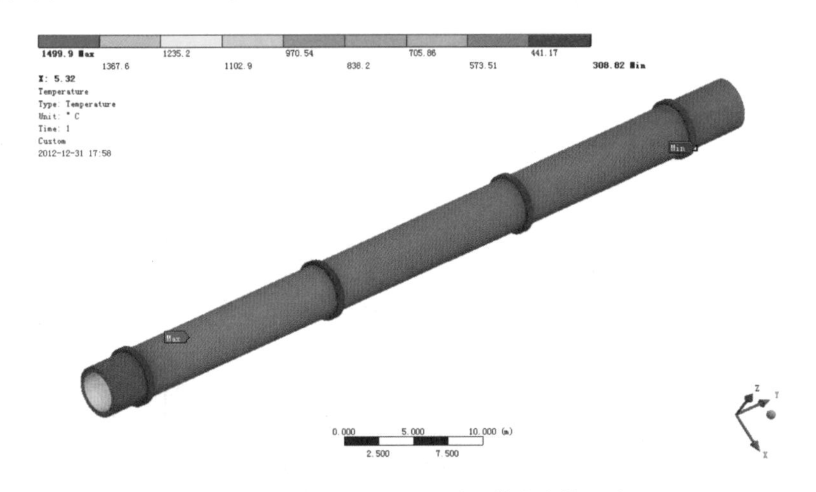

图 8.50　引风速度 5.32 m/s 时回转窑窑体温度云图

由图 8.51 可以清楚地看出回转窑窑体内外壁温度大致的分布情况。同上，为了能准确看出窑体每一层温度分布的具体情况，提取出外壁、窑皮、耐火层和筒体的温度数据曲线如图 8.52～图 8.55 所示。

从图 8.52～图 8.55 中可以看出引风速度为 5.32 m/s 时回转窑外壁、窑皮、耐火层和筒体的温度分布情况。四图分别显示出了每一层的温度变化趋势和窑体各段的温度数据，其中窑外壁温度最高达 536.23 ℃，最低为 400.55 ℃；窑皮温度最高达 1098.1 ℃，最低为 836.16 ℃；耐火层温度最高达 596.36 ℃，最低为 457.57 ℃；筒体温度最高达 537.17 ℃，最低为402.18 ℃；温度曲线除四处轮带位置发生突变外都较为平滑。

对比两个不同引风速度的分析结果，可以发现，引风速度较大时，回转窑窑体各层温度相对较高，且温度曲线更近似为曲线，温度变化更加平稳。

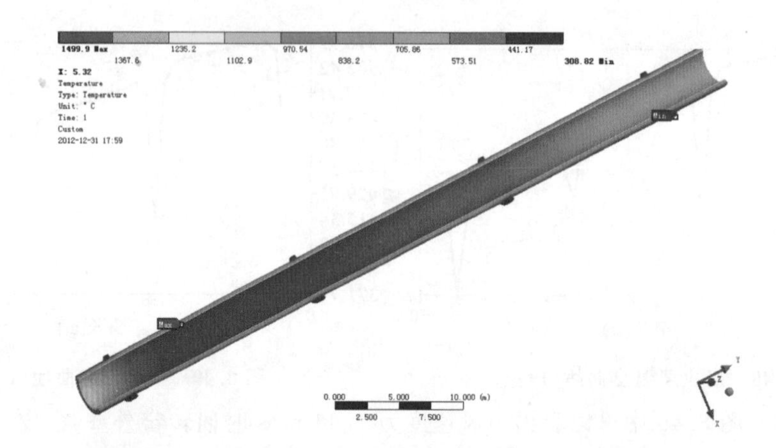

图 8.51　引风速度 5.32 m/s 时回转窑窑体温度云图剖视图

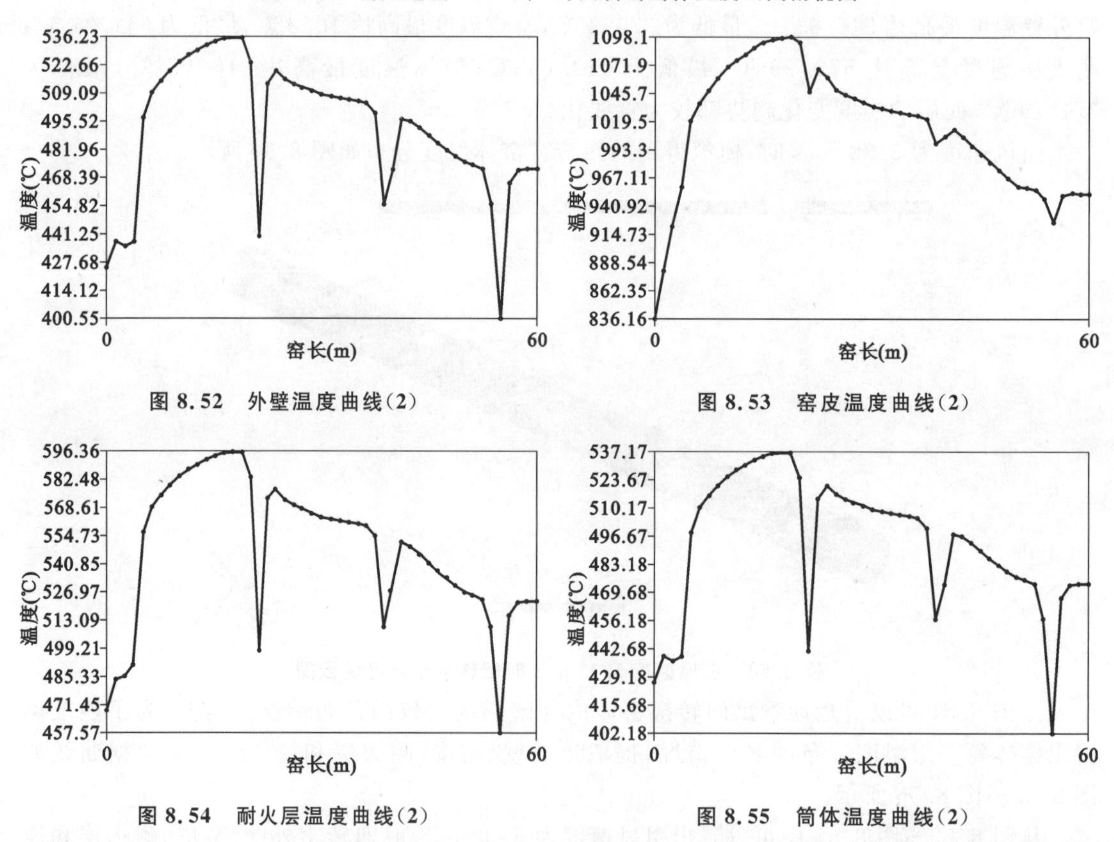

图 8.52　外壁温度曲线(2)　　　　图 8.53　窑皮温度曲线(2)

图 8.54　耐火层温度曲线(2)　　　　图 8.55　筒体温度曲线(2)

引风速度对温度场产生的影响势必会使应力场发生相应的变化，上述两种引风速度下回转窑的热应力云图如图 8.56 和图 8.57 所示。图 8.56 显示引风速度为 1.44 m/s 时最大应力为 387.5 MPa，最大应力位置在二号轮带与筒体接触处；最小应力为 0.194 MPa，出现在筒体最左端。图 8.57 显示引风速度为 5.32 m/s 时最大应力为 412.38 MPa，最大应力位置也在二号轮带与筒体接触处；最小应力为 0.154 MPa，出现在二号轮带附近的筒体上。

对比分析图 8.56 和图 8.57 可以发现，引风速度较大时回转窑受到热应力更大，引风速度的改变会使得回转窑窑体上最大热应力和最小热应力的位置发生变化，应力突变大的地方

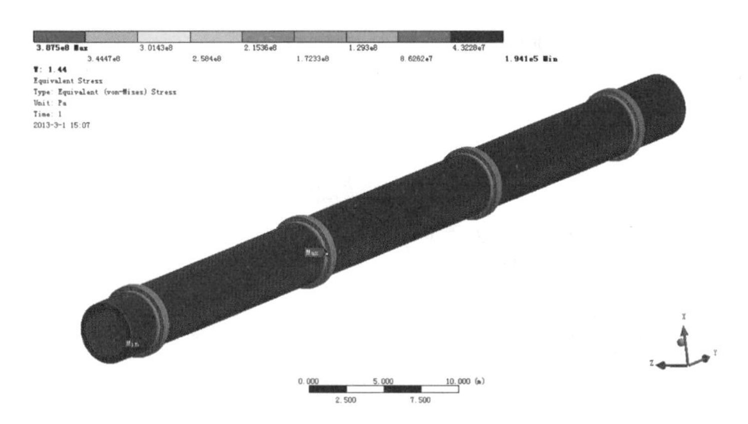

图 8.56　引风速度 1.44 m/s 时回转窑窑体应力场云图

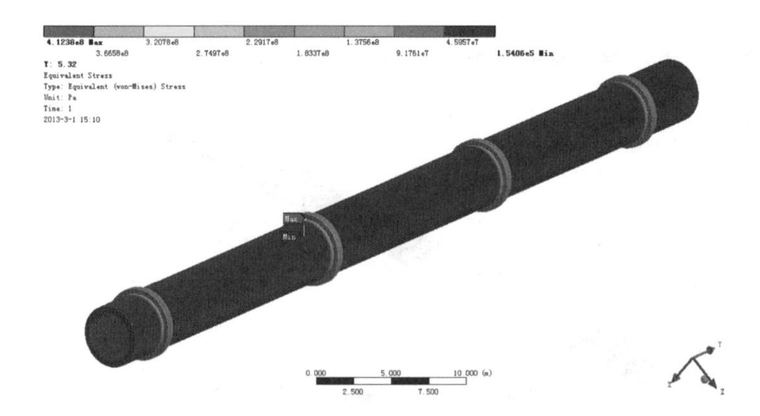

图 8.57　引风速度 5.32 m/s 时回转窑窑体应力场云图

依然是在轮带与筒体连接处，改变引风速度不能有效改善应力集中的现象。

为了防止回转窑的热胀冷缩，窑外壁温度不宜过高，一般不超过 400 ℃。目前工业上对回转窑大多采用冷风机直接风冷，冷风机风量和数量设置的不同都会使得回转窑窑体温度发生改变。不同的风速直接影响外壁换热系数的大小，这里列出筒体和轮带不同温差和风速下窑体表面综合换热系数的一组实测数据来进行分析，见表 8.3 所示。

表 8.3　不同温差和风速下窑体表面的综合换热系数　　[W/(m² · K)]

T(℃) / V(m/s)	40	60	80	100	120	140	160	180	200	220	240
2	28.34	29.58	31.36	32.87	34.25	34.61	34.96	35.19	35.43	35.64	36.01
20	29.49	30.98	32.48	33.98	35.34	35.70	36.05	36.28	36.51	36.72	37.09
28	33.10	34.57	36.04	37.51	38.85	39.21	39.55	39.77	40.00	40.21	40.56

由前面的分析可知，筒体与轮带的温差在 100 ℃左右，结合表中数据风速 20 m/s 和 28 m/s时的综合换热系数分别为 33.98 W/(m² · K)和 37.51 W/(m² · K)，用这两组数据来进行对比分析。

综合换热系数为 33.98 W/(m² · K)时模拟得到的窑体温度云图如图 8.58 所示，图 8.59 所示为窑体温度云图剖视图。

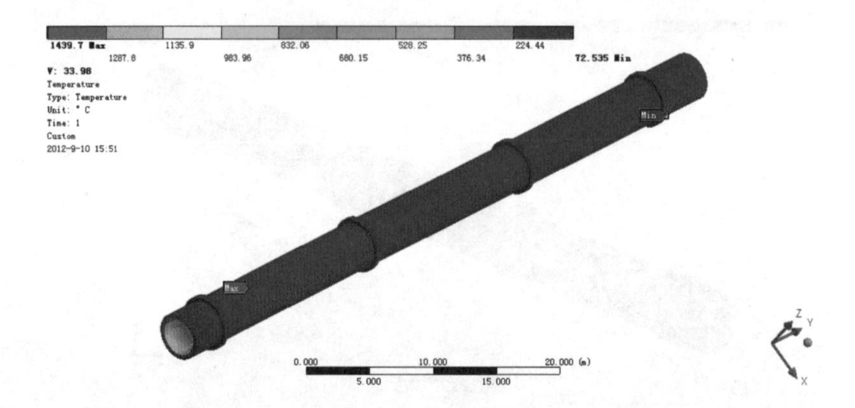

图 8.58　综合换热系数取 33.98 W/(m² · K)时回转窑窑体温度云图

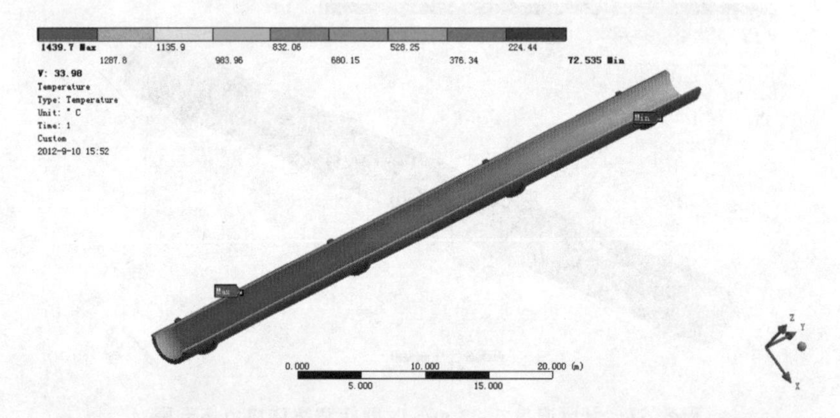

图 8.59　综合换热系数取 33.98 W/(m² · K)时回转窑窑体温度云图剖视图

进一步提取出外壁、窑皮、耐火层及筒体的温度曲线分别如图 8.60～图 8.63 所示。从图 8.60～图 8.63 中可以看出综合换热系数取 33.98 W/(m² · K)时回转窑外壁、窑皮、耐火层和筒体的温度分布情况。四图分别显示出了每一层的温度变化趋势和窑长各段的温度数据，其中窑外壁温度最高 178.5 ℃，最低为 140.4 ℃；窑皮温度最高达 906.56 ℃，最低为 721.73 ℃；耐火层温度最高达 254.65 ℃，最低为 205.73 ℃；筒体温度最高达 179.8 ℃，最低为 141.98 ℃。

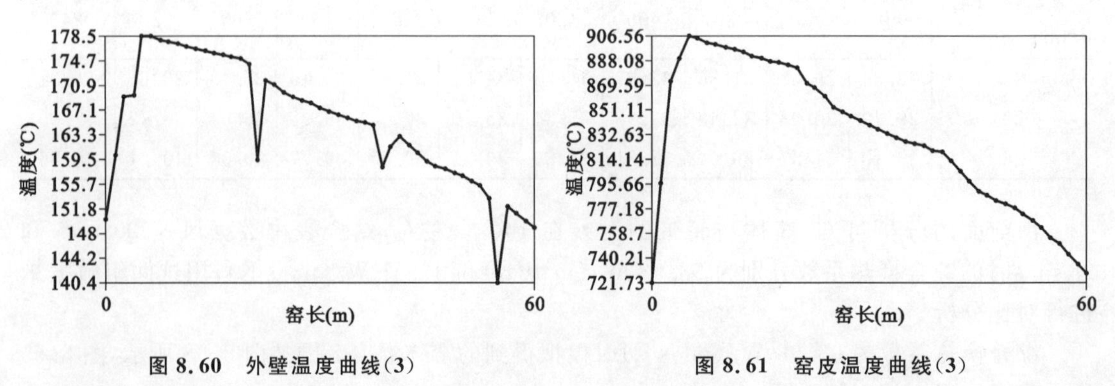

图 8.60　外壁温度曲线(3)　　　图 8.61　窑皮温度曲线(3)

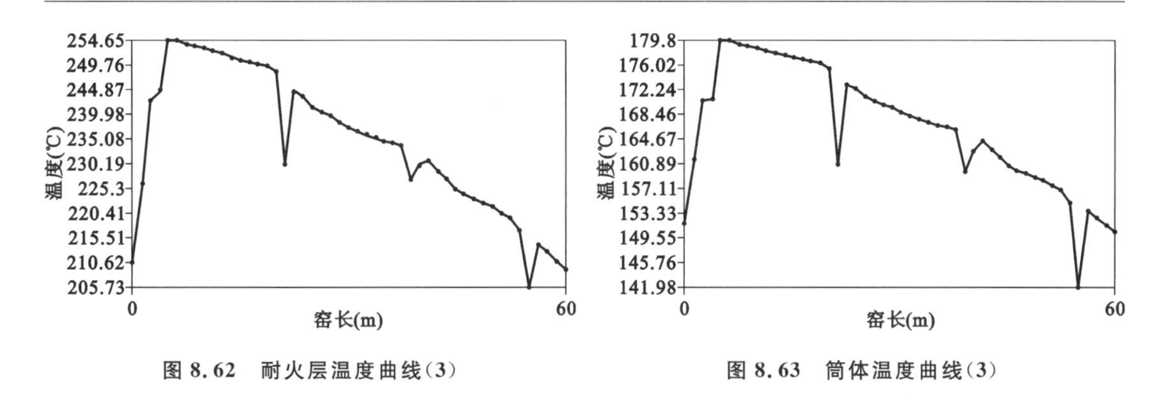

图 8.62　耐火层温度曲线(3)　　　图 8.63　筒体温度曲线(3)

综合换热系数为 37.51 W/(m^2 · K)时模拟得到的窑体温度云图如图 8.64 所示,图 8.65 所示为窑体温度云图剖视图。

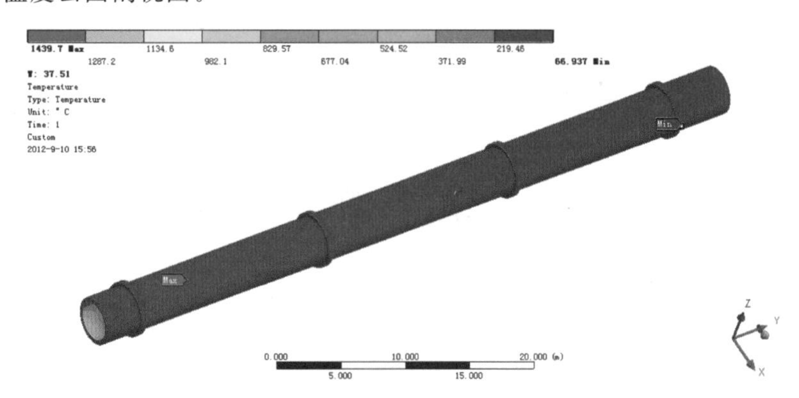

图 8.64　综合换热系数取 37.51 W/(m^2 · K)时回转窑窑体温度云图

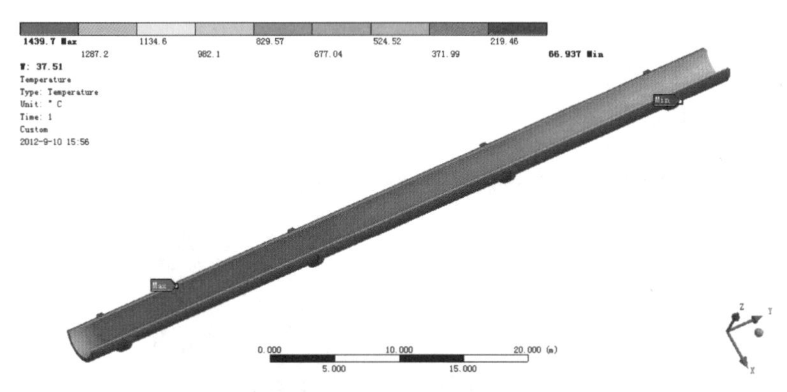

图 8.65　综合换热系数取 37.51 W/(m^2 · K)时回转窑窑体温度云图剖视图

进一步提取出外壁、窑皮、耐火层及筒体的温度曲线分别如图 8.66～图 8.69 所示。从图 8.66～图 8.69 中可以看出综合换热系数取 37.51 W/(m^2 · K)时回转窑外壁、窑皮、耐火层和筒体的温度分布情况。四图分别显示出了每一层的温度变化趋势和窑长各段的温度数据,其中窑外壁温度最高达 166 ℃,最低为 132.6 ℃;窑皮温度最高达 901.28 ℃,最低为 717.38 ℃;耐火层温度最高达 242.9 ℃,最低为 198.31 ℃;筒体温度最高达167.29 ℃,最低为 134.15 ℃。

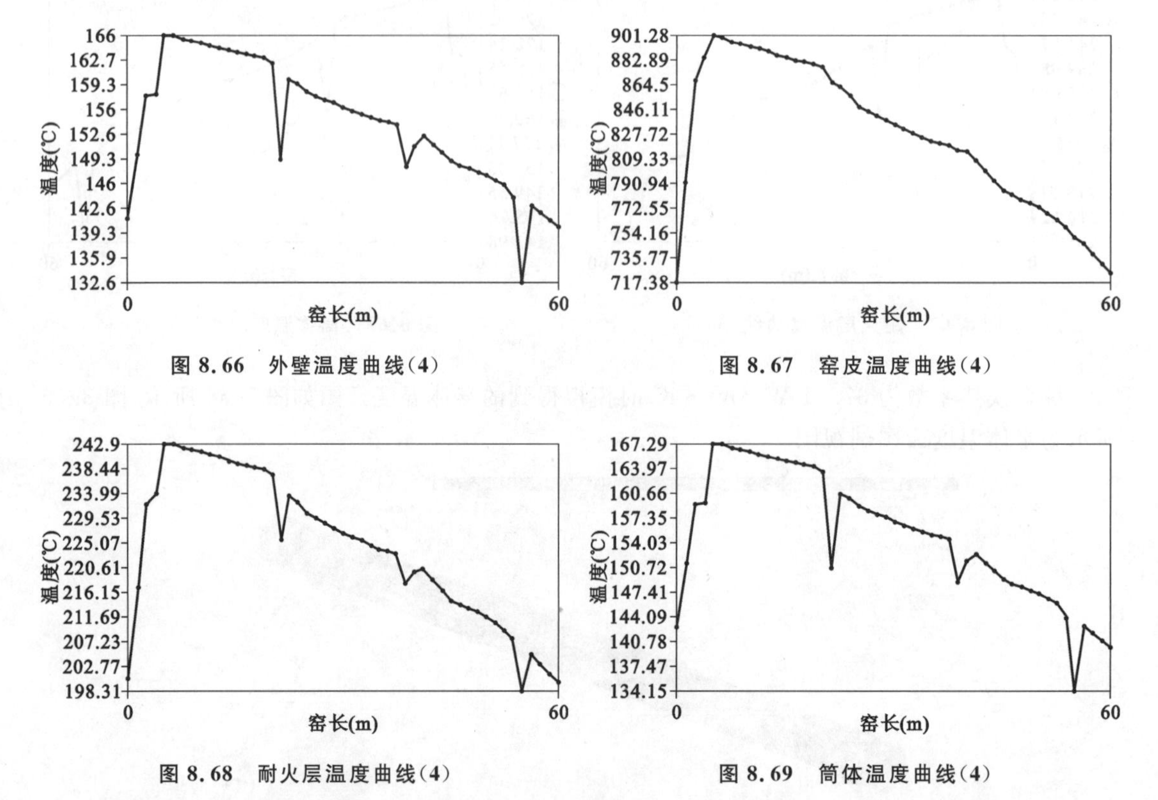

图 8.66　外壁温度曲线(4)

图 8.67　窑皮温度曲线(4)

图 8.68　耐火层温度曲线(4)

图 8.69　筒体温度曲线(4)

将综合换热系数分别为 33.98 W/(m^2·K)和 37.51 W/(m^2·K)时模拟得到的结果进行对比分析，可以发现，综合换热系数较大时窑体各层的温度相对较低，换热系数的大小对各层的温度变化趋势没有太大的影响。因而可以通过增加外表面综合换热系数来降低筒体温度，最为直接的措施就是增加外壁冷却风机的风速，其缺陷是会增加能耗。

温度场发生变化会使得所产生的应力场发生变化，分别模拟出两种不同换热系数时回转窑窑体应力场云图如图 8.70 和图 8.71 所示。

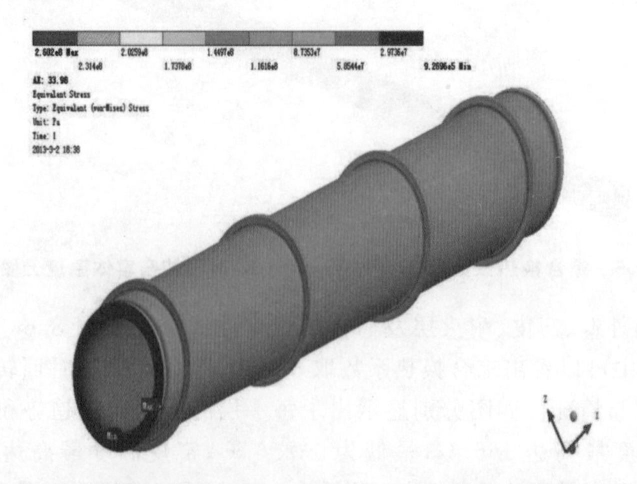

图 8.70　综合换热系数取 33.98 W/(m^2·K)时回转窑窑体热应力云图

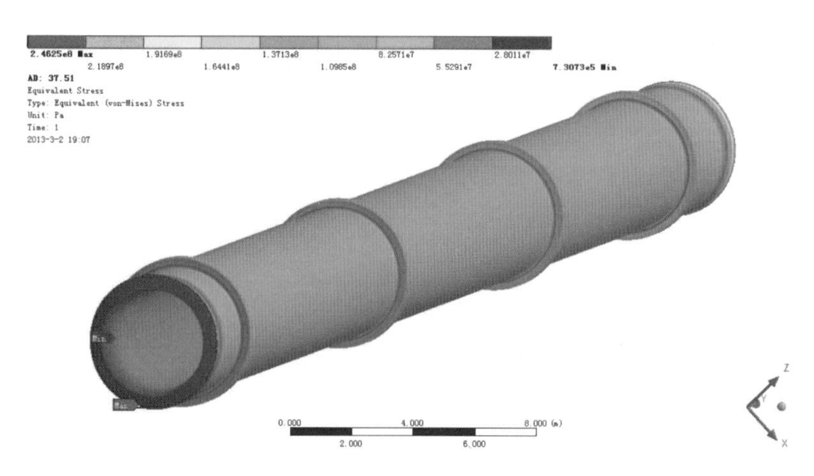

图 8.71 综合换热系数取 37.51 W/(m² · K)时回转窑窑体热应力云图

图 8.70 显示回转窑最大应力为 260.2 MPa，最小应力为 0.927 MPa；图 8.71 显示回转窑最大应力为 246.25 MPa，最小应力为 0.73 MPa；最大应力和最小应力都出现在回转窑的端部，是由于端部通风条件与筒体表面差别较大，窑体上应力分布相对比较均匀。对比两图，可以发现回转窑外表面综合换热系数较大时，窑体产生的热应力较小，通过改变回转窑外表面的通风条件可以改善回转窑热应力过大的现象。回转窑工作时因受热应力轴向上会产生一定的延伸，故回转窑两端应预留一定的空间，不能完全固定。

8.3.3 回转窑优化结果分析

由于回转窑内壁温度沿窑长方向是变化的，因此，如前所述，均一窑皮厚度将使外表面温度分布不甚合理。为改善此状况，考虑采用变窑皮厚度结构，并通过模拟仿真，分别分析两种影响因素对外壁温度的影响，从而确定优化的窑皮厚度值。

窑皮的厚度对回转窑的受热情况影响较大，窑皮越厚，窑壁径向的温度梯度越小，热应力也越小，但窑皮太厚，将会降低熟料窑的生产效益，因此选择一个比较合理的窑皮厚度不仅有利于改善窑外壁的温度，而且能够提高回转窑的生产质量。结合回转窑内部气流的分布曲线和窑皮厚度及内壁温度对窑外壁温度的影响曲面图，在保证正常煅烧条件的情况下尽可能地减轻回转窑自身的重量，得出比较合适的窑皮厚度沿窑长方向的分布，如表 8.4 所示。

表 8.4 优化后的窑皮厚度沿窑长方向的分布

窑长段(m)	0～6	6～12	12～18	18～24	24～30	30～36	36～42	42～48	48～54	54～60
窑皮厚度(mm)	300	300	295	280	250	240	220	220	200	190

按表 8.4 所示的窑皮厚度建立优化后的回转窑三维模型，窑皮厚度发生跳跃变化的过渡段采用平滑过渡以防止应力集中。模拟出回转窑的温度云图如图 8.72 所示，得到回转窑外壁的温度随窑长变化的曲线图如图 8.73 所示。由图 8.73 可以看出，除了四处轮带部分的温度发生突变之外，其余部分的温度分布比较均匀，且最高温度在 400 ℃以内，达到了预期的效果。

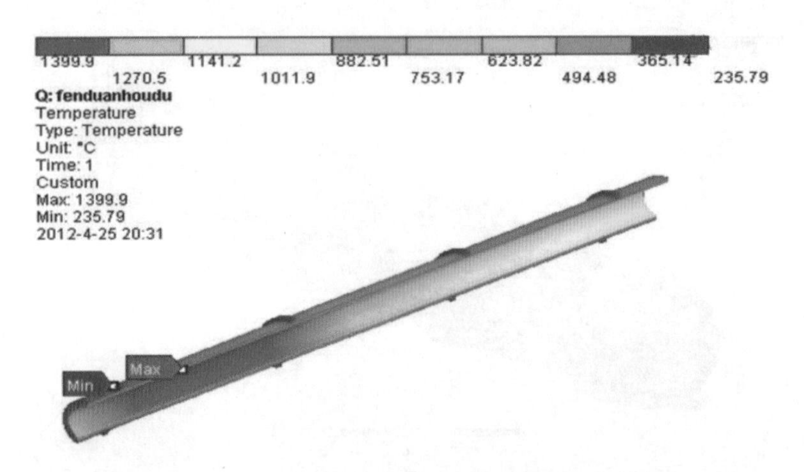

图 8.72 优化后的回转窑窑体温度云图剖视图

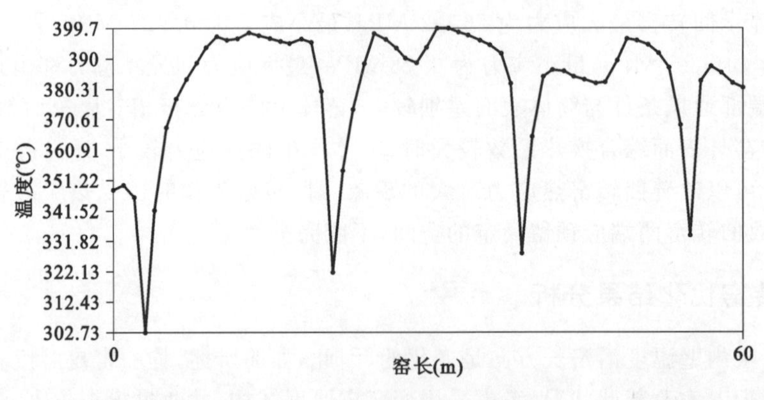

图 8.73 优化后外壁温度曲线

从应力图中可以看出托轮与筒体接触处应力最大，可能会出现强度问题，可以通过在托轮与筒体之间添加一圈筒衬来解决这一问题。筒衬的材料可以使用与回转窑筒体相同的材料或者其他综合性能较好的材料，优化前后的筒体结构分别如图 8.74 和图 8.75 所示。

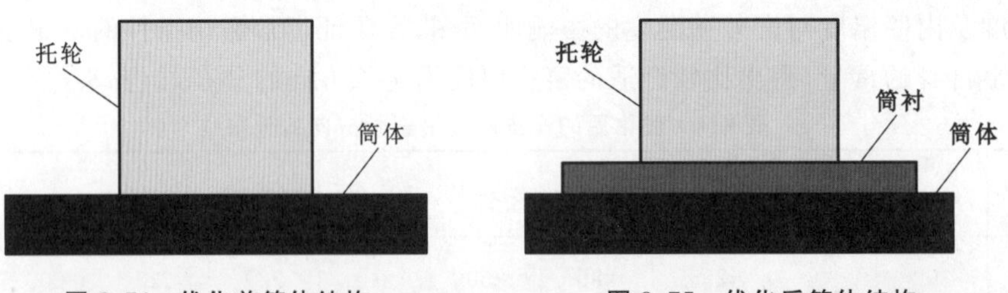

图 8.74 优化前筒体结构　　图 8.75 优化后筒体结构

分别采用优化前后的结构建立有限元模型，优化后的筒体结构中筒衬选用与筒体相同的材料，在相同工况条件下进行受热分析。模拟分析出的结果如图 8.76 和图 8.77 所示，优化前窑体受热产生的最大主应力为 308.95 MPa，在三号轮带与筒体接触处，优化后窑体受热产生的最大主应力为 250.21 MPa，在四号轮带与筒体接触处，应力极值得到了明显的改善和优化，最大应力出现的位置转移到筒体结构较厚实的四号轮带处，出现强度问题的可能性更低。

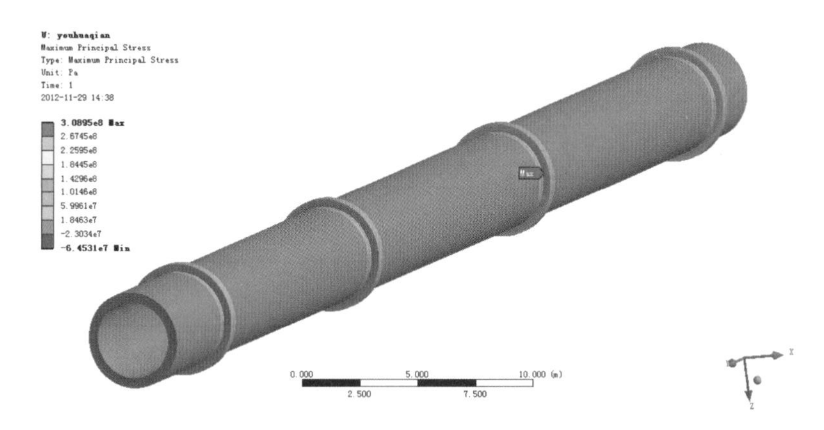

图 8.76 优化筒体结构前筒体应力云图

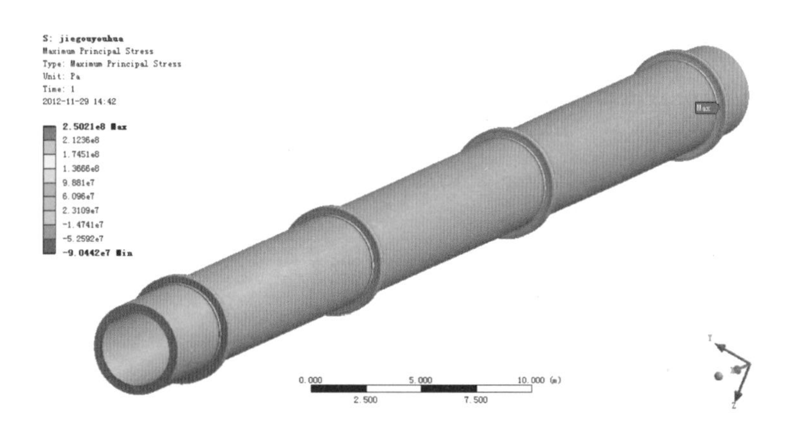

图 8.77 优化筒体结构后筒体应力云图

筒体结构的优化还有多种改进措施，筒体与轮带不直接接触，通过周向弹簧连接也可以起到减小应力的效果，但这种改进措施会增加回转窑的制造成本。

参考文献

[1] 王春华，陈文仲. 回转窑内传热及燃烧过程的数值模拟[J]. 化工学报，2010，61(6)：1379-1383.

[2] 邹光明，杨威，王兴东. 含钒页岩焙烧用回转窑温度场数值仿真研究[J]. 计算机仿真，2014，31(2)：320-324.

[3] LI G F，LIU Z，JIANG G Z，et al. Numerical simulation of the influence factors for rotary kiln in temperature field and stress field and the structure optimization[J]. Advances in Mechanical Engineering，2015，7(6)：1-15.

[4] LI G F，LIU J，XIONG H G，et al. Numerical simulation of airflow temperature field in rotary kiln [J]. Sensors and Transducers，2013，161(12)：271-276.

[5] LI G F，LIU J，XIONG H G，et al. Numerical simulation of flame temperature field in rotary kiln [J]. Sensors and Transducers，2013，159(11)：66-73.

[6] 高真. 复杂传热环境下回转窑温度场和应力场的数值模拟研究[D]. 武汉:武汉科技大学, 2013.

[7] 高真,熊禾根,张文强,等. 基于 ANSYS Workbench 的回转窑稳态热分析及窑皮厚度优化[J]. 机床与液压,2013, 41(13): 132-135.

[8] 杨威,邹光明,李萍,等. 含钒页岩焙烧用回转窑结构优化数值模拟研究[J]. 机械设计, 2015, 32(7): 101-104.

[9] 邹光明,杨威,李萍,等. 含钒页岩焙烧用回转窑热应力分布的研究[J]. 铸造技术,2014, 35(7): 1553-1555.

[10] 朱再林,孔建益,刘军伟,等. 基于 Simulink 的含钒页岩提钒回转窑燃烧系统控制方法的研究[J]. 制造业自动化,2014, 36(1): 39-42.

[11] 尹传琦,孔建益,汤勃,等. 含钒页岩回转窑燃烧器数值模拟研究[J]. 机械设计与制造, 2014, (6): 91-93.

[12] 刘麟瑞,林彬荫. 工业窑炉耐火材料手册[M]. 北京:冶金工业出版社,2007.

[13] 杨挺. 优化设计[M]. 北京:机械工业出版社,2014.

[14] 谢龙汉,李翔. 流体及热分析[M]. 北京:电子工业出版社,2012.

9 新型钢包的CAE及其长寿化技术

钢包是处于炼钢和连铸之间的直接存放钢水的高温容器，是炼钢工艺过程中的重要设备。钢水从转炉出钢后到连铸结束，都盛装在钢包内，研究钢包保温性能是研究钢包在生产周转过程中钢包内衬和钢包壳与周围空间之间的热传递，而这直接影响着出钢和装钢过程中钢水的温度变化，钢水温度的变化对于炉外精炼和连铸工艺有着很大影响，进而影响最终产品的质量，所以研究钢包的保温性能具有重大意义[1]。

由于连铸技术快速发展，炉外精炼技术被广泛采用。钢包不再仅仅是运输和浇铸钢水的容器，同时也是炉外精炼的精炼炉，这就必然延长钢水在钢包内的滞留时间，增加钢包周转过程中的操作环节，钢水在钢包的时间和浇铸时间都成倍地延长，这就要求更高的出钢温度。连铸对浇铸温度要求也更为严格，因为在连铸时，若浇铸钢水温度偏高，不但容易引起钢包水口失控，而且会使铸坯壳减薄和厚度不均，造成漏钢或被迫降低拉坯速度，同时也会加剧钢水的二次氧化及对包衬耐火材料的侵蚀，使铸坯中非金属夹杂物增多，还会助长铸坯菱变、鼓肚、内裂、中心疏松与中心偏析等多种缺陷的产生。反之若浇铸温度偏低，会引起中间包水口凝结，迫使浇铸中断，同时也容易使结晶器内钢水液面处形成冷壳，恶化铸坯的表面质量，并给钢的纯净度带来不良的影响。因此，不论从连铸的顺利生产还是铸坯质量来说，都必须将钢水浇铸温度控制在一个较窄的合适范围之内。出钢温度不要求很高，只需在钢包周转到达连铸环节时，钢水的温度还处在较好的浇铸温度范围即可，这就给钢包的保温性能提出了更高的要求。

钢铁企业的迅速发展，对钢包的寿命提出了新的要求，进而在钢包上逐渐采用了高铝、铝镁质或铝镁碳质等高级耐火材料取代黏土砖做包衬。这类耐火材料的导热系数和密度都比较大，增加了钢水在钢包内的热损失。为补偿这部分热损失，必须提高出钢温度，但过高的出钢温度不仅会增加炼钢生产的难度及各种载能体的单耗，也会增加钢水的氧化和铸坯中的夹杂物，严重影响钢水质量。

随着连铸技术和钢铁企业的发展，对钢水温度的控制变得越来越重要。其保温性能制约着出钢温度和浇铸温度[2-4]。因此，研究钢包在不同操作状况和内衬材料参数条件下的保温性能和钢包内钢水温度变化规律，可以减小连铸过程中钢水温度下降速率。选择设计合理的新型钢包内衬结构、钢包烘烤和钢包加盖优化方案，可以稳定合适的钢水温度进行浇铸，因此，有必要针对钢铁企业的实际情况，进行钢包传热过程的研究，提出一种保温节能内衬来提高钢包周转过程中的保温性能，保证连铸钢水温度的变化适应炉外精炼过程和连铸过程的工艺需要。新型钢包不同于传统钢包，它比传统钢包总体结构更优化，保温效果更好，寿命更高。

9.1 具有保温绝热内衬的新型钢包

9.1.1 钢包保温性能及其影响因素

热量传递是一种最为常见的物理现象,也是一种非常复杂的物理现象。研究复杂问题的有效手段是将复杂问题按一定的原则分类,使其分解成多个简单的问题,在获得求解这些简单问题的方法后,原来复杂问题的求解就变得很容易。

在钢包热循环的整个工艺过程中,钢包的温度变化幅度不大,在某一瞬时整个钢包的温度分布可以看成是轴对称的;在浇铸回转台上,可以认为钢包的温度变化是趋于平衡状态的。基于以上这两个假设,采用轴对称的传热模型和单层法,对钢包进行传热学的研究[5-6]。

采用轴对称模型的传热计算方法是把整个钢包看成一个圆桶,钢包壳的传热主要是以对流和热辐射进行的。在计算时,把工作层、永久层、钢壳这三层壁看作是一维稳态温度场,钢包内衬热面的温度按钢水的温度计算,不考虑钢水在靠近工作层附近的热分层现象。

钢包传热模型如图 9.1 所示,r_0、r_1、r_2 分别是钢包壳、永久层和工作层外表面的半径,r_3 是工作层内表面的半径。对应图 9.1 中 r_0、r_1、r_2、r_3 相应位置的温度分别是 T_0、T_1、T_2、T_3,钢包壳、永久层和工作层的热导率分别是 K_1、K_2、K_3,平衡状态时,L 长度的圆桶断面上的热流量为:

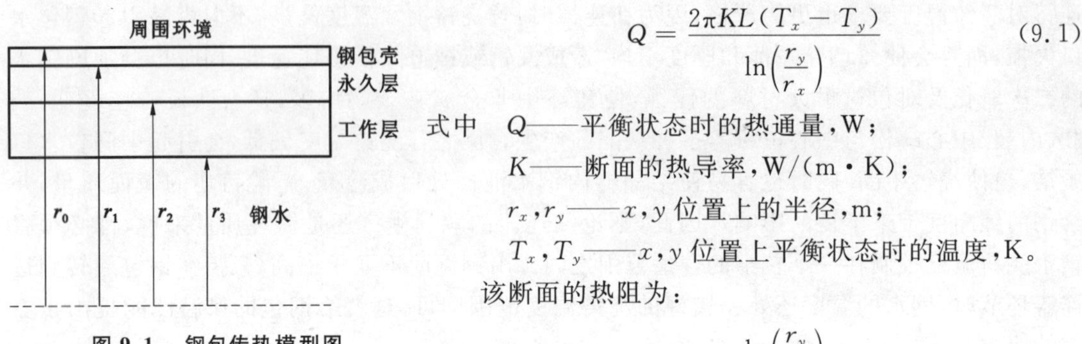

图 9.1 钢包传热模型图

$$Q = \frac{2\pi KL(T_x - T_y)}{\ln\left(\frac{r_y}{r_x}\right)} \tag{9.1}$$

式中 Q——平衡状态时的热通量,W;

K——断面的热导率,W/(m·K);

r_x, r_y——x, y 位置上的半径,m;

T_x, T_y——x, y 位置上平衡状态时的温度,K。

该断面的热阻为:

$$R = \frac{\ln\left(\frac{r_y}{r_x}\right)}{2\pi KL} \tag{9.2}$$

如果采用图 9.1 所示钢包结构中的 3 个连续热阻来表示,则总的热阻可以表示为:

$$R = \frac{1}{2\pi L}\left[\frac{\ln\left(\frac{r_0}{r_1}\right)}{K_1} + \frac{\ln\left(\frac{r_1}{r_2}\right)}{K_2} + \frac{\ln\left(\frac{r_2}{r_3}\right)}{K_3} + \frac{1}{\alpha}\right] \tag{9.3}$$

式中 K_1——钢包壳的热导率,W/(m·K);

K_2——永久层耐火材料的热导率,W/(m·K);

K_3——工作层耐火材料的热导率,W/(m·K);

α——考虑钢包壳辐射和对流的综合换热系数,W/(m^2·K)。

求出单位长度上的热通量后,可以用式(9.4)计算各个交界面上和钢包壳表面的温度值,式(9.4)为钢包壳的温度计算公式,对于包衬内交界面上的温度值,只要去掉不相关的热阻项即可算出相应的温度值[7]。

$$T_0 = T_3 - Q\left[\frac{\ln\left(\frac{r_0}{r_1}\right)}{K_1} + \frac{\ln\left(\frac{r_1}{r_2}\right)}{K_2} + \frac{\ln\left(\frac{r_2}{r_3}\right)}{K_3}\right] \tag{9.4}$$

式中 Q——通过钢包侧壁的热通量,W;

K_1——钢包壳的热导率,W/(m·K);

K_2——永久层耐火材料的热导率,W/(m·K);

K_3——工作层耐火材料的热导率,W/(m·K)。

钢包在运转过程中,由于内衬的吸热和通过内衬向外的传热,直接影响其盛装钢水时的钢水温度。同时钢水温度还受多个方面的影响,主要包括材质种类、内衬结构、使用次数、烘烤温度、烘烤时间、盛装钢水温度、装钢时间、添加合金种类和重量、吹氩量等,此外,钢水有无渣层和保温层、是否加盖等也影响钢水温度[8-10]。因此,必须了解钢包在使用过程中的实际状态,并通过建立钢包在使用过程中的热状态数学模型,计算钢包在运转过程中任意时刻的内衬温度分布,建立钢包状态和钢水温度补正制度之间的对应关系,为钢水温度实时预报奠定基础。

钢包热循环过程在总体上分为空包、烘烤、出钢、盛钢和浇铸五个阶段,但各个阶段又包括若干个工序环节,整个过程是比较复杂的。图9.2所示为连铸钢包热循环周转过程的流程示意图。生产管理中,习惯上把出钢阶段作为周转过程的起始点,但在本次模拟计算过程中,考虑到空包阶段对出钢前钢包的热状态影响很大,以钢包上次出钢完毕为起始点,更符合钢包传热过程的特点。

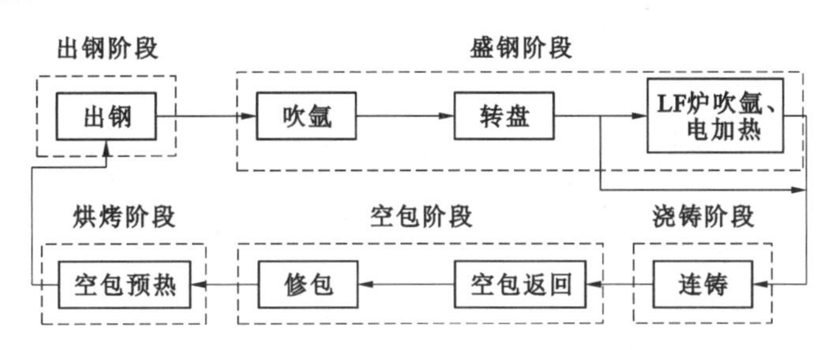

图9.2 连铸钢包热循环周转过程的流程示意图

由此可见,钢包在热循环过程中的操作环节是非常多的,其中有些环节耗时变化也很大,同时对于不同的钢种运行过程环节也不尽相同。经LF(钢包精炼炉)处理后,有些钢种还要进行RH真空处理后才进行浇铸,而有些可以直接进行浇铸。即使同一钢种,有时候因生产节奏的不匹配,也会跳过LF炉工序环节直接进行浇铸。

空包阶段,钢包内表面温度较高,主要是内表面向周围环境及内表面各部位之间的辐射传热,自然对流散热量占的比例较小[11-13]。空包阶段前期,刚浇完钢的内表面温度非常高,辐射非常强烈,内表面温度下降很快。随着温度的下降,内表面辐射能力有所下降,同时,工作内衬靠近内表面一层温度梯度变大,内衬对表面的传导传热也随之变大,内表面温度的变化受到内衬热传导的控制,变化速度趋缓,正常周转情况下,空包后期温度仍然维持在较高的温度。虽然空包后期钢包内表面仍维持在较高的温度,但相对钢水温度而言,还有很大的差值。为减少这个温差,以减少钢水进入钢包后的蓄热损失,出钢前对钢包的烘烤是必要的。

烘烤阶段,钢包上部加上盖子,内表面主要受热气体的强制对流换热和火焰的辐射换热。

烘烤阶段所起到的实际作用，是提高工作内衬靠近内表面一层的温度，减少其温度梯度，以减少对钢水的吸热量。出钢过程，钢水温降的大小主要取决于出钢时间的长短、加入合金的种类及加入量、出钢前钢包的热状态。出钢时间的长短取决于出钢口的使用次数，其对应关系基本上是确定的。合金种类及加入量主要取决于冶炼的钢种，钢种一定，合金种类及加入量也大致确定。因此，前两个因素对出钢过程钢水温降的影响有着直接的确定关系。出钢时钢包的热状态本身就不能直接确定，还要考虑到空包时间的长短和出钢前的烘烤状况。在这个过程中，钢包内表面与钢水接触的部分发生钢水的强制对流换热，温度迅速上升，未与钢水接触的部分则主要受钢流及钢液上表面的辐射，同时本身也向周围辐射，温度上升较缓，但其换热量是不均匀的，甚至在远离钢液面的部位，温度仍然保持下降直到接受的辐射能大于本身付出的辐射能为止。

盛钢过程，与钢水接触的内表面为钢液的对流换热，净空部分的内表面主要为渣层表面的辐射以及自身向环境的辐射。这一过程要经历吹氩搅拌、炉外处理或炉外精炼，而且钢包有时加盖、有时不加盖，边界条件变化频繁。内表面与钢水接触部位有时是强制对流换热(如吹氩搅拌等有外力作用时)，有时为自然对流换热(钢水无外力作用时)。

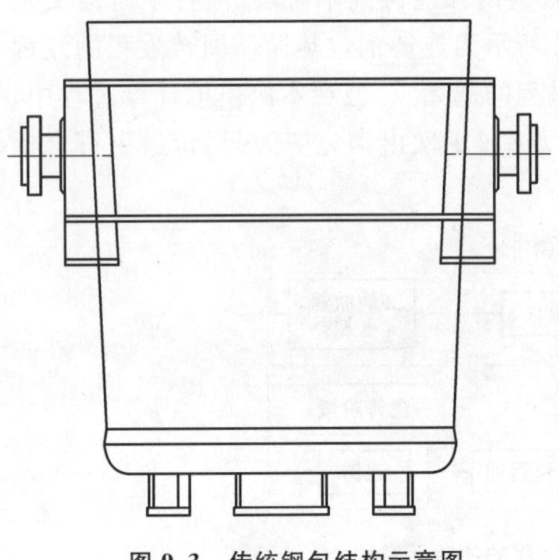

图 9.3　传统钢包结构示意图

浇钢过程，边界换热条件与出钢过程的换热条件相似，只是表面由温度上升过程变为温度下降过程。此过程钢包一般加盖，表面温降不是很快。钢包上的盖子一旦揭开，裸露部分内表面温度就会急速下降。钢包由钢包壳和耐火材料砌筑或浇铸而成的包衬两个部分组成，传统钢包结构示意图如图 9.3所示。

钢包壳由包底、包壁及耳轴、支座等组成，另外还有安装于其上的滑动水口及其驱动装置、钢包倾翻机构等。

钢包衬由包底工作层、包底永久层、包壁工作层及包壁永久层四个部分组成。钢包的工作衬分为整体式和砌筑式两种。

目前钢包内衬中，包底、包壁工作层主要采用铝镁碳质内衬砖，包底、包壁永久层主要采用高铝质内衬砖。

在建模的过程中，一方面考虑钢包结构及其加载的真实情况，另一方面对一些不影响整体的环节要忽略，可以进行如下的假设：

① 包底的透气砖和水口砖尺寸相对于钢包底的总体尺寸而言较小，可忽略透气砖和水口砖的影响，而近似认为其与包底各层材料一致。

② 忽略钢包各层耐火材料间及耐火材料与钢壳间的接触热阻。

③ 流体为稳态、不可压缩的流体，在温度场计算过程中，内部加载时，钢包内部考虑为恒定温度场。

④ 忽略钢包底座、驱动装置、钢包倾翻机构。

根据上述假设，将 300 t 钢包几何模型简化为圆柱形，其主要尺寸为：钢包内腔深度 3.648 m，高 4.093 m，内径 3.805 m，外径 4.370 m，由于钢包的结构和所承受的载荷基本对称，钢包垂直于耳轴所在垂直平面作为对称面，建立钢包结构的 1/2 有限元模型。基于钢包是耐火材料和金属材料组成的复合结构，为了满足复杂的计算要求，同时也为了进行钢包耐火材料的物性优化，以便对各种耐火材料的物性进行重新调整，必须对钢包中使用的耐火材料进行分类。建模采用直角坐标系，其中 X 轴方向是垂直于钢包耳轴轴线的方向，Y 轴方向是平行于钢包耳轴轴线的方向，Z 轴方向是钢包的高度方向。图 9.4、图 9.5 所示分别为数值模拟采用的三维实体及有限元模型，有限元模型采用自由网格划分，共有单元 40560 个，节点 11437 个，其中单元类型选择 8 节点热实体单元(Solid70)进行计算。

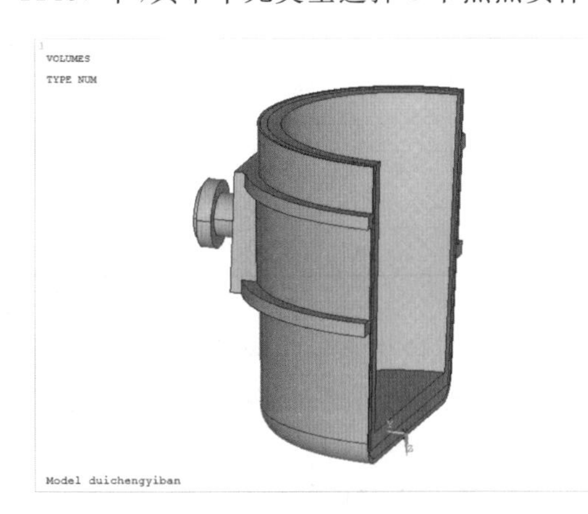

图 9.4 传统钢包三维实体模型

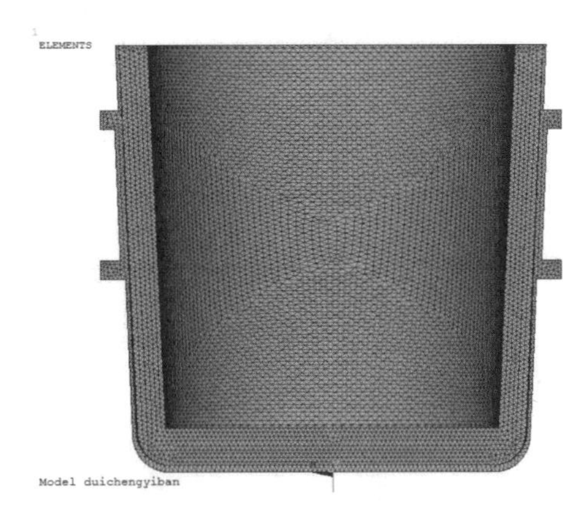

图 9.5 传统钢包三维有限元模型

在整个模型中，内衬和钢包壳作为连续的复合结构整体，计算时工作层、永久层和钢包壳体分别根据实际情况设定不同的材料特性。在结构过渡位置和有孔洞的地方，比如耳轴凸起段、筋板和包底及包体的连接部位都适当细分了网格。

在钢包整个热循环过程中，钢包内衬和钢包壳的温度一直在变化。影响钢包温度分布的因素有很多，以下主要研究钢包的材料参数对钢包温度分布的影响。钢包的热传递涉及传热的三种方式：热传导是由材料的导热系数决定；钢包壳与周围环境进行对流传热，对流传热是由对流系数决定；钢包还通过辐射来散热，计算辐射热量需要知道材料的密度、比热容和导热系数。因此，在计算钢包温度场时，需要确定材料的导热系数、密度和比热容，以及材料本身的弹性模量与泊松比。在分析计算过程中，材料所处的环境温度是变化的，材料的物性参数也是随温度变化的，在以前的研究中一般会假设钢包材料的物性参数是不随温度变化的，在本次模拟计算中，为了计算的结构与实际更加接近，选择了钢包材料物性参数随温度变化值。钢包材料的物性参数如表 9.1、表 9.2 和表 9.3 所示。

表 9.1 钢包耐火材料热导率

温度(℃) / 热导率[W/(m·K)]	20	400	800	1200
工作层(铝镁碳质)	1.15	—	—	—
永久层(微膨胀高铝质)	0.5	—	—	—
钢包外壳	50	39	30	18

表 9.2 钢包耐火材料比热容

比热容[J/(kg·K)] \ 温度(℃)	20	400	800	1200
工作层(铝镁碳质)	800	900	1020	1200
永久层(微膨胀高铝质)	610	750	1175	1320
钢包外壳	400	420	510	600

表 9.3 钢包耐火材料其他物性参数

耐火材料 \ 物性参数	膨胀系数($\alpha\times10^{-6}K^{-1}$)	密度(kg/m^3)	弹性模量(MPa)	泊松比
工作层(铝镁碳质)	8.5	2.95×10^{-6}	6300	0.21
永久层(微膨胀高铝质)	5.8	2.8×10^{-6}	5700	0.21
钢包外壳	13	7.8×10^{-6}	175000	0.3

通过测量钢水在热循环过程中的温度变化,直接将钢水温度作为钢包内壁承受的温度载荷。外壳在热循环过程中,其散热主要有两条路径,一是与空气的自然对流换热,二是钢包壳与周围的辐射换热。

一般空气与钢包壳的自然对流系数为5～10 $W/(m^2\cdot K)$,更精确的计算式为:

$$h = 1.826\left(\frac{T_s}{T_s - T_a}\right)^{\frac{1}{3}} \tag{9.5}$$

式中 h——对流换热系数,$W/(m^2\cdot K)$;

T_s——钢包壳的温度,K;

T_a——周围空气的温度,K。

物体辐射热量的能力主要取决于物体的温度。对温度较低的物体而言,它与周围环境换热的能力主要取决于对流换热的情况。而当钢包壳的温度高于300 ℃时,辐射换热的影响会明显加强。钢包的包壳温度一般为170～310 ℃,辐射损失的热量不是很多,在确定辐射系数时主要是根据钢包壳表面的状况从有关文献中选取。但由于辐射换热为高度非线性,需要花费大量的时间计算,可以采用简化形式,即将辐射换热转化为对流换热的形式,通过查资料,用等价的对流换热系数来代替辐射换热系数。等价的对流换热系数可用式(9.6)表示。

$$h_r = \varepsilon B(T_s^2 - T_a^2)(T_s - T_a) \tag{9.6}$$

式中 h_r——等价的对流换热系数,$W/(m^2\cdot K)$;

T_s——钢包壳的温度,K;

T_a——周围空气的温度,K;

B——玻耳兹曼常数,$W/(m^2\cdot K^4)$;

ε——黑度(或辐射系数)。

由于钢包表面的辐射类似于F_1/F_2趋近于零的辐射换热系统,取辐射系数为0.8。玻耳兹曼常数$B=5.67\times10^{-8}$ $W/(m^2\cdot K^4)$,取钢包壳表面的平均温度为525.7 K,取环境温度为303 K,则

$$h_r = 13.8\ W/(m^2\cdot K)$$

经过上述计算后初步确定了钢包壳的辐射和对流传热条件。

在钢包受钢结束后，钢包内衬和钢包壳的温度变化最大，选择这个工况来模拟钢包的稳态温度场。由于不考虑钢包内钢水温度的分层，认为钢包内钢水的温度是恒定的，所以，在施加载荷时，对钢包工作层的内壁施加 1500 ℃的温度载荷，对钢包外壳施加对流和辐射载荷，由于辐射传热是很难计算的，把辐射传热转化为对流传热后进行计算，通过后处理器得出钢包整体的温度分布云图，如图 9.6 所示。

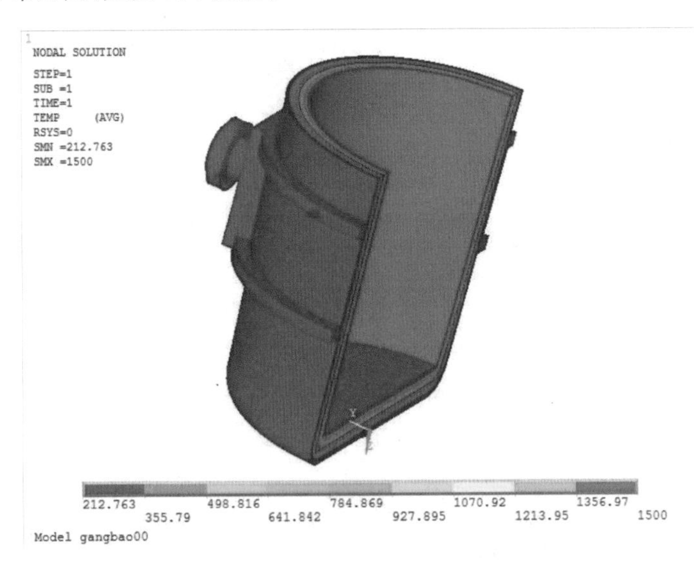

图 9.6　传统钢包温度分布云图

由图 9.6 可以看出钢包温度场大体分布，钢包温度呈现梯度分布，钢包外壳温度为 212.7～287.6 ℃，钢包壳的蠕变温度为 350～400 ℃，包壳的表面温度小于包壳材质的蠕变温度，能够满足强度要求[37-40]。

涉及温度场计算的物性参数包括密度、比热容、导热系数、弹性模量和泊松比，即每种材料有 5 种物性参数对温度场分布产生影响[29]。由于钢包底局部材料（比如透气砖、水口砖、冲击块）所占的几何比例很小，它们只是对其周围临近区域温度场产生影响，对整个钢包温度场影响很小，可忽略不计。这样整个钢包就只包括 3 种材料，即包底和包壁工作层的铝镁碳材料、永久层的高铝砖材料和钢包壳金属材料，那么对整个钢包温度场和应力场产生影响的参数就达 15 个，而且每种物性变化会对其他物性产生影响。因此，在计算钢包内衬温度、应力分布时，可以考虑其他物性不变时，钢包内衬物性变化对温度场的影响[18]。一般而言，内衬材料的厚度、热传导系数和弹性模量对温度场影响较大。

选取钢包任一回转截面作为研究对象，分别分析工作层材料的导热系数、弹性模量、内衬厚度对钢包温度场的影响，利用相同的边界条件模拟钢包的温度分布。

（1）工作层导热系数对钢包壳温度的影响

当设定钢液温度为 1500 ℃，工作层、永久层、钢壳的导热系数分别为 1.15 W/(m・K)、0.5 W/(m・K)、43 W/(m・K)，包底周围空气温度为 30 ℃时，经计算，得出钢包内衬及钢包壳温度场分布云图，如图 9.7 所示，钢包外壳表面温度达到 214 ℃。

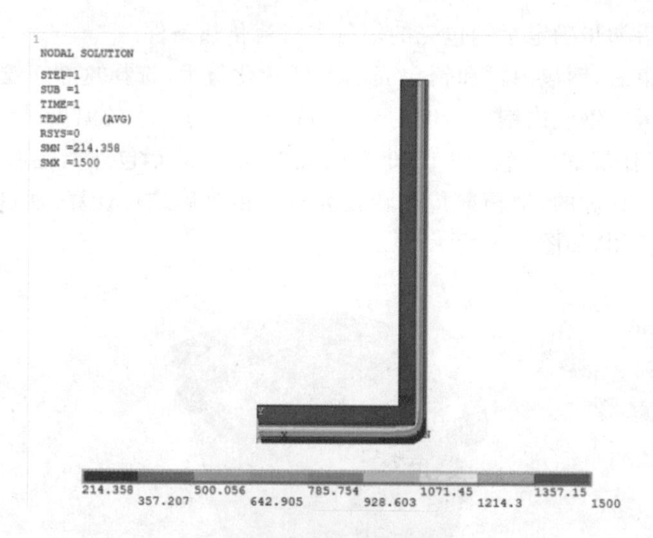

图 9.7　传统钢包温度场分布云图(1)

在其他条件不变的情况下，通过改变钢包工作层和永久层的导热系数，对钢包壳的温度进行模拟计算，并进行比较。如图 9.8 和图 9.9 所示。

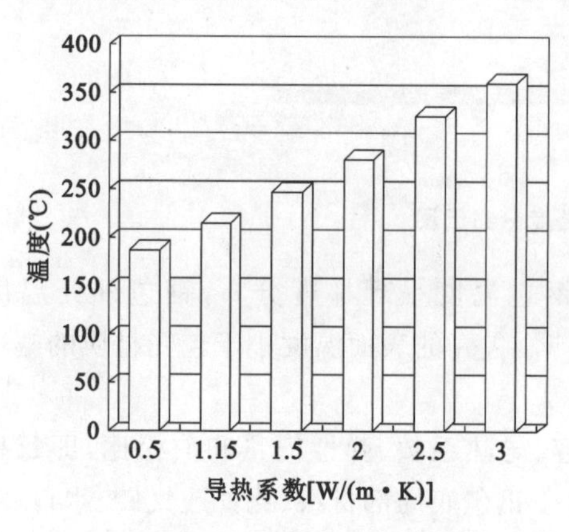

图 9.8　工作层导热系数对钢包壳温度的影响

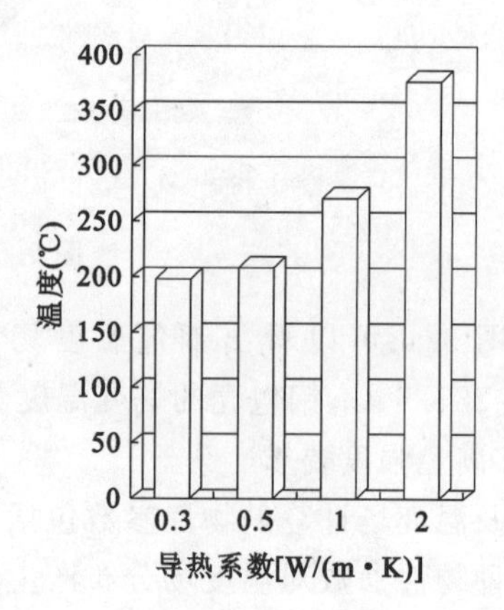

图 9.9　永久层导热系数对钢包壳温度的影响

如图 9.8 所示，在其他条件不变的情况下，钢包外壳温度随钢包工作层导热系数的减小而降低，钢包工作层的导热系数由 3 W/(m·K)减小到 0.5 W/(m·K)，可使钢包外壳温度降低 50%左右。

如图 9.9 所示，在其他条件不变的情况下，钢包外壳温度随钢包永久层导热系数的减小而降低，钢包永久层的导热系数由 2 W/(m·K)减小到 0.3 W/(m·K)，可使钢包外壳温度降低 40%左右[14-16]。在钢包工作层和永久层导热系数分别为 3 W/(m·K)和 2W/(m·K)时，钢包外壳的温度分别达到了 360 ℃和 379℃，这已经接近钢包外壳的蠕变温度了，会严重降低钢包壳的强度，所以工作层的导热系数应该小于 3 W/(m·K)，永久层的导热系数应该小于2 W/(m·K)。

(2) 内衬弹性模量对钢包壳温度的影响

当设定钢液温度为 1500 ℃，工作层、永久层、钢壳的弹性模量分别为 6.3 GPa、5.7 GPa、

175 GPa,钢包周围空气温度为30 ℃时,钢包外壳表面温度达到229℃。钢包温度场分布云图如图9.10所示。

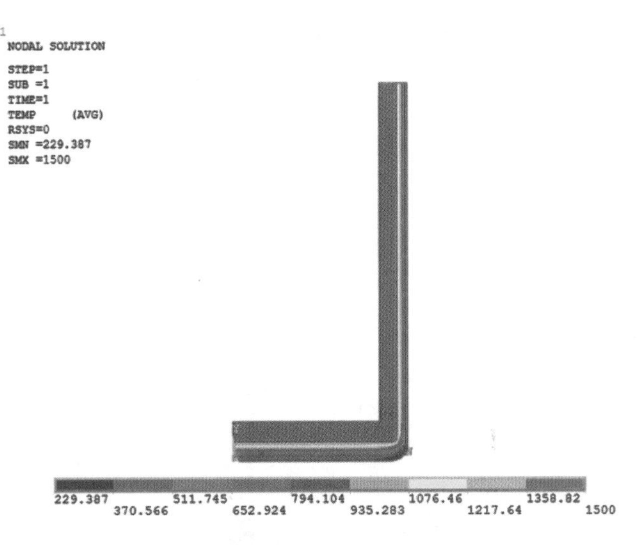

图9.10 传统钢包温度场分布云图(2)

钢包工作层材料弹性模量分别设置为4 GPa、6.3 GPa、8 GPa、10 GPa,永久层弹性模量设为4 GPa、5.7 GPa、8 GPa、10 GPa,通过模拟计算得到钢包工作层和永久层材料弹性模量对钢包壳温度值的影响的比较柱状图,如图9.11和图9.12所示。

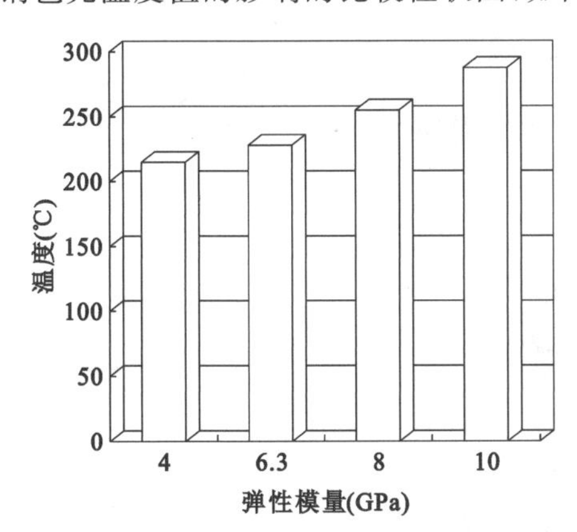

图9.11 工作层弹性模量对钢包外壳温度的影响

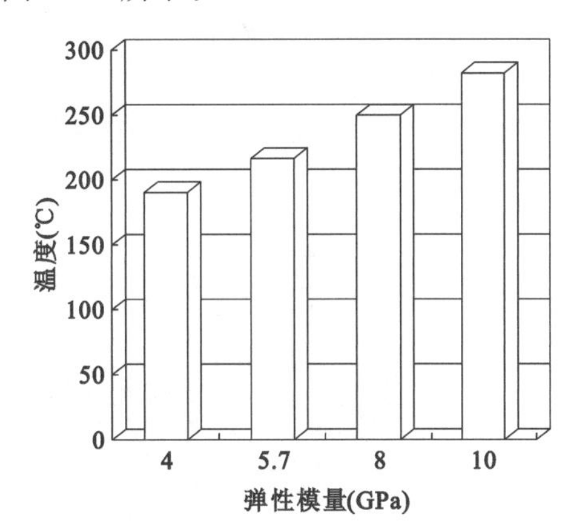

图9.12 永久层弹性模量对钢包外壳温度的影响

由图9.11可知,在其他条件不变的情况下,钢包外壳温度随钢包工作层弹性模量的减小而降低,钢包工作层的弹性模量由10 GPa减小到4 GPa,可使钢包外壳温度降低20%左右。

由图9.12可知,在其他条件不变的情况下,钢包外壳温度随钢包永久层弹性模量的减小而降低,钢包永久层的弹性模量由10 GPa减小到4 GPa,可使钢包外壳温度降低25%左右。计算分析还发现,在其他条件完全相同时,仅改变工作层或永久层的弹性模量对钢包外壳温度的影响小于导热系数改变的影响。

(3) 内衬厚度对钢包保温性能的影响

内衬厚度直接影响钢包的温度场分布,当钢包被使用时,工作层由于受到钢液、钢渣以及高温环境对它的侵蚀而减薄，钢包内衬和外壳的温度会升高，从而导致钢包热量损失增加，降低了钢包的保温性能[17]。为了研究工作层厚度对受钢过程中钢包温度场影响，在原钢包壁工作层厚度 200 mm 的基础上，分别减薄 5 mm、10 mm 和 15 mm，永久层和钢包壳厚度不变。通过分析计算分别得到减薄 5 mm、10 mm 和 15 mm 的温度云图如图 9.13～图 9.15 所示。

由图 9.13～图 9.15 得出，随着钢包内衬厚度减薄，钢包内衬及钢包壳整体温度升高，这说明增加工作层厚度有利于提高钢包的保温性能，但是这也增加钢包的成本。同样为了保持钢包壳温度在许可范围之内，工作层厚度也不能减小得太多，这就需要为钢包内衬选择一个合适的厚度，这对钢包内衬设计也是很有意义的。

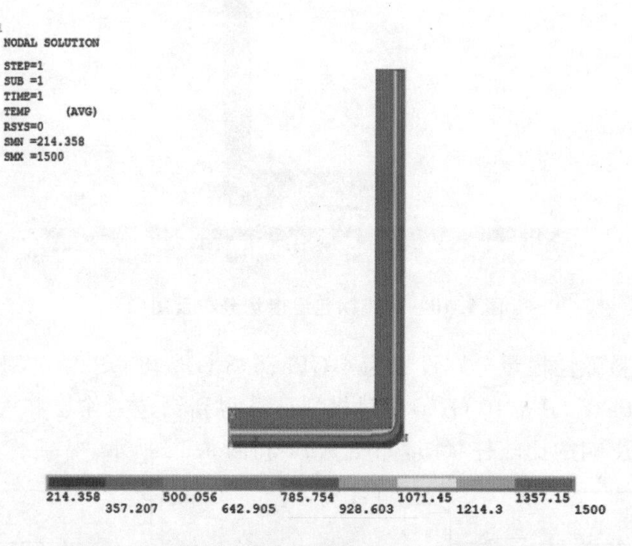

图 9.13 传统钢包工作层减薄 5 mm 的温度分布图

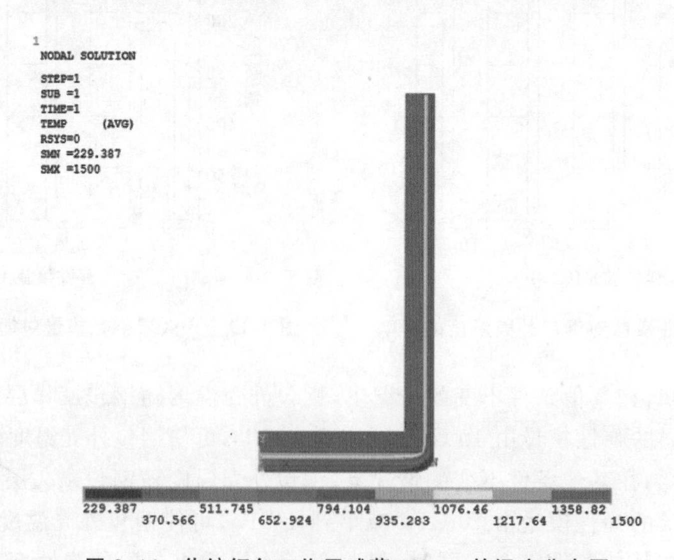

图 9.14 传统钢包工作层减薄 10 mm 的温度分布图

通过研究钢包内衬的物性与厚度对钢包保温性能的影响规律，分析表明影响钢包保温性能的关键因素是内衬材料的导热系数、弹性模量和其厚度，其中导热系数与厚度对钢包保温

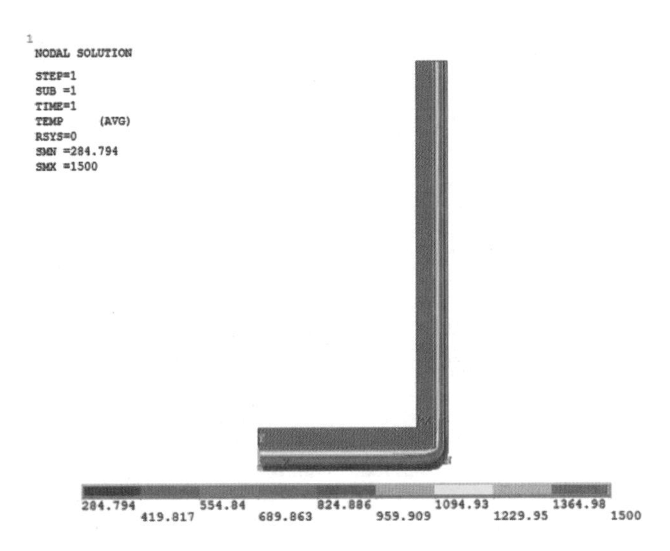

图 9.15 传统钢包工作层减薄 15 mm 的温度分布图

性能的影响比较大。在其他条件不变的情况下，钢包内衬的导热系数增大，钢包外壳温度随之升高。钢包工作层的导热系数为 1.15 W/(m·K)时钢包外壳温度为 214 ℃，当工作层的导热系数增加到 3 W/(m·K)时，钢包外壳温度为 360 ℃，增加了 146 ℃，已经接近钢包壳材料的蠕变温度，会使钢包外壳的强度严重降低。所以，钢包内衬导热系数不能太大。钢包内衬厚度减薄，会引起外壳温度升高。要提高保温性，应该增加内衬的厚度，但是这会使钢包的容量减小，所以需要在这两者之间寻找一个平衡点[41-43]。

钢包在出钢、精炼、连铸等运行周期循环之前，要进行烘烤蓄热以免承受严重的热冲击。钢包在出钢前的热状态直接影响着出钢和盛钢过程钢水的温度变化，因此，研究钢包在烘烤状态下的温度场分布对钢包保温性能的研究有着重要的指导意义。

可采用大型有限元技术对钢包烘包阶段的温度场进行稳态和瞬态三维有限元数值模拟，从而得知烘烤时间对钢包外壳温度变化的影响。

在烘包阶段，钢包包壳一直与周围的空气不断地进行热交换，热交换的方式有两种：一种为包壳与空气的自然对流换热，采用平均自然对流换热系数计算；另一种为包壳与外界环境的辐射换热。本文采用简化形式，即将辐射换热转化为对流换热形式，在烘包状态下，耐火材料内壁温度取 1000 ℃，内衬与空气之间的对流系数为 30 W/(m^2·K)。包壳与外部环境之间的边界条件包括自然对流和辐射对流，由于在烘烤时，钢包包底的空气基本不流动，因此包底取消自然对流这一边界条件，而辐射则施加到整个钢包的外壳，包括箱形加强箍带的内部以及其他封闭空腔的内部。

在钢包达到最后的传热平衡状态时，对钢包整体进行稳态温度场的计算，钢包整体稳态温度场分布如图 9.16 所示。

如图 9.16 所示，钢包达到最后的传热平衡状态时，钢包温度呈现梯度分布，钢包温度从内衬到外壳依次降低，钢包内衬的温度处于 280～1000 ℃，钢包外壳温度为 103～280 ℃，钢包壳最高温度出现在外壳上渣线位置处，最低温度出现在钢包耳轴最外沿。烤包阶段是给钢包盛钢水前的预热工作，烤包结束后，钢包就要进入到工作状态。

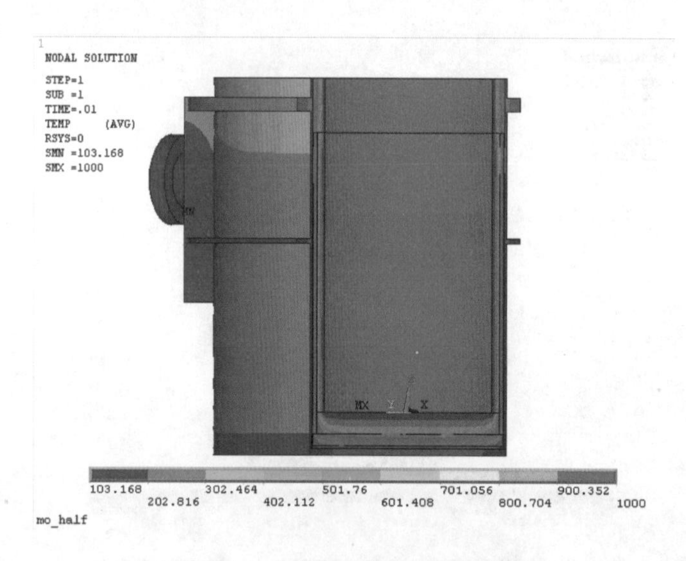

图 9.16 传统钢包稳态温度场分布

钢包的烘烤过程是一个内衬及包壳不断蓄热的过程,包壳外表面通过辐射及对流与外界环境同时也进行着热交换,直到达到稳定的平衡状态。通过比较烘包阶段稳态和瞬态数值模拟的计算结果可以看出,经过 30 h 的烘烤,钢包外壳表面温度场达到稳态。如图 9.17 所示,通过三维有限元计算结果表明,烘包进行 15 h 后包壳表面温度提高速率降低到小于 5 ℃/h,温度变化速率较小。只考虑钢包的保温性能,钢包烘烤在达到热饱和时是最好的,但是在后面的 15 h 里钢包壳表面温度提高速率太低,对于消耗的能源是不成比例的,所以烘包时间一般选择 15 h 左右,这样更能节省能源。

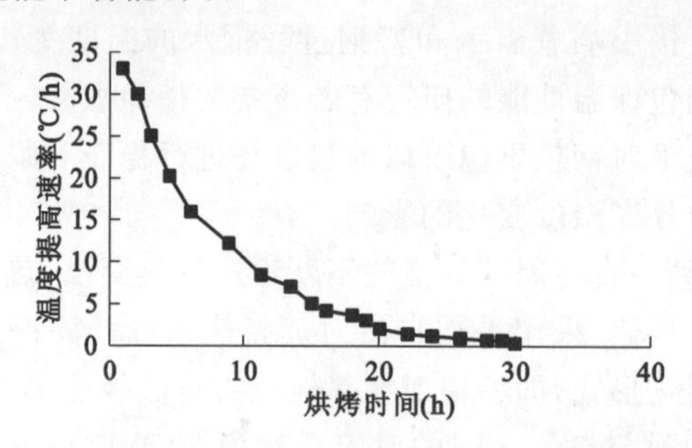

图 9.17 传统钢包烤包阶段钢包外壳温度变化速率曲线

在钢包整个热循环过程中,提高出钢时钢包内衬耐火材料温度能减少钢水在钢包内的温降。而提高钢包内衬耐火材料温度的方法有两种:一是利用燃料加助燃剂对钢包进行加热,二是在钢包上加盖来保温钢水。本书采用钢包加盖来提高钢包内衬材料的温度,将从内衬材料温度和钢水温降两个方面来研究。

钢包内衬的温度主要取决于内衬的蓄热和散热,在烤包过程中钢包内衬处于蓄热阶段,在烤包结束钢包将进入工作状态,在受钢刚开始,钢包内衬还处在蓄热阶段,等钢包内衬热量处于饱和时,内衬温度趋于稳定,从受钢结束直到浇铸结束,钢包内衬都处于散热阶段。为了掌握钢包加盖对内衬温度的影响,应用有限元技术对钢包各个工况下内衬温度进行模拟分析,并与未加盖钢包内衬温度进行对比,如图 9.18 所示。

如图9.18所示，各个工况下，钢包加盖内衬的温度都比未加盖的温度高，加盖使得钢包内衬的温度平均提高150 ℃左右。

钢包加盖和未加盖对钢包盛钢期间钢水温度的影响如图9.19所示。钢包是否加盖，对盛钢过程钢水温度变化的影响是非常明显的，特别是全程加盖，能大大降低钢水的温降。在其他条件相同的情况下，浇铸开始时，全程加盖的钢水温度比未加盖的平均提高19 ℃。之所以全程加盖对钢包的热状态及盛钢期间钢水温度的影响作用这样大，是因为钢包在空包期间的散热时间长，这期间若对钢包加上盖，则大大减少炽热的钢包内表面直接对外部的辐射散热损失，从而明显减少钢包在出钢期间和盛钢期间对钢水的蓄热损失。

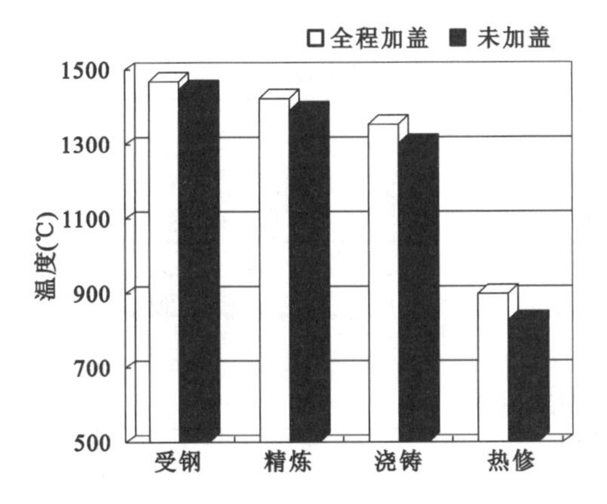

图9.18 传统钢包加盖与未加盖内衬温度的对比柱状图

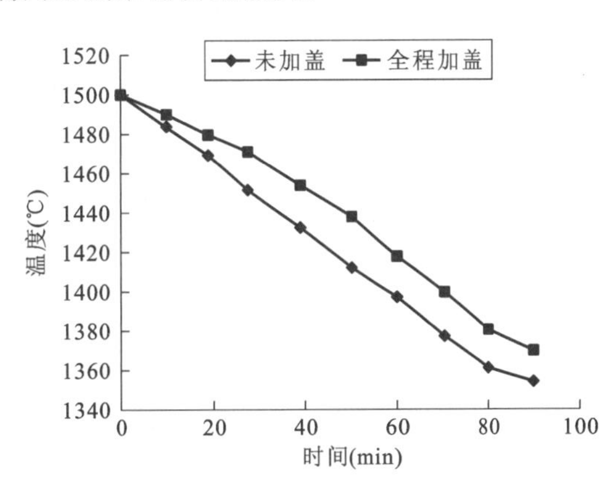

图9.19 传统钢包加盖和不加盖钢水温度下降的速度

9.1.2 具有保温绝热内衬的新型钢包的保温性能分析

由于连铸技术和生产迅猛发展，炉外精炼技术被广泛采用，钢包不再仅仅是运输和浇铸钢水的容器，同时也是炉外精炼的精炼炉，这就必然延长钢水在钢包内的滞留时间，增加钢包周转过程中的操作环节，钢水在包时间和浇铸时间都成倍地延长，要求更高的出钢温度。而为了承受高温钢水的侵蚀，提高钢水的清洁度和钢包使用寿命，在连铸钢包上逐渐采用高铝、铝镁质或铝镁碳质等高级耐火材料取代黏土砖做包衬。这类耐火材料的导热系数和密度都比较大，增加了钢水的热损失。为补偿这部分热损失，还得提高出钢温度。过高的出钢温度不仅增加了炼钢生产的难度及各种载能体的单耗，而且增加了钢水的氧化和铸坯中的夹杂物，严重影响钢水质量。为了克服这种矛盾本书提出了钢包保温节能衬体。

绝热保温毡是近几年发展起来并得到应用的新型保温隔热材料。它是在硅酸盐复合绝热涂料和硅酸盐复合绝热制品及泡沫石棉制品生产工艺的基础上发展起来的软质绝热材料。绝热保温毡以海泡石为基本料，石棉、硅酸铝纤维为网络骨架，渗透剂为松解助剂，膨胀珍珠岩为填充料，加入无机质黏结剂等制成。上述各种材料按一定比例和顺序经计量后与水搅拌成黏稠状的复合浆体，经充分的浸润和松解后，浇铸入模，然后送入烘房蒸发脱水而成的一种多孔、轻质、色白柔软，且具有一定抗拉强度的保温绝热制品[31-32]。

绝热保温毡具有密度小、导热系数低、热稳定性好、使用温度高、具备一定的抗拉强度、施工使用方便等特点。

钢包在受钢的时候，钢水温度下降速率较快是因为工作层还处在蓄热状态。要想改变这种状态就需要在工作层上加上一层密度小、导热系数低、热稳定性好、使用温度高、具有一定抗拉强度的材料来降低热量的扩散速率。所以,在钢包工作层表面覆盖一层 10 mm 厚的保温绝热毡[33]。

钢包内衬新型保温隔热板是高强度硅酸钙板材料制成的,它具有耐高温、导热系数低、保温隔热性能好、强度高等性能,因而被广泛应用在钢包内衬层里,可以有效地降低钢包壳的温度。钢包外壳温度不能太高,温度高会使钢包壳产生蠕变,降低钢包壳的强度,所以在钢包壳和永久层之间加上一层保温隔热板[34]。

在不改变钢包内衬厚度的情况下,可通过改变内衬的结构来提高钢包的保温性能。保温节能衬体与普通钢包耐火衬结构和材料对比如表 9.4 所示。

表 9.4 保温节能衬体与普通钢包耐火衬结构和材料对比表

序号	项目	耐火衬的结构(mm)
1	传统钢包	114 永久层+200 工作层
2	新型钢包	30 保温隔热板+110 永久层+164 工作层+10 绝热毡

永久层采用高铝镁质整体浇铸内衬 ,工作层砌筑高铝质耐火砖。钢包耐火材料物性参数如表 9.5 所示。

表 9.5 新型钢包耐火衬物性参数

物性参数 / 钢包材料	导热系数 [W/(m·K)]	比热容 [J/(kg·K)]	密度 (kg/m³)	膨胀系数 ($\alpha \times 10^{-6}$ K^{-1})
高温绝热毡	0.093	1430	350	2.87
工作层(铝镁碳质)	1.15	1200	2.95×10^3	8.5
永久层(高铝质)	0.5	1175	2.8×10^3	5.8
保温隔热板	0.24	1240	950	3.65
钢包外壳	39	420	7.8×10^3	13

钢包各部分材质厚度及物化参数如表 9.6 所示。

表 9.6 钢包厚度及物性参数

钢包层	材料	厚度(mm)
高温绝热毡	硅酸盐复合绝热制品	10
工作层	铝镁碳质	164
永久层	高铝质	110
保温隔热板	强度硅酸钙板	30
钢包外壳	16MnR	36

在整个模型计算过程中忽略钢包各层耐火材料间及耐火材料与钢壳间的接触热阻,也不考虑因吹氩引起的钢水热分层现象;假设钢水温度均匀分布。根据钢包受钢包体的工作状况,在包内,钢液和包壁是接触传热,按第一类边界条件处理,即已知工作层内表面温度为钢液温度(按 1500 ℃计算)。包壳外表面可取为第三类边界条件,包壳表面的散热有两种方式:① 与周围空气的对流散热;② 通过辐射向周围环境散热,将其折算成综合换热系数进行考虑。

根据上述假设,钢包模型可以简化为由多层不同材料组成的筒体。图 9.20、图 9.21 分别为数值模拟采用的三维实体及有限元模型。

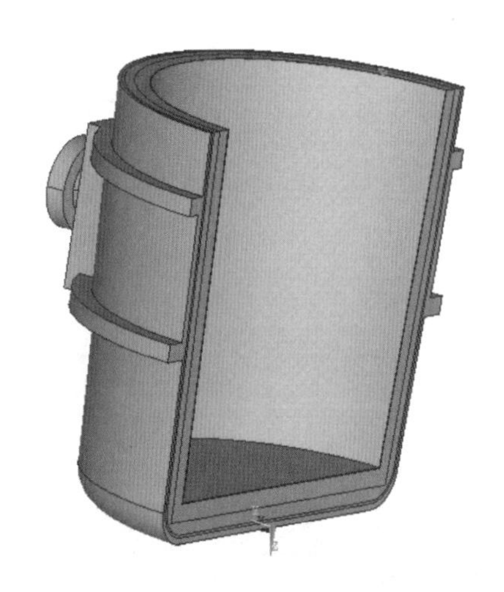

图 9.20　具有保温绝热内衬的新型钢包三维实体模型

图 9.21　具有保温绝热内衬的新型钢包三维有限元模型

在钢包达到最后的传热平衡状态时，对钢包进行稳态温度场模拟，如图 9.22 和图 9.23 所示。

由图 9.22 和图 9.23 可知，在相同的烤包温度和时间下，新型钢包的内衬温度比传统钢包的要高，由此能够得出新型钢包的烤包时间要比传统钢包短的结论，节省能源和时间，这对于企业提高效率、降低成本都是很有意义的。

首先建立钢包的三维模型，实际分析是利用前处理器，选取 SOLID70 单元，采用自由网格划分，对局部进行网格细化。网格划分后，将与温度场计算相关的各材料导热系数以及钢包外表面的综合换热系数加载到计算程序中，钢水温度按 1500 ℃加载到计算模型中，包壳附近环境温度按 30 ℃进行加载计算，得到钢包各层都达到热饱和的稳态温度场分布云图，如图 9.24和图 9.25 所示。

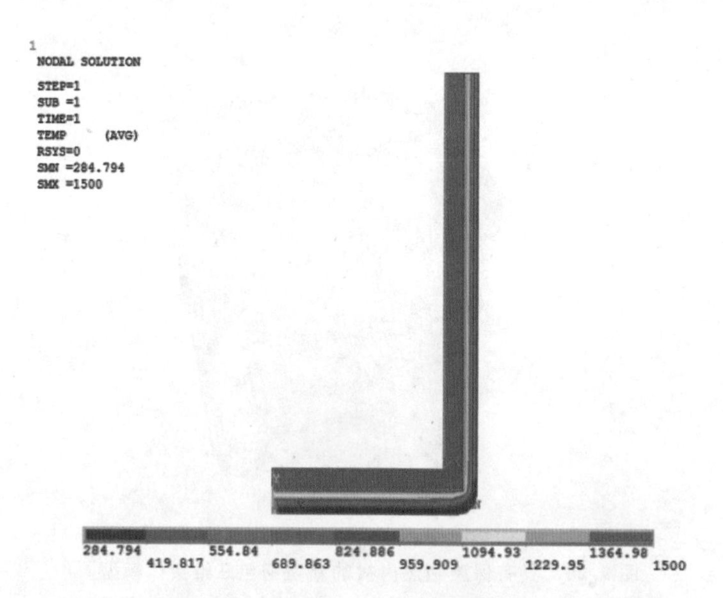

图 9.22 具有保温绝热内衬的新型钢包烤包状态下的温度场

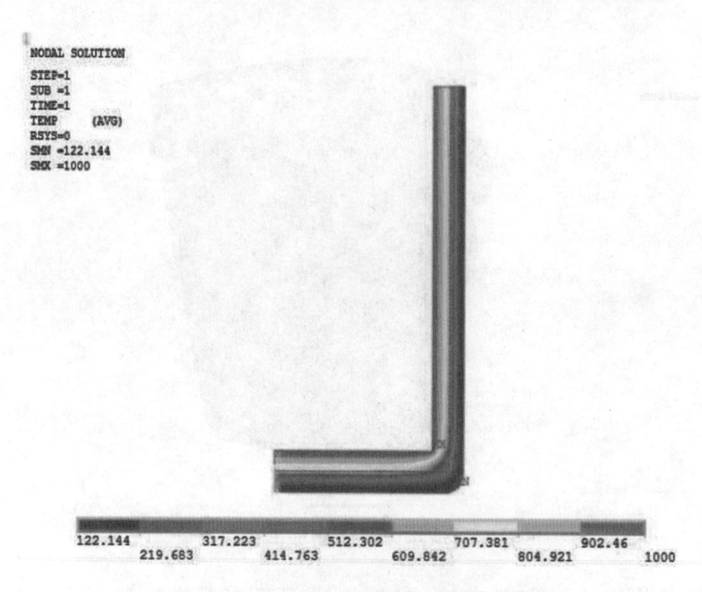

图 9.23 传统钢包烤包状态下的温度场

由图 9.24 和图 9.25 可以看出，钢包内衬进行改进以后钢包壳的温度有所下降，钢包温度呈现梯度分布，钢包外壳温度为 167.9～257.4℃，钢包壳的蠕变温度为 300～350 ℃，包壳的表面温度小于包壳材质的蠕变温度，能够满足寿命要求[35-36]。

钢包的保温性能主要体现在钢包热损失的多少，钢包的热损失包括包衬耐火材料的蓄热损失和内衬散失到钢包周围空间的热量[24-29]。钢包外壳温度升高是钢包内衬散失到钢包周围空间的热量引起的。在其他条件不变的基础上，通过钢包外壳温度来验证钢包的保温性能。

如图 9.26 所示是钢包稳态下钢包内衬随厚度变化的温度曲线，从图中可以看出，在钢包永久层和钢包壳之间加入保温隔热板使钢包外壳的温度下降了 45 ℃，钢包工作层的温度升高，说明钢包内衬散失到周围的热量减少了，这样就提高了钢包的保温性能。

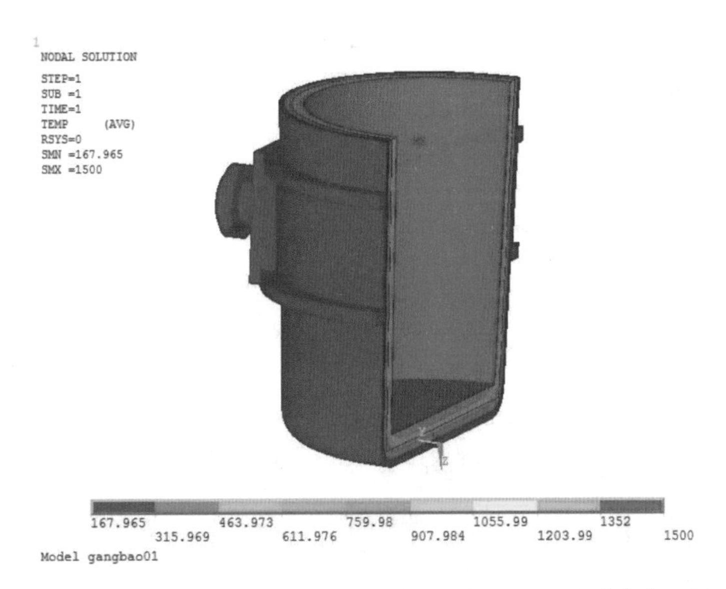

图 9.24 具有保温绝热内衬的新型钢包受钢工况下温度分布云图

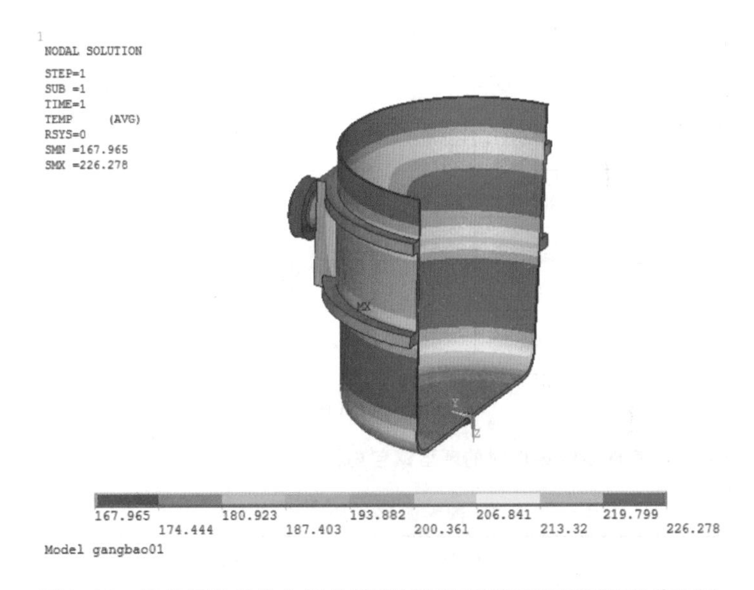

图 9.25 具有保温绝热内衬的新型钢包壳受钢工况下温度分布云图

对钢包受钢完成 20 min 以后钢水的瞬时温度场进行模拟，利用前处理器建立钢包的三维模型，选择 SOLID70 单元，采用自由网格划分，对局部进行网格细化。设置坐标轴，定义时间历程变量，得到钢水的瞬态温度变化曲线如图 9.27 所示。

由图 9.27 可以看出，在受钢刚开始温度下降速率是很快的，这是因为钢包内衬处在蓄热阶段，随着时间的推移钢包温度下降速率减慢[30]，钢包达到热饱和时，钢水的温度趋于平稳。通过计算得出钢水温降平均速度，对比分析如表 9.7 所示。

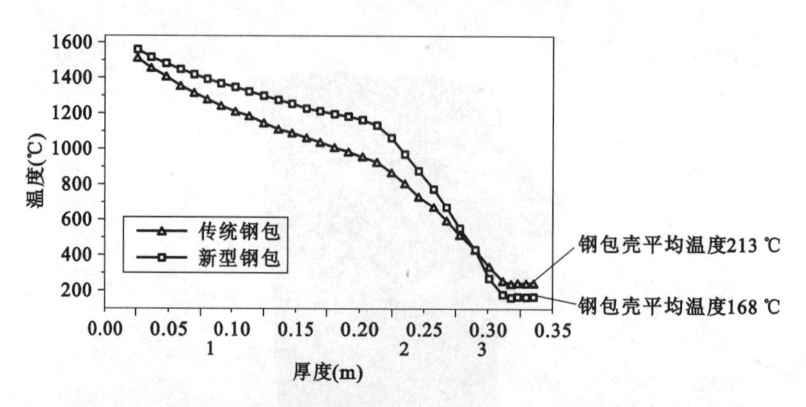

图 9.26 具有保温绝热内衬的新型钢包内衬及钢包壳温度变化曲线

1—工作层；2—永久层；3—钢壳

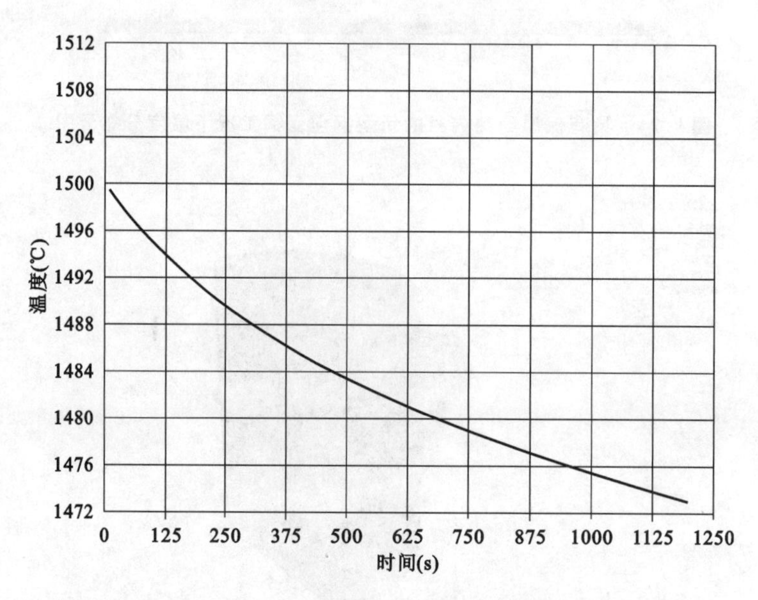

图 9.27 钢水与具有保温绝热内衬的新型钢包内衬接触点的温度随时间的变化关系曲线图

表 9.7 钢水温降平均速度对比表

序号	钢包	运行时间(min)	温降速度(℃/min)	平均值(℃/min)
1	传统钢包	20	1.45～1.87	1.66
2	新型钢包	20	1.21～1.57	1.39
3	差值			0.27

研究表明钢包加盖能大大提高钢包的保温性能，在钢包整个热循环过程中，钢包全程加盖的内衬温度比未加盖的要高，在浇铸开始时，全程加盖的钢水温度比未加盖的要高。研究新型加盖钢包保温性能，将从钢包内衬温度和钢水温降两个方面来研究。

首先建立钢包的二维截面模型，采用自由网格划分，对局部进行网格细化。网格划分后，设置边界条件，得到钢包未加盖时和加盖时温度分布云图，如图 9.28、图 9.29 所示。

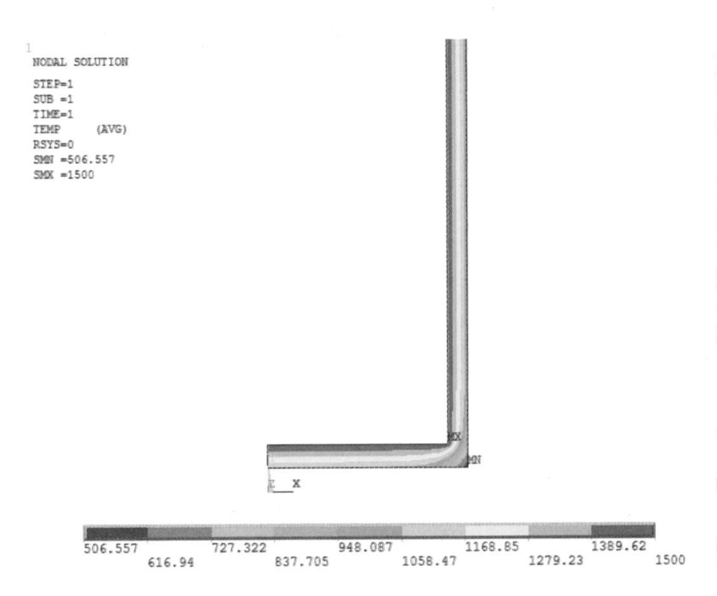

图 9.28　具有保温绝热内衬的新型钢包未加盖时温度分布云图

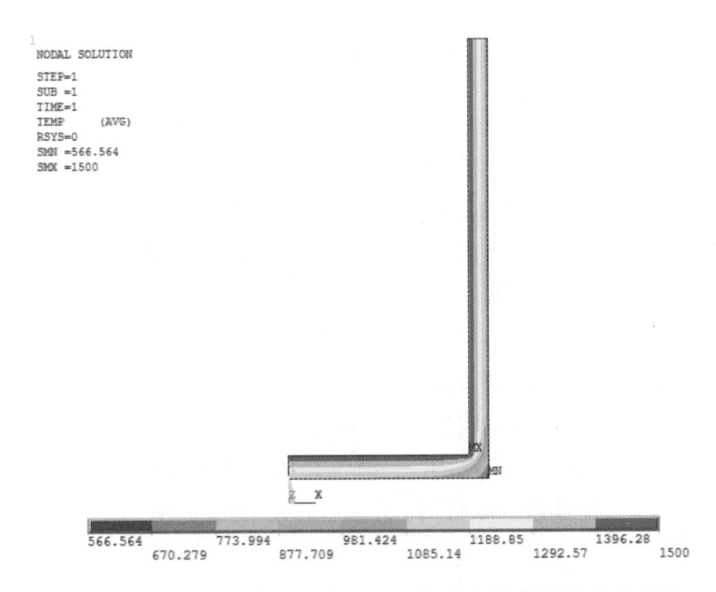

图 9.29　具有保温绝热内衬的新型钢包加盖时温度分布云图

由图 9.28 和图 9.29 可知，在这个工况下，新型钢包加盖内衬的温度都比未加盖的温度高，加盖使得钢包内衬的温度平均提高 80 ℃左右。

对钢包受钢完成 20 min 以后钢水的瞬时温度场进行模拟，利用前处理器建立钢包二维截面模型，采用自由网格划分，对局部进行网格细化。网格划分后，设置坐标轴，定义时间历程变量，得到钢水的瞬态温度变化曲线如图 9.30 所示。

如图 9.30 所示，钢包内钢水温降速率随时间逐渐降低，在钢包受钢结束 20 min 内，钢包钢水平均温降速率为 1.2 ℃/min。相对于未加盖钢包钢水温降速率降低了 0.19 ℃/min。

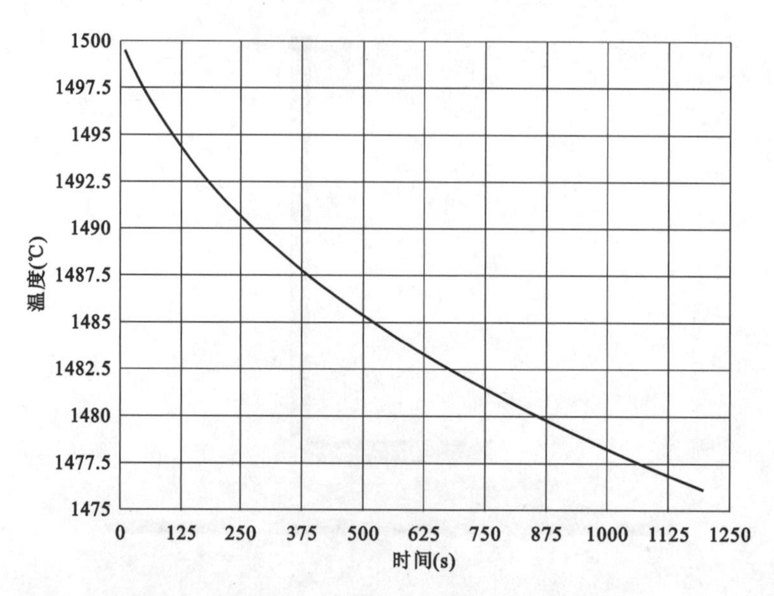

图 9.30 钢水与具有保温绝热内衬的新型钢包内衬接触点的温度随时间变化的关系曲线图

9.1.3 具有保温绝热内衬的新型钢包应力分析

在研究保温性能的同时,必须考虑钢包内衬和钢包壳所受的应力大小,从而确定在提高钢包保温性能时,不会影响钢包的寿命。所以,应该研究钢包的应力场分布规律。本书在前面温度场计算的基础上,计算得到了钢包内衬和钢包壳的应力场。热应力计算过程中忽略了钢包内衬由于热膨胀所产生的膨胀力的影响,只考虑了钢包本身受热而产生的热应力。

热应力问题实际上是热和应力两个物理场之间的相互作用,故属于耦合场分析问题。有限元提供了两种分析热应力的方法:直接法和间接法。直接法是指直接采用具有温度和位移自由度的耦合单元,同时得到热分析和结构应力分析的结果;间接法则是指先进行热分析,然后求得节点温度作为体载荷施加到结构应力分析中。

采用间接耦合法进行应力场计算时,由于钢包整体是关于截面对称的,在计算时选取钢包的一半作为研究对象,在设置边界条件时,对钢包对称截面上所选的几点施加沿 Z 轴方向的位移约束。在钢包的热循环过程中,钢包在各个工况下所处的状态不一样,这就使得钢包的其他约束必须根据钢包所处的不同状况来进行施加。钢包上施加的载荷可分为两种,一种是由于钢包传热所产生的温度载荷,另一种是由于钢水和外界空气作用而产生的机械载荷。由于钢包在各个状态下的约束条件和所受载荷的不同,计算钢包热应力需考虑吊运时、台车上和落地三种情况[18-22]。

在热分析完毕后,重新进入前处理器,热单元转换为相应的结构单元 SOLID45,设置材料属性,对钢包对称平面上的节点施加对称约束,限制钢包在 Z 方向上的移动,对耳轴上与吊钩相接触的平面上的节点施加 X 和 Y 方向的弹性约束。读入热分析结果并将其作为载荷,指定参考温度,最后求解及后处理。图 9.31 和图 9.32 所示为钢包在吊运状态下模拟计算的耐火内衬和外壳的等效应力云图。

如图 9.31 和图 9.32 所示,钢包最里层绝热保温毡的热应力为 0.95～1.07 MPa,钢包工作层的热应力为1.08～1.32 MPa,钢包永久层的热应力为1.06～1.43 MPa,保温隔热板的热应力为0.95～1.05 MPa,钢包壳的最大热应力为207.8 MPa。

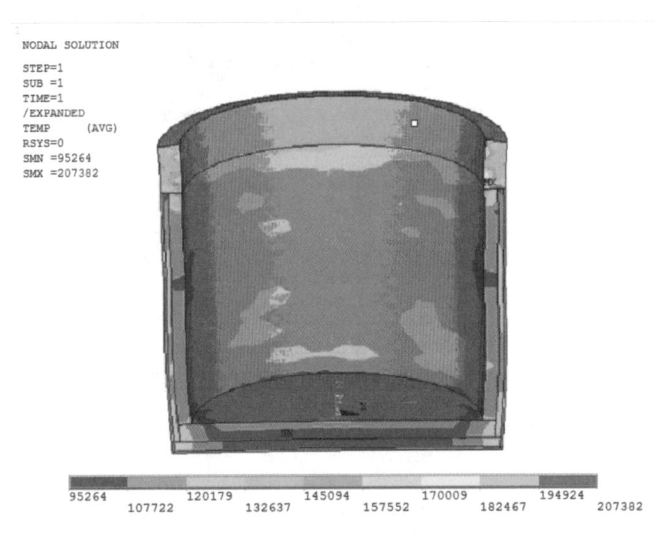

图9.31 吊运状态下耐火内衬的等效应力云图

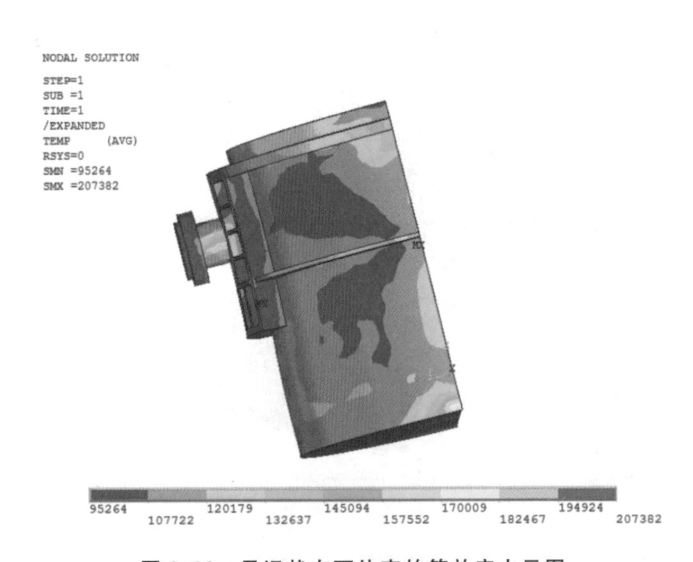

图9.32 吊运状态下外壳的等效应力云图

将钢包温度场作为体载荷加载到模型上,对钢包对称平面上的节点施加对称约束,限制钢包在Y方向上的移动[23],对钢包台座上与钢水车相接触的平面上的节点施加X和Z方向的弹性约束。图9.33和图9.34所示为钢包在台车上时模拟计算的耐火内衬和外壳的等效应力云图。

如图9.33和图9.34所示,钢包最里层绝热保温毡的热应力为0.93～1.05 MPa,钢包工作层的热应力为1.04～1.32 MPa,钢包永久层的热应力为1.13～1.36 MPa,保温隔热板的热应力为0.97～1.11 MPa,钢包壳的最大热应力为198.3 MPa。

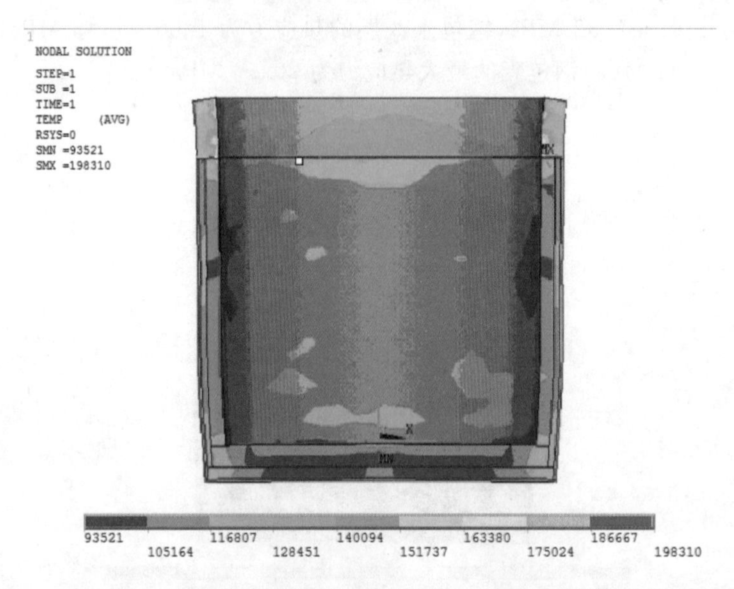

图 9.33　具有保温绝热内衬的新型钢包在台车上时耐火内衬的等效应力云图

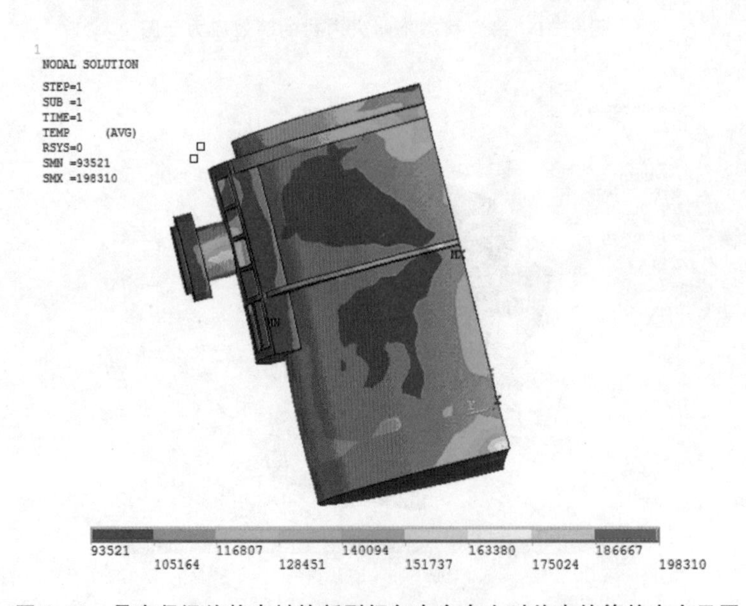

图 9.34　具有保温绝热内衬的新型钢包在台车上时外壳的等效应力云图

在现实生产过程中，满载的钢包是禁止放在地上的，只有在紧急状态下，才可能将满载钢包落地放置，此时外壳在钢包自重和钢液静水压力作用下承受单向拉伸和挤压作用，通过 ANSYS 模拟出此时钢包的应力状态。图 9.35 和图 9.36 所示为满包落地状态下模拟计算的耐火内衬和外壳的等效应力云图。

如图 9.35 和图 9.36 所示，钢包最里层绝热保温毡的热应力为 0.97～1.10 MPa，钢包工作层的热应力为 1.10～1.23 MPa，钢包永久层的热应力为 1.06～1.43 MPa，保温隔热板的热应力为 0.95～1.165 MPa，钢包壳的最大热应力 211.5 MPa。

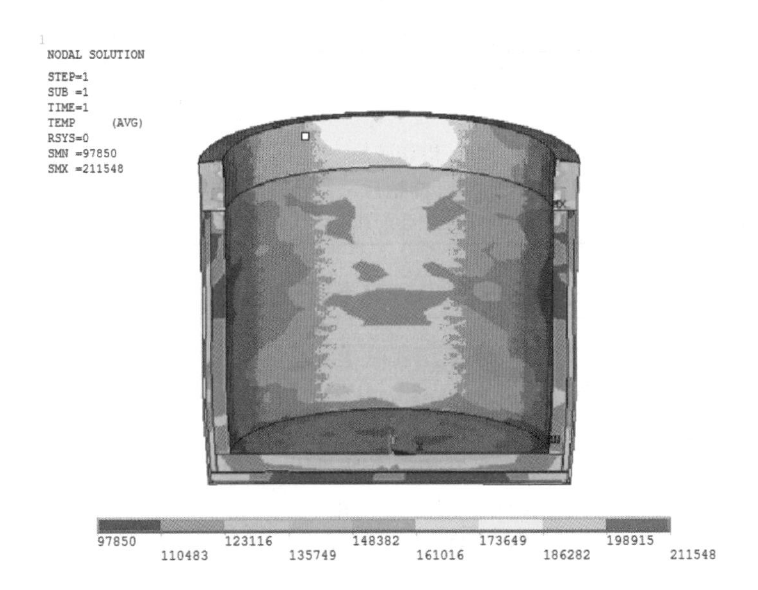

图 9.35 具有保温绝热内衬的新型钢包落地状态时耐火内衬的等效应力云图

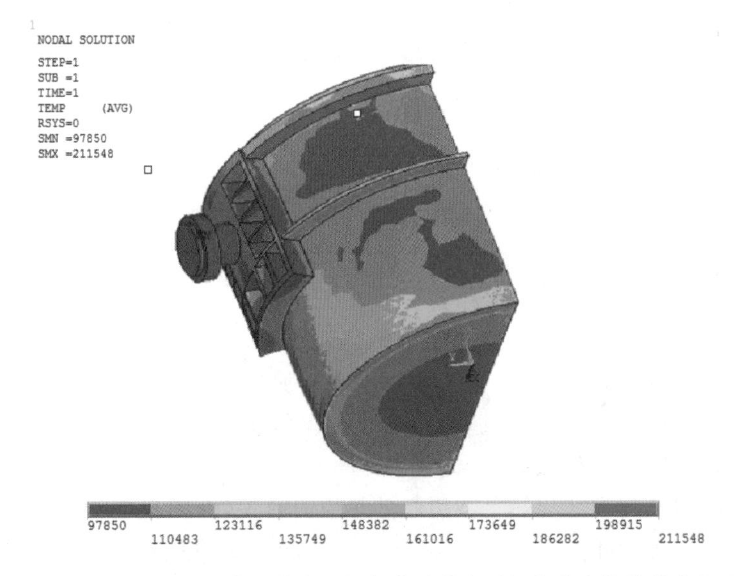

图 9.36 具有保温绝热内衬的新型钢包落地状态时钢包外壳的等效应力云图

在提高钢包保温性能时，对钢包内衬材料及结构进行了优化，钢包材料和结构的改变会影响钢包内衬和钢包壳热应力的分布。由于钢包内衬和钢包壳受到热应力的作用，钢包内衬开裂和钢包壳蠕变，这严重影响钢包的寿命，所以，对钢包进行热应力分析是很有必要的。

对钢包内衬在三种工况下所受热应力进行分析，如表 9.8 所示，钢包内衬所受应力都在允许范围内。

钢包壳材料为 16MnR 合金钢，其光滑试样常规力学性能如表 9.9 所示。

表 9.8 具有保温绝热内衬的新型钢包各层材料的抗压强度

钢包层	材料	抗压强度(MPa)
高温绝热毡	硅酸盐复合绝热制品	1.25
工作层	铝镁碳质	43.4
永久层	高铝质	54.4
保温隔热板	强度硅酸钙板	1.23

表 9.9 16MnR 钢常规力学性能

钢种	σ_b	σ_s	σ_{-1}(=0.3×σ_b)	E
16MnR	586 MPa	361 MPa	175.8 MPa	206 GPa

钢包壳出现最大应力的地方位于钢包底中央处，最大应力为：$\sigma_{\max}=211.5$ MPa，此时有：

$$n_b=\frac{\sigma_b}{\sigma_{\max}}=\frac{586}{211.5}=2.77$$

$$n_s=\frac{\sigma_s}{\sigma_{\max}}=\frac{361}{211.5}=1.71$$

根据资料可知，钢包外壳的安全系数 n_b 和 n_s 应分别为 2.5 和 1.65，其数据是基于传统钢包计算的，以上研究结果表明，钢包外壳考虑较大的热应力时，安全系数 n_b 和 n_s 分别为 2.77 和1.71，最大应力点安全系数满足要求。

9.2 钢包热机械损毁分析及模拟

9.2.1 钢包内衬热机械应力

钢包工作层内衬砖在高温钢水的作用下会热胀冷缩，对钢包壳永久层产生挤压，挤压力的大小随着钢水温度的升高而增大，为了减小由于热胀冷缩引起的热机械应力，在钢包内衬砖砌砖时应设置合适的膨胀缝，膨胀缝的存在可以缓解工作层内衬砖之间的膨胀位移，进而减小钢包工作层内衬砖的热机械应力。

钢包内衬耐火材料的损坏与热负载引起的热应力有关，而内衬工作过程所受的热应力与内衬膨胀间隙的设置密切相关。膨胀间隙设置太大，内衬受的热应力小，但内衬结构不稳定；内衬膨胀间隙设置太小或不设置，内衬结构稳定，但内衬受的热应力就大。要分析内衬工作过程的热应力，需先了解膨胀间隙对内衬之间的接触压力的影响。求解内衬之间的接触压力，内衬结构的温度分布是基础。由于计算时所涉及的内衬材料物性参数值是随着温度的变化而变化，加之整体结构形状和求解边界条件的复杂性，依据解析方法确定内衬之间的接触压力、温度场是非常困难的，有时甚至是不可能的，有限单元法的发展为解决这一问题提供了合理有效的方法。

钢包工作层内衬砖膨胀缝大小是经过理论计算，实验对比得到的。在钢包工作层内衬砖砌砖的过程中，在需要预留膨胀缝的地方涂上一层石蜡，砌砖完成后经过常温干燥保持定型，进入烤包阶段时，内衬工作层在1000 ℃左右的温度下进行烘烤，预留缝胀缝地方所填充的石蜡首先被燃烧掉且不留任何灰烬，随着温度的升高，内衬砖受热膨胀，膨胀的部分刚好能够填充石蜡所占的体积,也能大大减小由于膨胀所产生的热应力,为炼钢过程的安全生产提供了保障。

在对钢包工作层内衬砖进行有限元分析之前应确定钢包的工作环境,即工况。钢包内衬砖在砌筑的过程中为了保持钢包整体的形状,同一层内衬砖之间彼此相互接触,层与层之间也彼此接触,为了更好地模拟内衬膨胀缝对钢包工作层热应力及其温度场的影响,设置合适的接触对以及接触间距十分重要。热结构分析过程分为直接耦合分析和间接耦合分析,直接耦合分析是直接采用热结构单元,在同时施加结构载荷、温度载荷时一并得到温度场、应力场等;间接耦合分析是先对钢包工作层内衬砖进行温度场分析,在结构分析过程中转换温度单元为结构单元,把温度分析时的结果当成温度载荷施加到结构分析中,通过两步的计算得到温度和结构载荷的共同结果。钢包工作层内衬砖在实际工作过程中是由于高温引起的膨胀热应力,同时考虑到在有限元模拟载荷及约束施加的过程中自由度的耦合方便性,因此在本节中选用间接耦合分析方法。

如图 9.37 所示为钢包内衬膨胀缝几何模型,图 9.38 所示为钢包内衬砖整体砖缝。

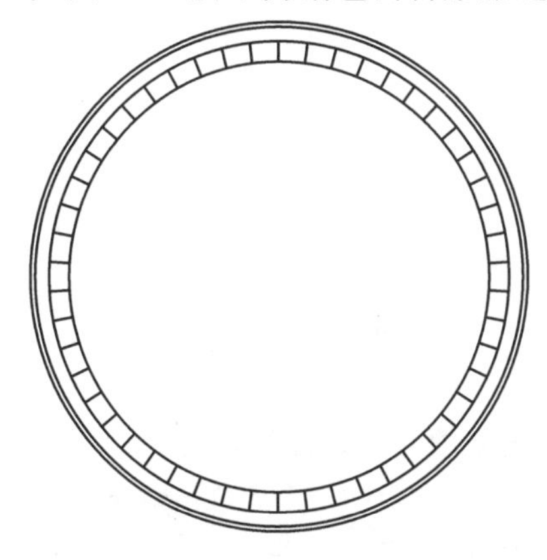

图 9.37 钢包内衬膨胀缝几何模型

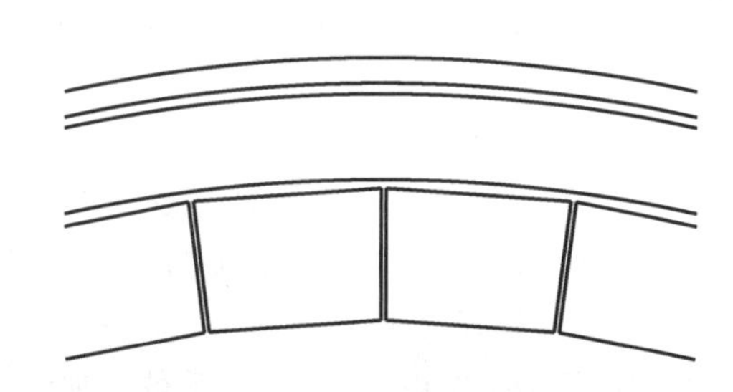

图 9.38 钢包内衬砖整体砖缝

热量的传递大致分为三种方式:热传导、热对流、热辐射。有时候热量传递只有其中的一种方式,比较容易理解且计算方便。当有两种或两种以上的传热方式同时存在时其计算复杂度会大大提高,有限元方法的提出为解决这一难题提供了很大的便利。

钢包在实际工作过程中同时进行着三种传热,高温的钢水和钢包工作层内衬砖之间的接触使得钢水热量不断地传给工作层内衬砖,工作层内衬砖热量又传给与之接触的钢包永久层,永久层热量又传给钢包外壳。外壳同时存在着热对流和热辐射,热对流来自钢包外壳和周围的空气,热辐射来自钢包外壳和周围的其他低温物体。高温钢水同时与钢包开口上面的空气及低温物体之间存在着热对流和热辐射。为了准确地分析钢包的热量传递过程,要先确定钢包工作过程中工作层内衬砖、永久层以及包壳的导热系数,钢水的实际温度,周围空气的对流系数等。

实际的钢包由于承载质量大且需要经常起吊,形状类似于筒形却又呈椭圆形,其椭圆长轴和短轴相差不是很大,为了方便有限元建模以及后续的有限元分析,在此认为其椭圆长轴和短轴相等,即认为钢包内外侧均是圆形。经过上面的简化处理可知:钢水对圆周壁的温度载荷作用是相等的,钢水由于重力对包壁同一水平线上的压强也是相等的,随着深度的增加钢水对包壁的压强不断增大。高温的钢水盛在钢包内,热量经过工作层和永久层的热阻,热量损失已经降低到一个很小的部分,钢包外壳主要起承载作用。外壳也是钢制品,不能承受

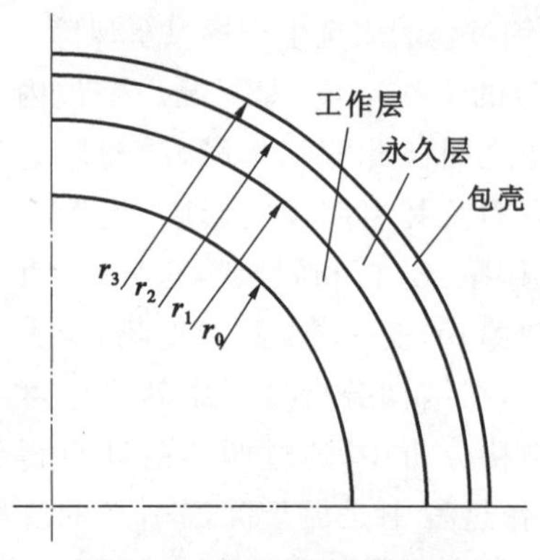

图 9.39　钢包传热模型图

较高的温度，在较高的温度作用下外壳容易变形，工作层一般由热导率较低且耐腐蚀、耐冲击的材料制成，永久层的材料热导率也不能高，外壳一般由强度比较高的钢板卷曲焊接而成。在模拟计算的过程中可以取钢包工作过程中的一个稳定状态进行研究，此时的钢包可以看成是稳态温度分布。钢包传热模型如图 9.39 所示。

钢包内衬主要由四个部分构成，包壳为主要的承力结构起支撑作用，工作层和永久层起隔热作用，工作层主要采用铝镁碳砖材料，永久层主要采用镁碳砖材料，它们在钢包工作过程中分别起着不同的作用。工作层和永久层又有浇筑一体式和砌砖式两种形式，目前两种形式都有采用，也有把两种形式相结合起来用的。

烤包阶段钢包内的温度为 1000 ℃左右，烤包时间长约 24 h，此阶段的主要目的是除去工作层和永久层内衬砖的水分，使其保持干燥状态，同时也是为了使内衬砖轻微膨胀填充工作层内衬砖之间的膨胀缝。烤包过程中，包壳和外界环境存在着对流换热，钢包内工作层接收到的热量一部分被内衬砖吸收，一部分通过热传导传给包壳，包壳再通过对流和辐射传给周围的环境。

钢包壳外表面的热辐射相对于对流数值很小，在计算过程中把对流和辐射合并到一起成为对流换热系数，辐射系数取 0.8，玻耳兹曼常数 $B=5.67\times10^{-8}$ W/(m^2·K)，取钢包壳外表面的平均温度为 525.7 K，取环境温度为 303 K，则换算出来的对流换热系数为：

$$h_r=0.8\times5.67\times10^{-8}\times(525.7^2+303^2)\times(525.7-303)=3.72\ \text{W/(m}^2\cdot\text{K)}$$

把经过换算后的钢包壳对流换热系数施加到钢包有限元计算中的载荷中来，经过烤包阶段钢包达到稳定状态的稳态分析，得到钢包烤包阶段的温度分布图，从图中可以看到钢包内衬材料的温度从里向外逐渐降低，外壳耳轴处离内衬材料最远的地方温度最低。计算得到的钢包烤包状态复合结构体温度场的分布云图如图 9.40 所示。

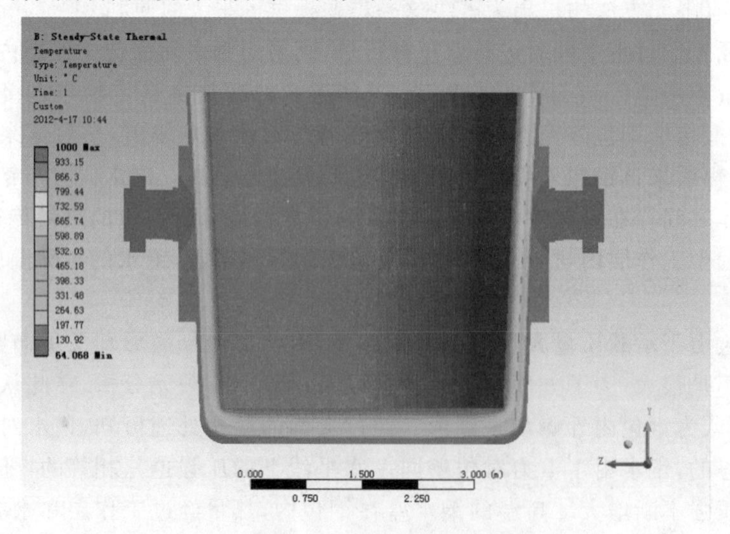

图 9.40　烤包状态钢包复合结构体温度场云图

烤包阶段主要是对钢包进行预热，为钢包盛钢做前期的准备工作，除去耐火材料中的水分及杂质，让钢包工作层内衬砖受热均匀，防止因内衬砖受热不均匀产生过大的热机械应力而开裂，同时也是为了让工作层内衬砖受热膨胀，填充预留的膨胀缝，使其在工作时膨胀相互挤压的热应力得以释放。从图 9.40 可以看到，烤包阶段钢包内衬受热均匀，外壳耳轴温度比包壳稍低，由于耳轴部分凸出，与空气接触面积大，同时耳轴部位离钢包内衬砖块距离稍远，散热比钢壁快，故耳轴温度处于最低点 64 ℃，从内衬到外壳温度逐渐下降。

如图 9.41 所示为钢包烤包阶段的温度场分布云图，从图中可以看到，钢包壳外沿和中间部分温度最高，最高温度达到 182.52 ℃，耳轴部位温度最低，为 64.068 ℃。由于烤包过程中烤包火焰不断往包内喷射，喷射的气体火焰从钢包盖和钢包壳最上边缘部分出来，工作层内衬砖的温度呈均匀分布，永久层的热量来自于工作层对其的传热，包壳在受到永久层传来的热量的同时还受到耳轴及托紧箍的反作用力，托紧箍、耳轴和空气的接触面积比较大，散热比包壳速度要快。当烤包达到稳定状态时，其吸收的热量和散发的热量能够达到平衡，此时钢包内衬工作层及外壳的温度均不再发生变化。

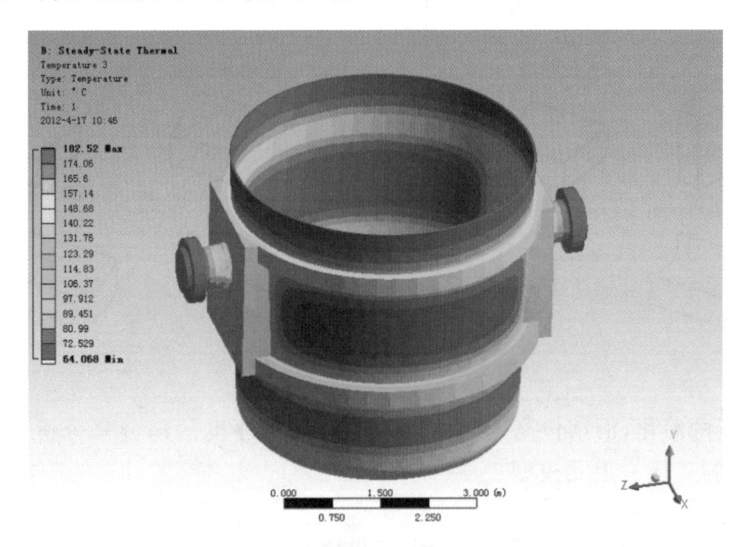

图 9.41 钢包烤包阶段的温度场分布云图

得到了钢包烤包之后的温度场以及温度分布，在求烤包阶段的应力时采用间接耦合的方法，把求得的温度结果直接导入结构分析过程中，转换单元类型，耦合节点自由度后施加结构载荷就可以求解了。图 9.42 所示为烤包阶段钢包整体结构的应力分布图，从图中可以看到钢包壳开口处应力最大，而且有内衬受到挤压凸起的现象，从后面的分析可知适当地设置钢包内衬膨胀缝可以减少内衬及外壳的应力。

根据中华人民共和国黑色冶金行业标准《钢包用耐火砖形状尺寸》(YB/T 4198—2009)，钢包工作衬用耐火砖按使用部位可分为钢包包壁工作衬用耐火砖和包底工作衬用耐火砖。包壁工作衬用耐火砖又分为竖宽楔形砖、钢包侧厚楔形砖和钢包半万用砖。包底工作衬用耐火砖又称为钢包包底砖。钢包内衬砖的类型如图 9.43 所示。

为了分析工作层内衬砖的热应力分布，本文选取竖宽楔形砖[结构尺寸为 170 mm×(155/145) mm×100 mm]作为分析对象。模型中砖体之间的膨胀缝隙根据经验设置为

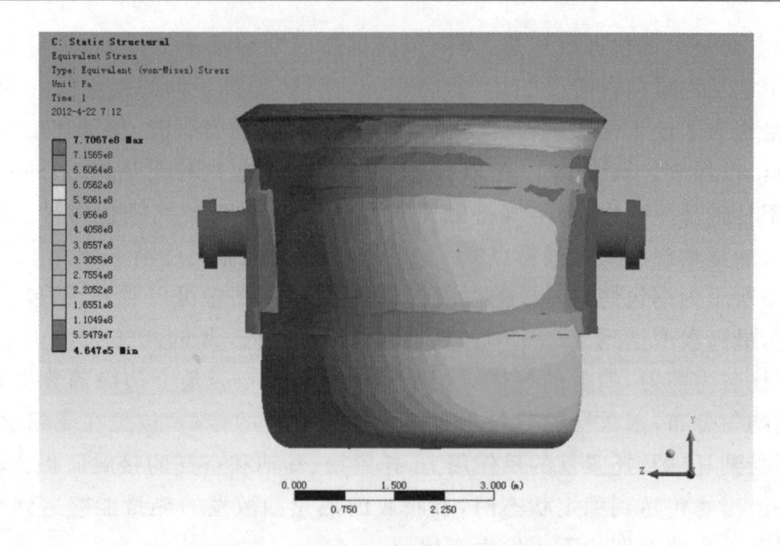

图 9.42　烤包阶段钢包应力分布图

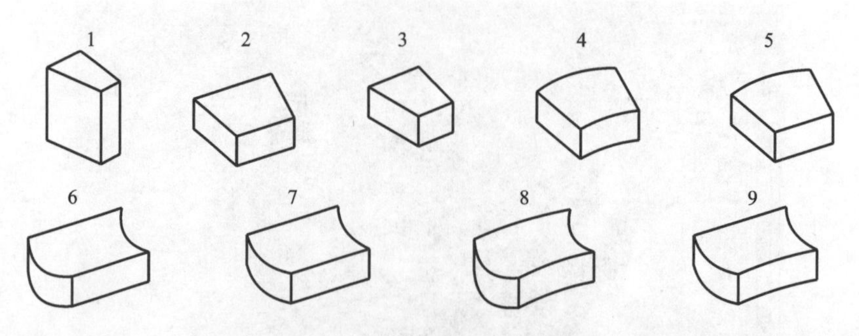

图 9.43　钢包内衬砖的类型

2 mm。为了分析的简化，沿钢包高度方向取一层一块砖厚度的部分来分析，如图 9.44 所示为钢包工作层内衬砖体有限元模型。

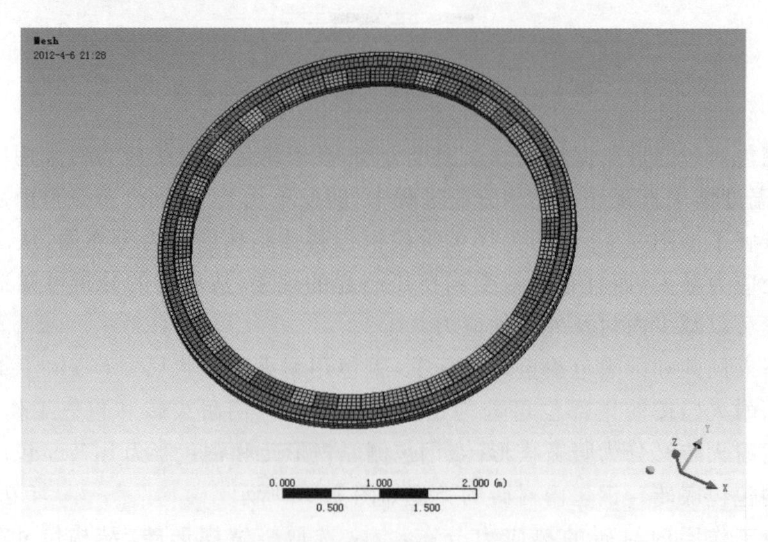

图 9.44　钢包工作层内衬砖体有限元模型

采用有限元方法模拟计算钢包工作层内衬砖的温度场和应力场时，很重要的一个环节就是材料的参数设定，由于材料的参数一般是随着材料的温度变化而变化的，从现有的资料也很难查得材料在各个温度条件下的参数，因此只能在已有温度条件的基础上通过插值法算得材料在其他温度时的参数，热应力分析过程中所需要的材料参数主要为：材料的热导率、比热容、密度、膨胀系数、弹性模量、泊松比等。

钢包在工作过程中，工作层内衬砖和永久层由于受热会产生膨胀，工作层膨胀会向外扩张产生沿轴向的扩张力，永久层也会受热膨胀向外扩张，扩张的力传给钢包壳，永久层同时也承受着工作层膨胀对其的扩张力。工作层内衬砖上下两层也会因膨胀而相互挤压，这些力的作用都是通过彼此接触来传递的，所以在分析的过程中要定义接触单元。

由于接触具有高度的非线性，何时发生接触以及接触区域的大小与两物体表面的垂直距离有关，当两物体表面的距离足够小时就认为两物体发生了接触。物体表面发生接触的同时也会相互渗透，法向接触刚度（KN）是衡量物体渗透量的重要因素。法向接触刚度越大，受到相同的载荷时物体表面的相互渗透量越小，法向接触刚度值一般用以下公式计算得到：

$$KN = f \cdot E \cdot h \tag{9.7}$$

式(9.7)中，f 为接触协调性的控制因子，取值为 0.01～100，一般取 $f=1$；E 为弹性模量，当两个弹性模量不同的材料发生接触时一般取用弹性模量较小的值；h 为接触长度，其值的大小与两物体表面接触的面积有关。

选取烤包阶段分析内衬的温度和应力，在此阶段钢包包壳一直与周围的环境不断地进行热交换，热交换的方式有两种：一种为包壳与空气的自然对流换热，采用平均自然对流换热系数计算；另一种为包壳与外界环境的辐射换热，本文采用简化形式，即将辐射换热转化为对流换热形式，在烘包状态下，耐火材料内壁温度取 1000 ℃，内衬与空气之间的对流换热系数是随着钢包外壳的温度变化而变化的，具体施加数据根据图 9.45 所示确定。

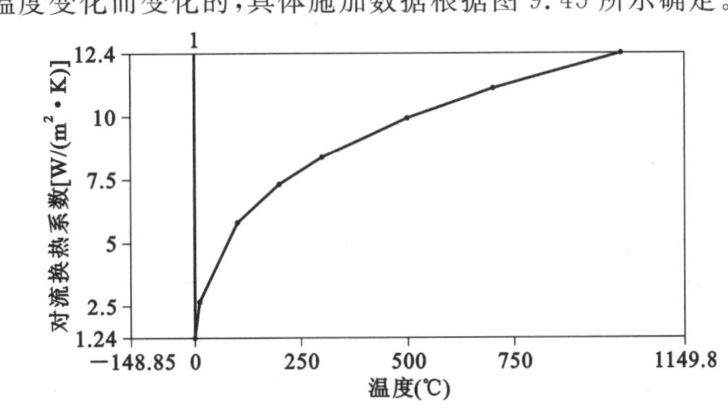

图 9.45　钢包壳外壁与空气之间的对流换热系数

图 9.46 所示为烤包阶段的温度分布，从图中可以看到温度从内到外逐渐降低，内壁温度达 1000 ℃，包壳为 185℃，从图中也可以看到内衬砖的导热系数比包壳的导热系数低，所以内衬砖从内到外温差比较大。图 9.47 所示为工作层内衬砖沿厚度方向的温度变化，从图中可以看到烤包阶段内衬砖从内壁到与永久层接触部位温度线性下降。

根据烤包阶段的温度分布情况可以以温度为初始载荷做一个热结构耦合分析，研究分析之前读取温度分析的模型和温度载荷，施加结构约束，并且耦合其节点，添加工作层与永久层的接触，永久层与包壳的接触。

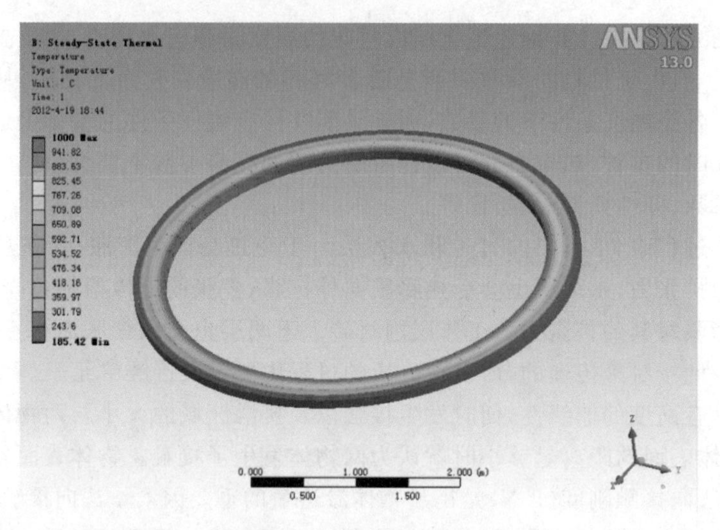

图 9.46 烤包阶段温度分布

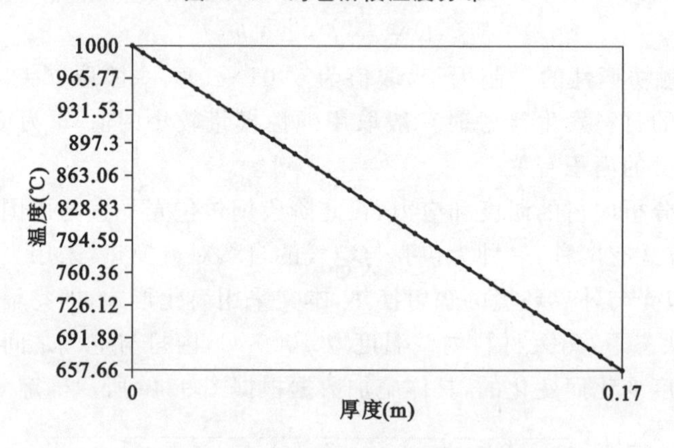

图 9.47 沿工作层厚度方向的温度变化

图 9.48 所示是烤包阶段钢包的应力场模拟，图中设置的膨胀缝为 2 mm，从图中可以看到钢包壳受到的应力最大为 136 MPa 且为拉应力，永久层受到应力最小，工作层受到的应力在 40 MPa 左右且为压应力。图 9.49 所示是钢包沿工作层厚度方向应力变化曲线，从中可以看到在内衬砖内壁应力最大，最大值为 36.5 MPa，沿着钢包壁厚度方向工作层内衬砖的应力逐渐减小，最小值为 13.9 MPa。

钢包在工作过程中高温钢水直接与工作层内衬砖接触，工作层内衬砖在受到高温钢水的作用下从钢包内侧向外温度逐渐降低，工作层内衬砖受到高温作用发生膨胀，在工作层内衬砖之间设置一定的膨胀缝时，工作层内衬砖的膨胀量可以刚好填充所设置的膨胀缝，此方法可以大幅度减小工作层内衬砖之间以及工作层与永久层之间的热应力，为炼钢厂的安全生产打下基础。设置膨胀缝能减少一部分挤压应力，但若膨胀缝过小应力同样会很大，若膨胀缝过大，钢水注入时有可能产生漏钢事故，所以设置合适的膨胀缝对钢包内衬的寿命有非常重要的意义。

钢包工作层内衬砖工作在高温重载条件下，内衬材料的损毁主要是由于内衬砖相互之间的热应力挤压而造成开裂、剥落等。工作层内衬砖的热应力一部分来自彼此间的挤压，一部

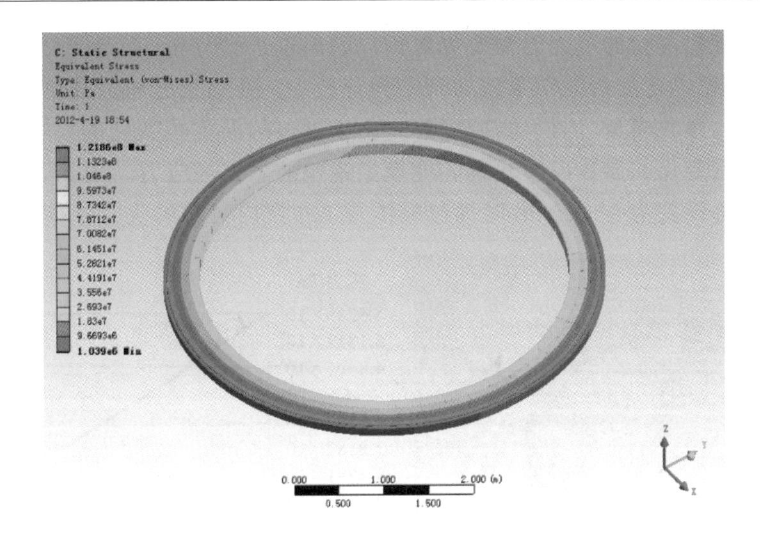

图 9.48　烤包阶段钢包的应力

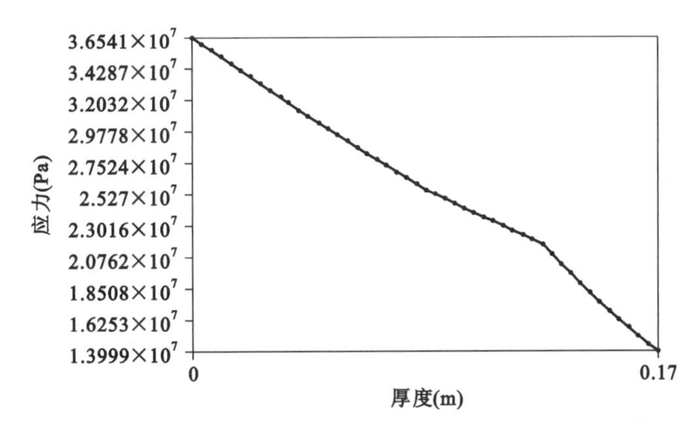

图 9.49　钢包沿工作层厚度方向应力变化

分来自上下不同层内衬砖的膨胀，合适的膨胀缝对热应力的减小有很大的作用，但膨胀缝设置过小时对减小热应力作用不太明显，膨胀缝设置过大时内衬砖之间缝隙可能会导致钢水渗入产生安全隐患，造成重大事故；预留缝过小，热应力增大，将降低内衬砖的使用寿命，所以预留缝的计算具有很大的实用价值。

在有限单元法中接触算法主要有拉格朗日乘子法、罚函数法、增广拉格朗日法、MPC 多点约束算法等。拉格朗日乘子法是在接触体上施加一个拉格朗日乘子的约束值，把约束条件通过拉格朗日乘子描述，增加了计算过程中的变量，也增加了计算的难度。罚函数法是在接触分析的约束条件中对约束方程进行惩罚，使其结果不断地向最优解靠近。罚函数法也增加了计算过程中的变量个数，但相对来说其迭代达到最优值的速度比较快。

通过对非线性接触的认识，在此我们采用拉格朗日乘子法进行计算分析，所取的几何模型包含工作层内衬砖、浇铸整体永久层以及钢制钢包外壳。工作层内衬砖相邻两块砖都会有接触，同时每一块内衬砖都会与永久层相接触，在建立模型时受热膨胀会相互接触的面与面都应该设置面-面接触。选取几种典型的内衬膨胀缝，对不同大小情况与烤包阶段膨胀缝应力的大小之间的关系进行研究，分别取膨胀缝为0 mm、1 mm、2 mm、3 mm、4 mm 进行研究。

在分析整体砖缝钢包内衬的应力时需要先对钢包的温度进行分析，在温度分析的基础上运用热结构耦合原理，把温度分析的结果施加到结构分析中。在结构分析时还需要定义材料的各项属性，如比热容、弹性模量、泊松比，密度等。由于钢包的温度是变化的，其材料的各项属性也应该施加随温度变化的参数以便更真实地模拟钢包的温度与应力。图 9.50～图 9.59 所示为钢包内衬膨胀缝设置为 0～4 mm 时钢包整体及工作层内衬砖的应力分布。

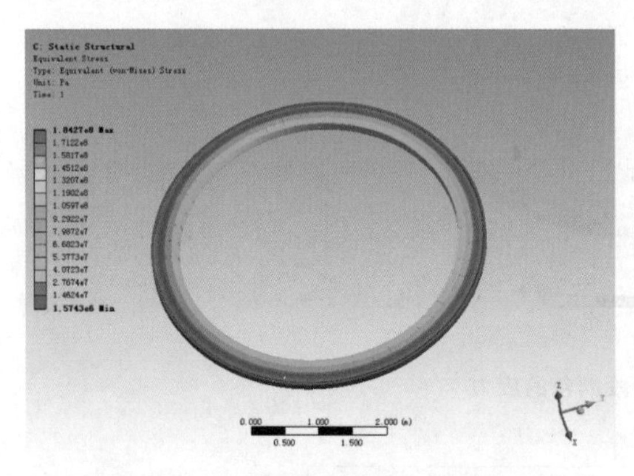

图 9.50 膨胀缝为 0 mm 时的应力分布

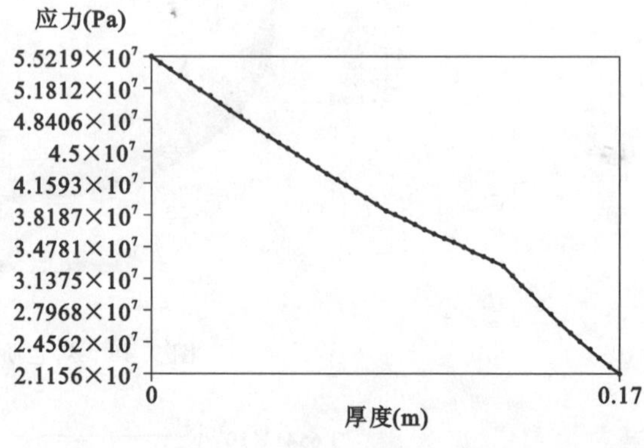

图 9.51 膨胀缝为 0 mm 时应力沿厚度方向的分布

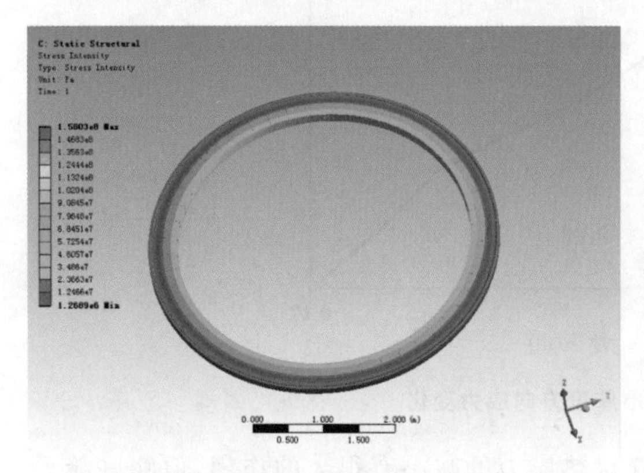

图 9.52 膨胀缝为 1 mm 时的应力分布

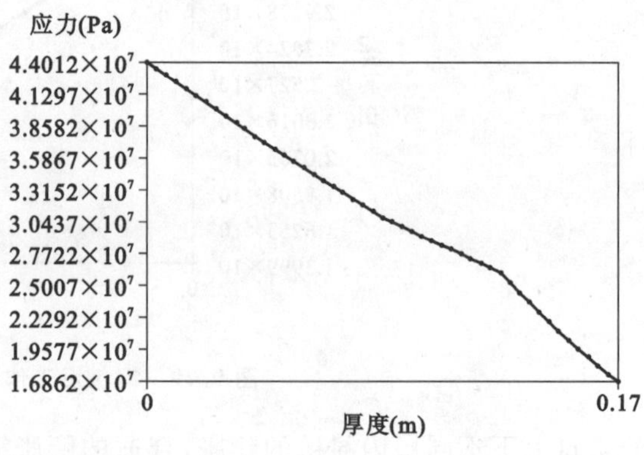

图 9.53 膨胀缝为 1 mm 时应力沿厚度方向的分布

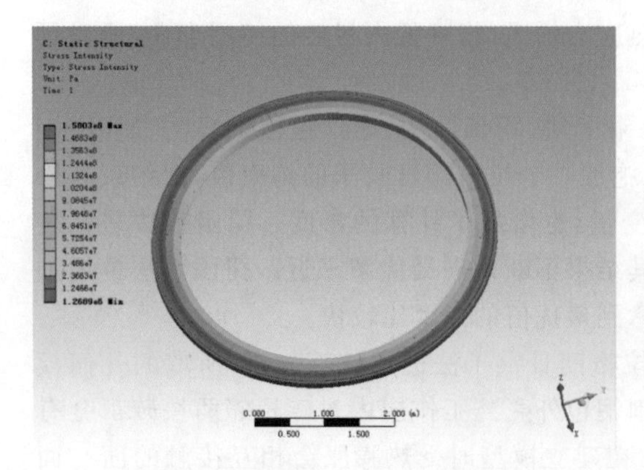

图 9.54 膨胀缝为 2 mm 时的应力分布

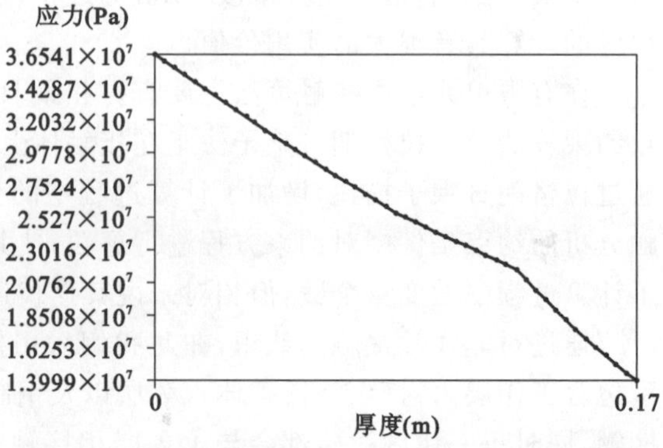

图 9.55 膨胀缝为 2 mm 时应力沿厚度方向的分布

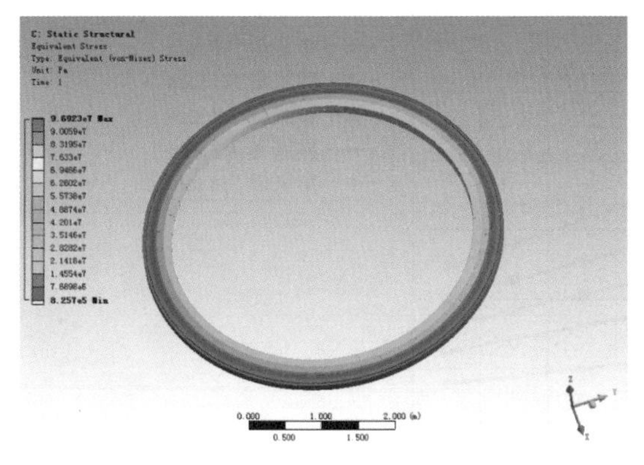

图 9.56　膨胀缝为 3 mm 时的应力分布

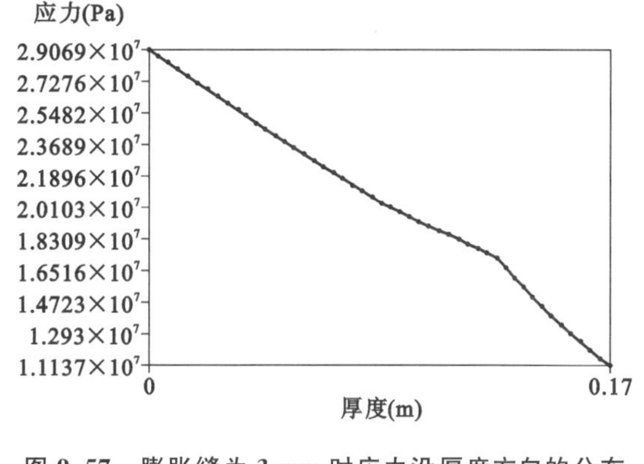

图 9.57　膨胀缝为 3 mm 时应力沿厚度方向的分布

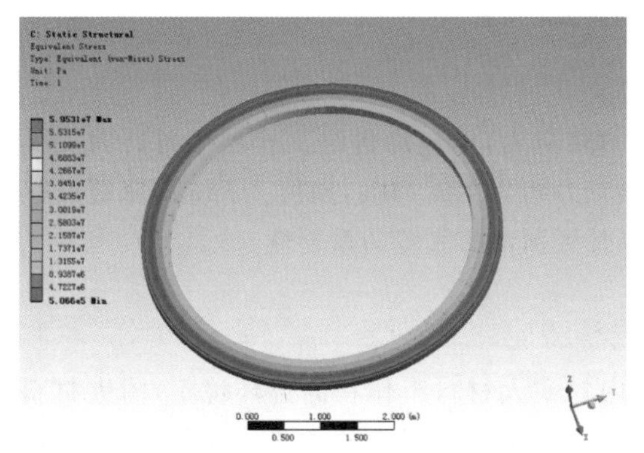

图 9.58　膨胀缝为 4 mm 时的应力分布

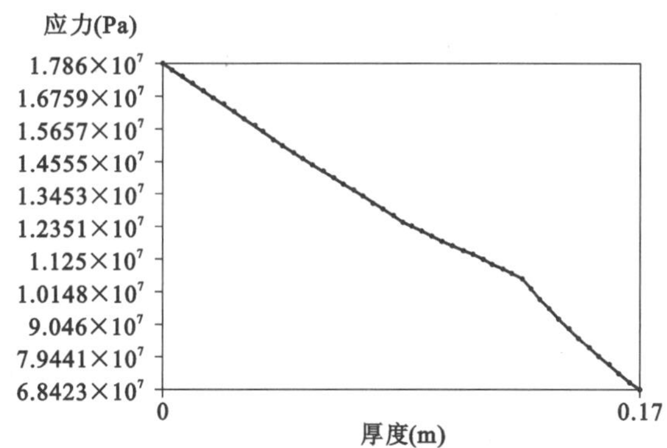

图 9.59　膨胀缝为 4 mm 时应力沿厚度方向的分布

从图 9.50～图 9.59 中可以看出，烤包阶段工作层内衬砖膨胀缝从 0 mm 增大到 4 mm 的过程中，钢包外壳的应力一直都是最大，且在没设置膨胀缝时包壳的最大应力为 184 MPa，当内衬膨胀缝增大的时候可以发现钢包包壳的应力减小了很多，主要原因在于内衬砖膨胀的余量被膨胀缝抵消了一部分，其向外的膨胀力减小了，从而对永久层和包壳的膨胀力也相应减小了。从沿厚度方向内衬砖的应力分布也可以看到，在膨胀缝沿内衬砖厚度方向增大的过程中，应力从 0 mm 时的 55 MPa 逐渐降低至 4 mm 时的 17.8 MPa。根据图 9.50～图 9.59 的数据绘出了钢包内衬膨胀缝在 0～4 mm 之间时其应力的分布图如图 9.60 所示。

分析表明，钢包工作层内衬砖从内表面沿轴向向外温度呈线性递减变化，温度的逐渐降低导致工作层内衬砖之间的热应力也随温度的变化呈线性递减变化。在烤包阶段包壁温度为 1000 ℃，无膨胀缝时的钢包工作层内衬砖热压应力最大值为 55.2 MPa，此时钢包壳的拉应力为 184 MPa。膨胀缝为 1 mm 时，钢包工作层内衬砖热压应力最大值为 44.0 MPa，包壳的拉应力为 158 MPa。当膨胀缝增大至 2 mm 时，钢包工作层内衬砖热压应力最大值为 36.50 MPa，包壳的拉应力为 121 MPa。当膨胀缝增大至 3 mm 时，钢包工作层内衬砖热压应力最大值为 29.0 MPa，包壳的拉应力为 96.9 MPa。当膨胀缝增大至 4 mm 时，钢包工作层内衬砖热压应力最大值为 17.8 MPa，包壳的拉应力为 59.5 MPa。而当膨胀缝再继续增大时，内衬砖之间的应力越来越小甚至小到零，此时内衬砖之间有明显的缝隙就会产生漏钢事故，

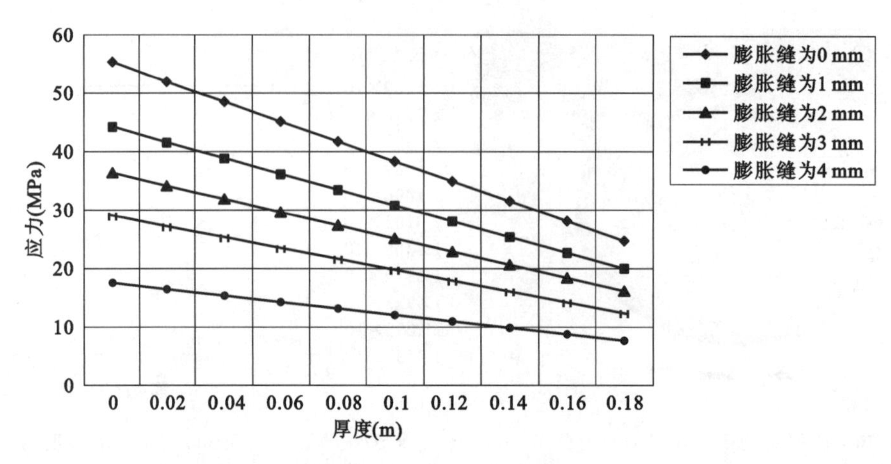

图 9.60　膨胀缝与应力的关系

因此保持内衬砖之间有一定的应力是很有必要的。

显然，有膨胀缝时能够有效地降低钢包内衬的热应力，钢包烤包时工作层内衬砖内表面温度为 1000 ℃，在不留膨胀缝时内衬砖之间的热应力约为 184 MPa，预留 2 mm 膨胀缝时热应力减小到 17.8 MPa，从热应力的变化幅度可以看到预留膨胀缝的重要性。

9.2.2　钢包内衬砖膨胀缝及其损毁

钢包在钢铁冶炼过程中起着重要的作用，其内衬耐火材料工作在高温环境下，耐火材料的质量直接影响着钢包及其钢水的性能。钢包工作层内衬砖直接与高温钢水接触，由于接触时间长且在高温下容易被侵蚀破坏，耐火材料的消耗比较大，钢水内的杂质大部分也是因为精炼时耐火材料和钢水发生化学反应引入的，为了保证炼钢企业生产的顺利进行以及节约企业生产成本，提高钢包的使用寿命是一个行之有效的办法。

钢包内衬耐火材料破坏的主要方式为热应力挤压破坏及化学侵蚀。内衬材料受到高温作用时发生膨胀，两内衬之间因为有限的空间会对膨胀有反作用约束力，最终就形成了热应力。侵蚀是一个复杂的过程，首先内衬材料和钢水发生化学反应，内衬材料被钢水渗透。由于炼钢企业要生产不同类型的钢材，钢水的纯净度以及内含的各种微量元素不同，钢包内衬的耐火材料也要跟着所炼钢水而变化。内衬的破坏还表现在精炼时底吹氩气搅拌过程中，气体从钢水底部吹入钢水表现为沸腾状态，沸腾的钢水会上下翻滚导致钢水与内衬接触时会冲蚀钢包内衬，内衬表面被钢水冲蚀并迅速熔解发生化学反应，内衬在钢水的冲蚀作用下不断变薄，从而加速了内衬材料的损坏。

钢包工作层内衬砖直接与高温钢水接触，在工作期间承受化学和机械负荷。化学负荷指内衬砖内的化学组成料与钢水发生化学反应而消耗掉，随着钢包使用过程中不断的轮转，工作层内衬砖逐渐减薄。机械负荷来自于内衬砖受到钢水的高温作用而受热膨胀，而热膨胀的同时也受到钢壳的制约，一方面是外壁向外膨胀，另一方面是内壁向内压缩，在这两种力的作用下工作层内衬砖很容易被挤压而产生破损，最终导致工作层内壁脱落而减薄。

碱性氧化物耐火材料在高温钢水作用下容易被钢水渗透到耐火材料内部，导致钢水接触的表面气孔率降低和致密，最终生成一层变质层。钢水温度变化比较大时，变质层会和耐火材料发生裂痕剥落，耐火材料的这种剥落破坏也是很常见的破坏形式。

钢包内衬膨胀缝的大小和工作层内衬侵蚀密切相关，膨胀缝过小，内衬砖之间的热应力迅速增大，同时内衬受到钢水侵蚀剥落的可能性会越大，膨胀缝过大时内衬砖之间没有足够的压力使缝隙填充。因此在使用过程中，工作层内衬砖不断地受到高温钢水的作用，不论是物理损坏还是化学损坏，其内衬总是不断减薄。要掌握钢包内衬在不断减薄的过程中钢包的温度与应力分布就需要对不同膨胀缝不同炉次时钢包的温度与应力分布进行研究。

钢包工作层内衬砖耐火材料的侵蚀是一个复杂的过程，侵蚀过程中受到多种因素的影响，但总的来说主要由质量流和体积密度表示，数学表达式为：

$$j = \beta(n_s - n_o) \tag{9.8}$$

式中 n_o——侵蚀前钢水扩散成分的浓度，mol/cm^3；

n_s——侵蚀后钢水扩散成分的浓度，mol/cm^3；

β——质量传递系数，cm^2/s。

根据钢水渗透模型理论，耐火材料向溶渣或钢水渗透的质量传递系数表达式为：

$$\beta = \left(\frac{4Du}{\pi h}\right)^{1/2} \tag{9.9}$$

式中 β——质量传递系数，cm/s；

D——扩散成分的扩散系数，cm^2/s；

u——液体分子的运动速度，cm/s；

h——特性长度参数，cm。

耐火材料侵蚀的质量传递系数在考虑浓度为质量百分含量及单位换算时可简化为：

$$\beta_1 = 360 \cdot \frac{\rho_{li}}{\rho_R} \cdot \beta \tag{9.10}$$

式中 β_1——简化后耐火材料侵蚀的质量传递系数，mm/h；

ρ_R——耐火材料密度，g/cm^3；

ρ_{li}——钢渣或钢液的密度，g/cm^3。

钢包用耐火材料损毁的主要原因有两种：热机械应力和化学作用。耐火材料损毁往往是二者综合作用的结果。热机械应力和化学作用则与耐火材料的性质、操作工艺有很大的联系。由化学作用引起的破坏形式称为化学侵蚀。化学侵蚀是指耐火材料同炉渣、熔体、粉尘、烟气等物质之间的(物理、化学)反应对砖体所造成的破坏，主要表现形式为渣蚀、熔蚀、含活性氧和硫的金属熔体渗透。

(1) 热机械应力作用

一般的物体温度升高时都会发生膨胀，温度下降时会产生收缩，但是只有温度变化的时候物体内不一定会产生应力。只有当温度变化所引起的热胀冷缩受到约束时，所产生的应力称为热应力。

除了物体在整体热膨胀或收缩受到约束产生应力外，在同一物体内部，由于各部分温度分布不均匀，物体相邻部分也会因膨胀或收缩不均匀而相互约束产生内应力。当温度变化不均匀时，在匀质物体内物体各部分膨胀或收缩量也会不同。在实际中，整个物体是一个连续体，各个相邻部分不可能依其所受温度按比例膨胀而相互约束，物体内所有的点都会产生连续位移，当物体温度变化时，由于其不能与自由伸缩的其他物体之间或物体内部各部分相互产生约束力，即由于温度影响而在物体内产生应力。

按限制物体随温度变化膨胀与收缩的约束形式，将约束分为外部变形约束、相互约束和内部各部分之间变形约束。钢包内衬在工作时，同时存在这三种约束，因为引起钢包内衬热应力的温度载荷是不均匀的，且有时是瞬时的，其变化比较复杂，通常把钢包内衬的温度载荷看作是轴对称恒定载荷。钢包内衬由于温度分布不均且砖块由于高温膨胀会相互挤压产生压缩疲劳破损，即使作用力远在压碎强度以下，但压缩和松弛的交替也能形成微细裂缝。

(2) 化学侵蚀作用

侵蚀在自然界中是一种很常见的现象，主要是物体表面在含有固体粒子的流体冲击作用下产生磨损，脆性材料在固体粒子的冲击力作用下有可能产生脆性断裂破坏。钢包工作层内衬砖耐火材料在使用过程中，由于直接接触高温钢水，一般会产生化学侵蚀。其侵蚀的机理主要为在高温作用下钢包内衬砖中的碳被钢水氧化形成一层脱碳层，由于铝镁碳砖在高温下氧化镁和石墨等的热膨胀率不同会导致内衬材料组织之间疏松，在高温钢水的侵蚀和吹氩气时钢水对内衬材料的冲刷作用下，疏松的组织很快就脱落并熔入钢水中形成钢渣。

钢包用含碳耐火材料主要是指镁碳砖、铝镁碳砖及低碳镁碳砖。国内外研究人员对含碳耐火材料损毁机理的研究主要集中在镁碳砖的损毁研究上。这里将对镁碳砖的损毁机理做详细的归纳总结。镁碳砖的损毁，首先是由于砖内的碳氧化，形成脱碳层，加之高温下氧化镁与石墨的热膨胀率相差悬殊，导致组织结构疏松，强度降低，再经熔渣的侵蚀、机械冲刷等作用，砖中的氧化镁颗粒逐渐被熔蚀，逐层脱落，从而造成镁碳砖的损毁。镁碳砖的损毁过程是：氧化→脱碳→疏松→侵蚀→冲刷→脱落→损毁。

钢包工作衬内衬砖在高温下工作，承受高温作用的同时还承受钢水注流的高速冲击，这对耐火材料具有较强的冲刷蚀损作用。高温下钢液对钢包内衬工作层的冲刷使耐火材料损坏较大。

钢包工作衬在承受高温作用的同时，还受到钢包保温覆盖剂的侵蚀作用。由于钢包覆盖剂多为低熔物，其吸收钢液中的氧化铁、氧化锰等，这些物质能和耐火材料基质中的方镁石、尖晶石以及硅酸盐相等相互反应，生成镁富氏体、复合尖晶石等固溶体，随着生成的复合矿物中氧化铁、氧化锰等溶入的增多，这些生成的固溶体熔点降低而溶入熔渣中，与其他熔渣共同对耐火材料形成侵蚀作用。

若不考虑钢包工作循环过程中的热修补，则可近似地认为钢包工作层内衬砖损毁的速度是均匀的，钢包工作循环的次数和钢包工作层内衬砖损毁的厚度是成正比的，工作循环次数越多工作层内衬砖损毁得越多，残余厚度越少。钢包使用炉次数从 0 次、20 次、40 次、60 次、80 次到 100 次，随着包龄的增加，盛钢期间钢水温度是不随盛钢时间而变化的，而内衬的减薄减小了钢包总的内衬热阻，导致钢包外壳温度增加。因此，钢包工作循环次数对钢水及钢包壳温度的影响是显而易见的。钢包在热循环周转过程中，永久层的厚度是没有变化的，变化的只是工作层的厚度。

内衬的蚀损同时也和工作层内衬砖膨胀缝有重要关系，膨胀缝的大小影响着工作层内衬砖以及包壳的应力分布，没有膨胀缝时工作层内衬砖由于相互挤压受到很大的热应力，在强大的热应力作用下内衬砖会产生裂纹慢慢脱落。在没有膨胀缝时包壳也会因为工作层、永久层受热膨胀向外扩张而受到拉应力。图 9.61 所示为钢包在仅考虑热机械应力作用下设置不同膨胀缝的平均损毁速度图。从图中可以看出在不设置膨胀缝时因为内衬砖彼此之间的应力大而损毁速度比较快。当膨胀缝超过 2 mm 时，工作层内衬砖因彼此之间的挤压应力不够大被冲蚀得比较严重。

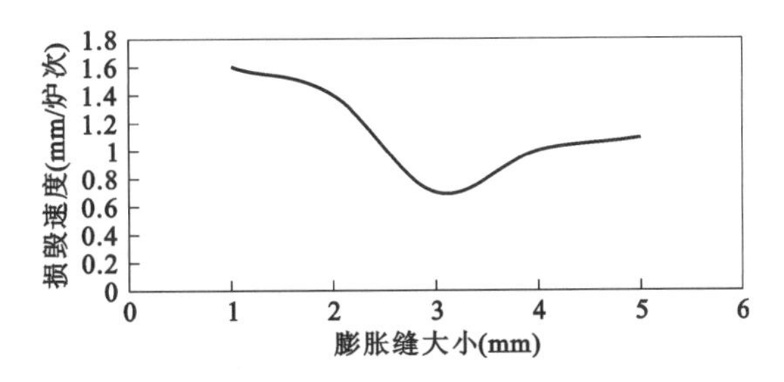

图 9.61 仅有热机械应力作用时平均损毁速度

钢包工作层内衬砖在钢水注入钢包时受到钢水的冲刷，在精炼过程中氩气底吹使钢水在钢包内不断翻滚也对工作层内衬砖进行冲击，同时钢水中的部分元素还能和耐火材料发生化学反应，耐火材料不断地熔解在钢水中，形成氧化铁、氧化锰等熔渣。形成熔渣的过程中改变了耐火材料的组成和结构，耐火材料的物理性能和抗渣能力都会产生很大的变化。

在目前炼钢工艺比较稳定的情况下，工作层内衬砖平均使用寿命为 80 炉，侵蚀速度为 1.14 mm/炉，不同膨胀缝时内衬砖平均侵蚀深度为：0 mm 时约为 2 mm/炉次，1 mm 时约为 1.8 mm/炉次，2 mm 时约为 1.5 mm/炉次，3 mm 时约为 1.55 mm/炉次，4 mm 时约为 1.6 mm/炉次。内衬砖内部组织破坏越严重，安全使用系数也越低。表明在没有膨胀缝时内衬砖的损毁速度是最大的，当膨胀缝超过 2 mm 时，内衬砖也会因为没有足够的接触力，容易引起“渗钢”，造成重大事故。

图 9.62 所示为钢包有热机械应力和化学侵蚀同时作用时平均损毁速度。

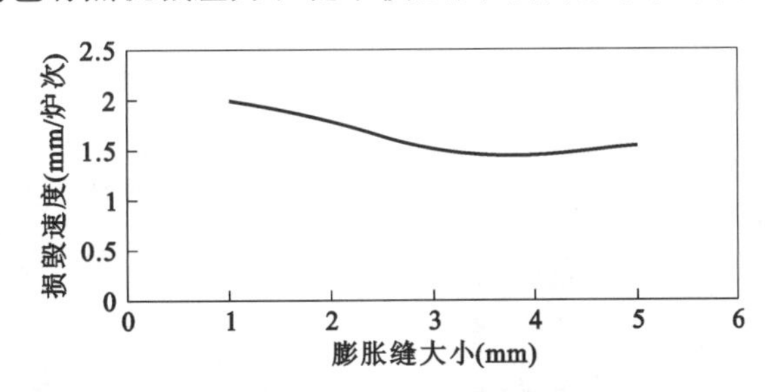

图 9.62 有热机械应力和化学侵蚀同时作用时平均损毁速度

根据某钢厂现有钢包的使用及损毁情况调查发现，钢厂现有 250 t/300 t 钢包 31 个，每个钢包平均寿命为 111 炉次，根据使用过后钢包中修及大修数据统计，钢包内衬平均蚀损速度为 1.14 mm/炉次，随着钢包使用炉次的增加，其工作层内衬越来越薄。具体数据如表 9.10 所示。

表 9.10 钢包使用条件及损毁情况

钢包数量(个)	盛钢总时间(min)	平均寿命(炉次)	衬砖残厚(mm)			衬砖平均蚀损速度(mm/炉次)
			上渣线	下渣线	包壁	
31	30714	111.0	40～48	45 ～50	50～55	1.14

注：① 平均寿命＝钢包寿命总和/钢包数量；

② 平均蚀损速度＝(原砖厚度－残砖厚度)/平均寿命。

根据钢包内衬的蚀损速度数据，把钢包内衬寿命分为以下几个阶段：0 炉次、20 炉次、40 炉次、60 炉次、80 炉次、100 炉次，利用有限元软件分析各个阶段钢包内衬蚀损情况与其温度分布的关系，来研究钢包服役多少次时应该中修换掉工作层内衬砖，各炉次时钢包内衬的厚度分别为初始厚度与服役炉次平均蚀损速度的差值。图 9.63～图 9.68 所示分别为各炉次时钢包内衬的温度分布图。

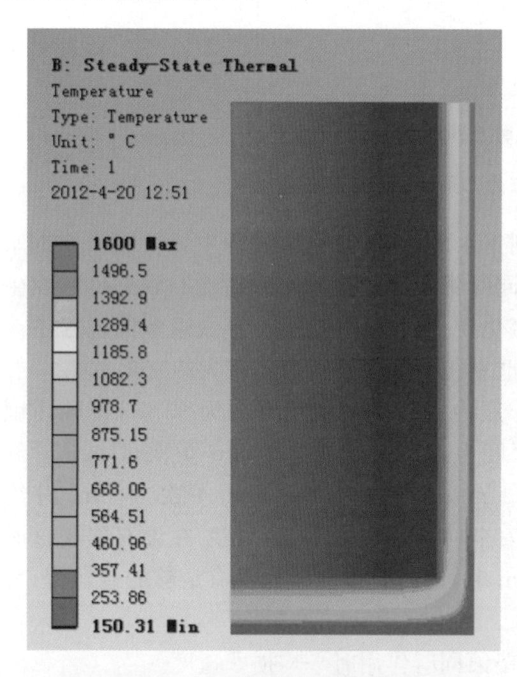

图 9.63　0 炉次时的温度分布图

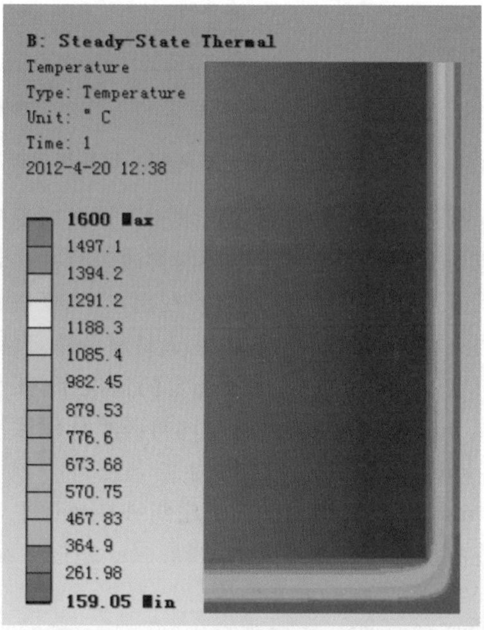

图 9.64　20 炉次时的温度分布图

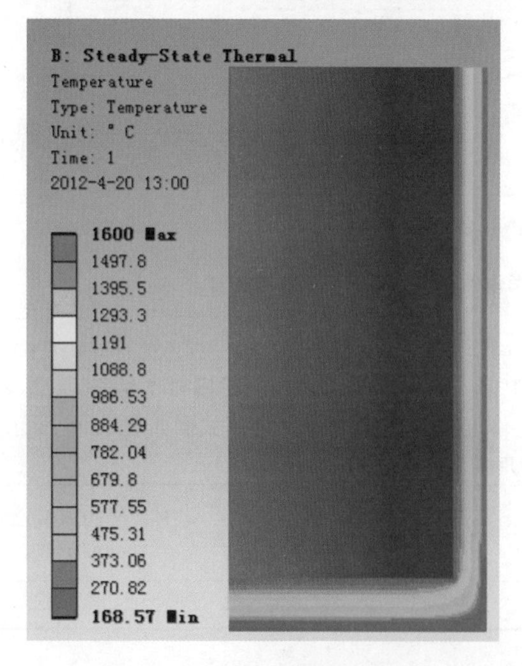

图 9.65　40 炉次时的温度分布图

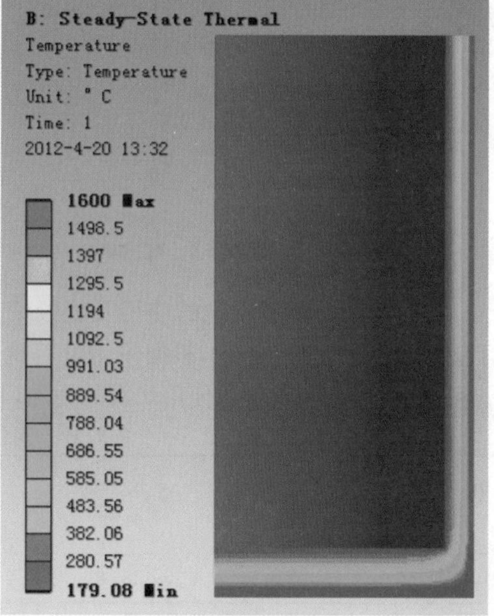

图 9.66　60 炉次时的温度分布图

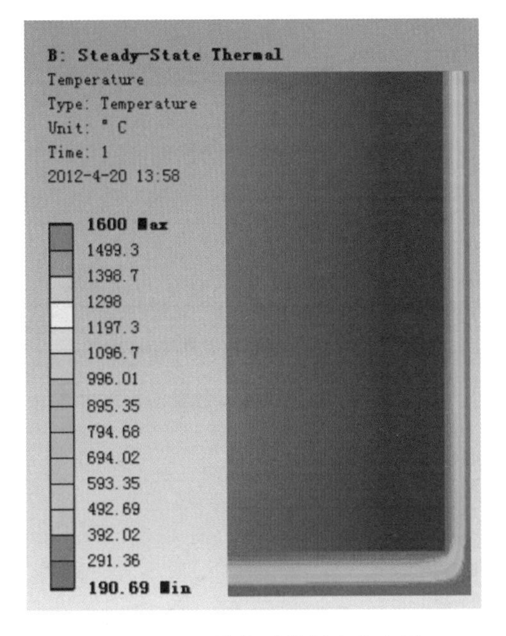

图 9.67 80 炉次时的温度分布图

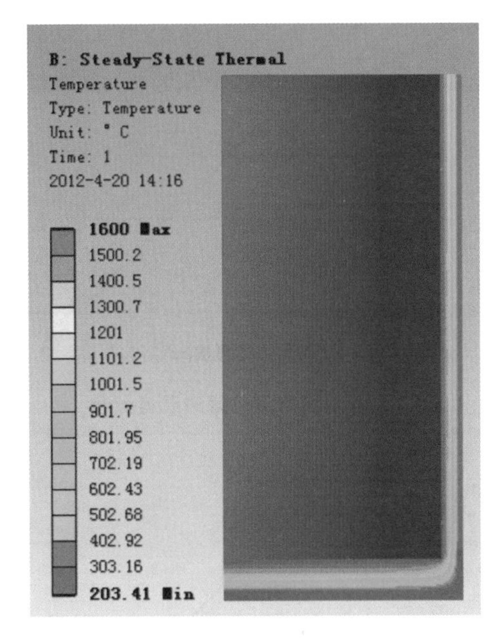

图 9.68 100 炉次时的温度分布图

从图 9.63～图 9.68 中可以看到，随着钢包服役炉次的增加，工作层衬砖被高温钢水侵蚀，发生破损而逐渐减薄，由于工作层厚度逐渐变薄，热量传导变得更加容易。钢包的最低温度逐渐升高，可以看到其包底最低温度从最初 0 炉次的 150 ℃升高到 100 炉次的 203 ℃，当一个钢包服役达到 100 炉次时，其包底最低温度上升了 53 ℃。超过 100 炉次时，内衬砖的厚度已经不能满足其工作厚度的要求。

图 9.69～图 9.74 所示是各炉次时钢包内壁沿厚度方向的温度分布图，从六个图对比中可以发现，包壁的总厚度随着工作炉次的增加被蚀损得越来越薄，从最初的 0.316 m 减薄到 100 炉次时的 0.202 m，在这个工作过程中，由于只有工作层被侵蚀而永久层和包壁没有损耗，当工作层越来越薄的时候，其内壁所盛钢水的温度是没有变化的，根据热传导的原理，其外壳温度会随着炉次的增加越来越高，对比图 9.69～图 9.74 可以发现，外壳温度从 0 炉次的 287.18 ℃升高到 100 炉次的 369.26 ℃，平均每服役 1 炉次外壳温度升高 0.82 ℃。当外壳温度逐渐升高的同时，钢包对外的散热会增多，钢包的保温性能会越来越差，要达到连铸所需温度消耗的能量也就会增加。

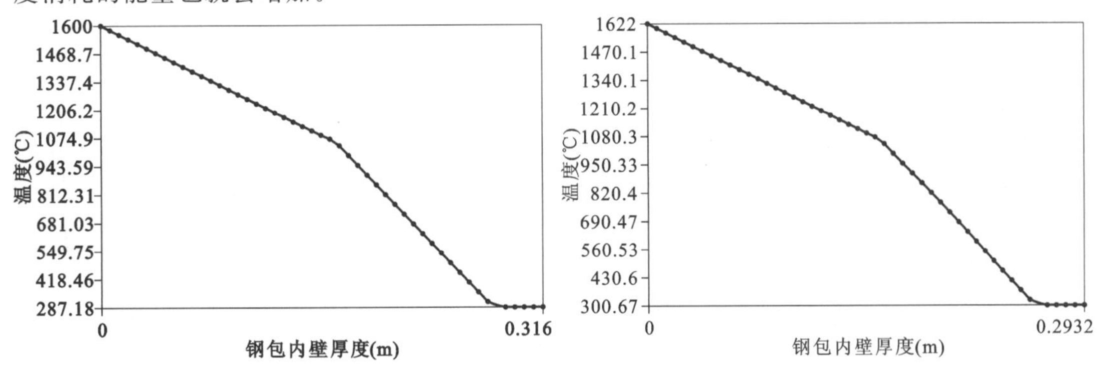

图 9.69 0 炉次时沿包壁的温度分布

图 9.70 20 炉次时沿包壁的温度分布

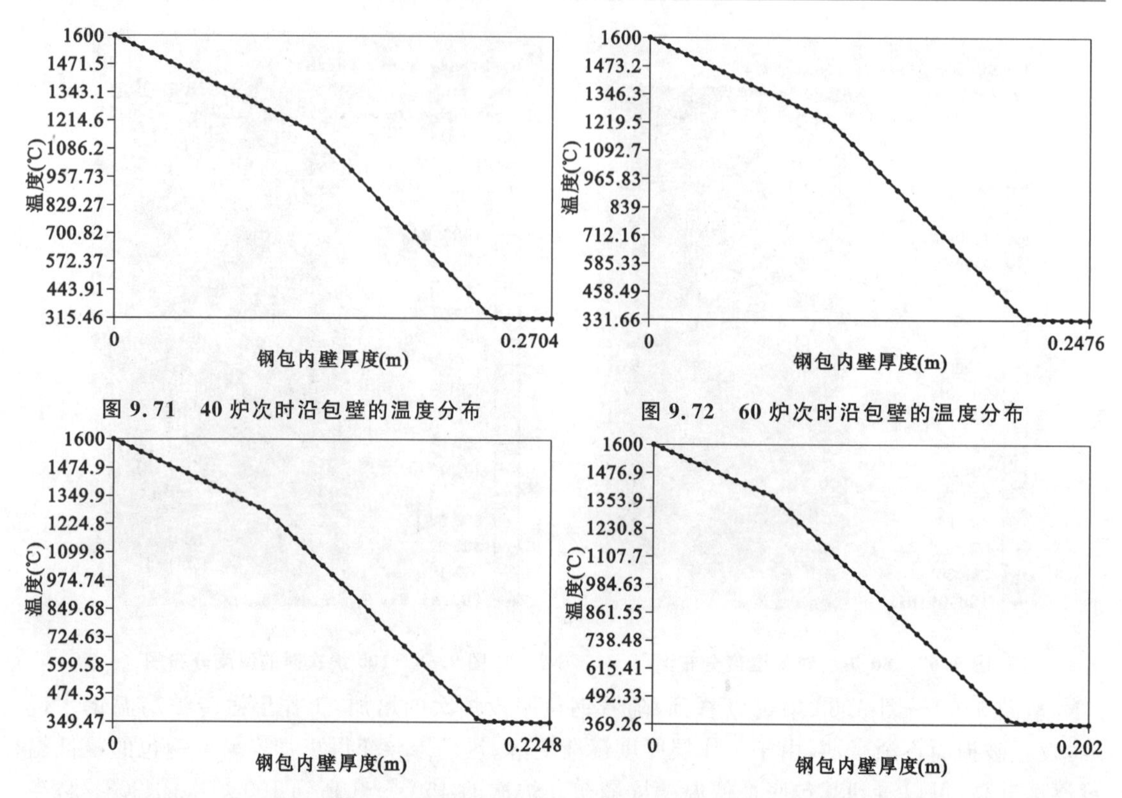

图 9.71　40 炉次时沿包壁的温度分布

图 9.72　60 炉次时沿包壁的温度分布

图 9.73　80 炉次时沿包壁的温度分布

图 9.74　100 炉次时沿包壁的温度分布

当工作层内衬砖被钢水蚀损导致厚度越来越薄的时候，沿厚度方向温度会增加，钢包包壁温度也会增加，温度增加的同时其热膨胀也会加剧，钢包工作层内衬砖之间、内衬砖与永久层之间热应力也随着温度的升高而增大。同时，工作层内衬砖厚度的减薄也会导致内衬砖之间热应力的减小，应力分布的最终结果如图 9.75～图 9.80 所示。

从图 9.75～图 9.80 可以看到，沿包壁厚度方向热应力的分布状况，钢包内衬砖从 0 炉次到 100 炉次的过程中，应力变化的总体趋势是一样的，钢包工作层内衬砖内壁应力比较大，沿厚度方向应力逐渐减小，永久层应力最小处于最低点，厚度再沿包壁增加时应力又突然增大。钢包内衬在受热膨胀时要向外胀，而钢制包壳把工作层与永久层包围阻止其膨胀，由于钢的弹塑性比较好，抗拉能力比较强，最终导致钢包整体向外膨胀，外壳受到拉伸作用，而工作层受到挤压应力比较大。

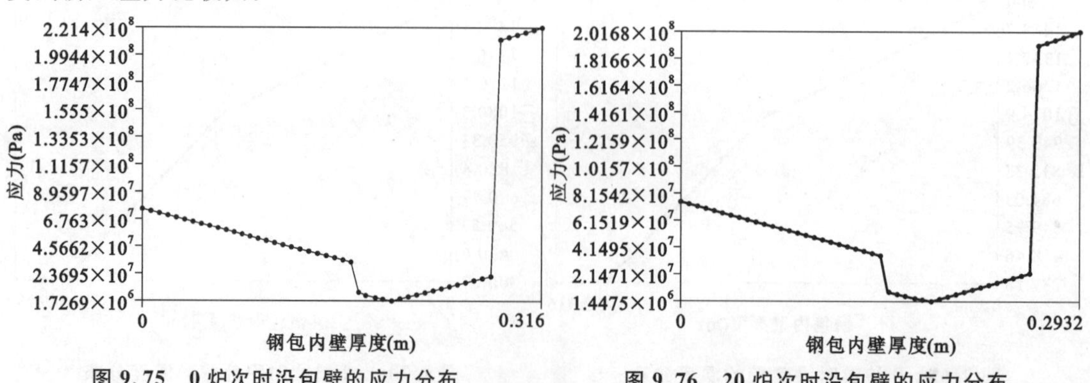

图 9.75　0 炉次时沿包壁的应力分布

图 9.76　20 炉次时沿包壁的应力分布

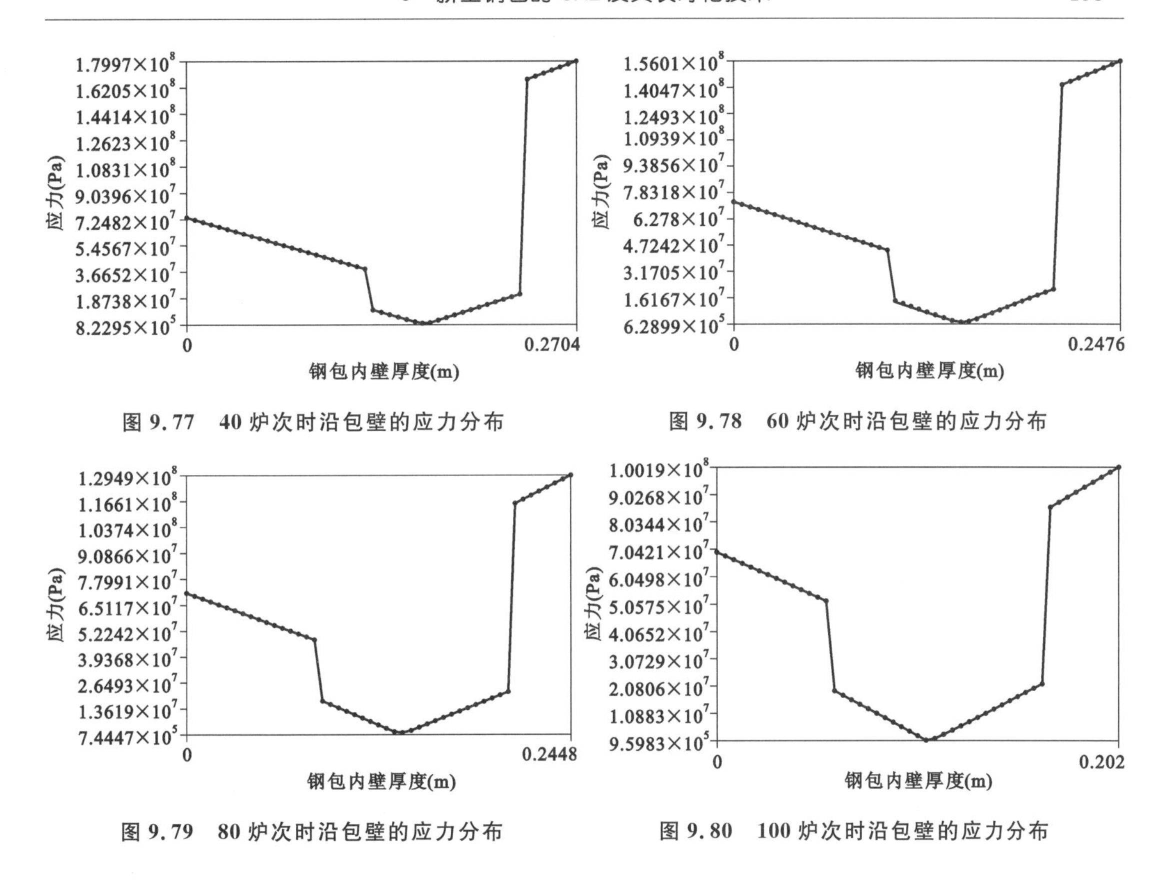

图9.77 40炉次时沿包壁的应力分布

图9.78 60炉次时沿包壁的应力分布

图9.79 80炉次时沿包壁的应力分布

图9.80 100炉次时沿包壁的应力分布

9.2.3 考虑整体砖缝的钢包内衬寿命

提高钢包内衬的寿命一直是钢铁企业关注的重要问题，也是企业追求高经济效益目标的重要手段，降低每吨钢消耗耐火材料的数量是一个重要的研究课题。钢包内衬的寿命不仅和耐火材料的质量密切相关，还和内衬砖的砌筑方式、钢水的温度以及钢水中钢渣的成分有关，同时钢水在钢包内停留的时间也是影响钢包内衬寿命的关键因素。为了对钢包内衬的使用寿命有一个明确的预测，有必要提出一种适用于耐火材料寿命预测的数学模型，这对炼钢厂何时更换钢包工作层耐火材料有着十分重要的指导意义。

衡量钢包内衬耐火材料质量的一个重要指标是它在加热和冷却时对温度变化引起的破坏的抵抗能力，该能力称为抗热震性。据估计，大约有2/3的耐火材料在远远低于耐火度（或熔点）的温度下因抗热震性差而发生损坏。耐火材料热损毁主要与材料使用过程中产生的热应力有关。热应力对材料的影响不仅决定于热震条件、应力大小、分布和持续时间，而且取决于材料的性质，包括塑性、均匀性以及存在裂纹的大小、数量和类型等。热应力分为两种类型：第一类应力，由温度梯度引起的，即温度应力；第二类应力，是由非均质现象、线性热膨胀、化学反应、多晶转化等导致体积膨胀或收缩引起的，这些应力在恒温时，也称为化学-结构应力。

（1）热弹性理论

热弹性理论认为材料受到热震产生的热应力如不超过材料的极限强度（抗张强度）时，材料不破坏。当最大温差（ΔT_{max}）引起的热应力达到断裂强度（σ_f）时，材料就发生破坏。

$$\Delta T_{\max} = \frac{\sigma_f(1-\mu)}{\alpha E} \tag{9.11}$$

式中 σ_f——材料的断裂强度；

μ——泊松比；

α——线膨胀系数；

E——弹性模量。

当热应力超过材料的破坏强度时，材料即出现新的裂纹，这种裂纹一经出现，材料就发生灾难性的破坏。

(2) 能量理论

Hasselman 把断裂力学中处理裂纹扩展的能量原理用来分析热应力引起的裂纹扩展，分析认为：一些陶瓷与耐火材料中本来就存在大量的裂纹，受到热震时，由于裂纹扩展会发生热剥落；微观裂纹的存在能够阻止破坏性的裂纹扩展，而且破坏性裂纹扩展速度与微观裂纹的长度及密度成反比。Hasselman 还提出了抗热震参数 R_{st}，常称为热应力稳定参数。

$$R_{st} = \left(\frac{\lambda^2 G}{\alpha^2 E_0}\right)^{\frac{1}{2}} \tag{9.12}$$

式中 G——断裂表面能；

λ——导热系数；

α——线膨胀系数；

E_0——断裂强度。

由式(9.12)可知，材料的线膨胀系数与杨式模量越小，断裂表面能越大；其 R_{st} 值越大，裂纹开始所需要的温度差也越大，裂纹的稳定性越好。

传统的设计方法考虑应力集中时没有把所研究对象当成是均匀连续的，也没考虑材料都或多或少地存在着一些缺陷或开裂，就是这个裂缝的存在，使部件在较低的应力作用下损坏。因为当前的生产工艺水平不能保证部件不开裂或有类裂纹，其内部微小缺陷将会在外加应力的作用下发展为宏观裂纹。

固体材料损毁在本质上是一个个离散的实体脱离的过程，有时候也会有断裂过程的存在。应用连续损伤力学理论，引入损伤效应的连续介质力学体系方程，建立损伤力学模型以及损伤演化方程，其适用于寿命的计算以及材料的安全性等实际问题。

20 世纪 50 年代，人们在研究脆性材料时，引入变量 ψ 作为损伤变量，用来表示材料的性能。当 $\psi=1$ 时表示材料完全无损伤，材料的损伤加大时便会使 ψ 值降低，表示为 $0<\psi<1$；而当 $\psi=0$ 时表示材料完全损坏，不再有任何的承载能力。

根据哈塞尔曼理论学说，当 $\Delta T<\Delta T_c$ 时，热应力的大小不足以产生裂纹；当 $\Delta T_c<\Delta T<\Delta T_c'$ 时有产生裂纹的可能性，并且有可能使裂纹扩展，材料的强度急剧下降；当 $\Delta T>\Delta T_c'$ 时扩展的裂纹不可能再增长，材料的剩余强度也不可能变化。

耐火材料的损伤是由于其受到热机械应力反复作用下，其内部微观组织的损伤积累和开裂造成的，热应力越大裂纹扩展的速度会越快。随着耐火材料使用次数的增加，其内衬会逐渐变薄，直到不能满足其工作的要求，内衬受到的热震次数与耐火材料的残余强度的关系如下：

$$\sigma_R = A \cdot \lg N + B \tag{9.13}$$

式中 σ_R——耐火材料热震后的残余强度；

A,B——材料实验常数；

N——热震的次数。

耐火材料受到的实际应力大于其许用应力时，耐火材料就会发生脆性破坏。假定在只有热机械应力作用的情况下，钢包内衬材料在一次工作循环中受到热震为例，镁碳砖的最大许用应力为 45 MPa，镁碳质耐火砖耐压强度为 48 MPa，常数 $A=-1.58$，$B=48$(假设第一次热震对其耐压强度的损伤可以忽略不计)。由式(9.13)可得：

$$N = 10^{\frac{\sigma_R - B}{A}} = 10^{\frac{45-48}{-1.58}} = 79(\text{炉次})$$

式(9.10)中取 $A=-1.58$，$B=48$，计算得到其热震次数为 79 次。由结果可知：当只有热机械应力作用时，钢包内衬的寿命可以达到 79 炉次；由相关的资料显示，在热机械应力和化学侵蚀的作用下，其寿命只能达到 46 炉次，寿命减少了近一半，可见化学侵蚀也是我们不容忽略的。

表 9.11 所示为两种支撑状态下工作层和永久层的最大热应力，表 9.12 所示为钢包各工作层和永久层只有热机械应力作用时的寿命。

表 9.11　两种支撑状态下工作层和永久层的最大热应力

最大热应力(MPa)	支撑状态	
	吊运状态	在台车上
工作层(铝镁碳质)	41.6	38.5
永久层(高铝质)	20.1	19.2

表 9.12　钢包工作层和永久层只有热机械应力作用时的寿命

各层内衬	实验参数		寿命(炉次)
	A	B	
工作层(铝镁碳质)	−13.20	69.8	136(单独热机械应力作用)
永久层(微膨胀高铝质)	−13.61	50.1	158(不存在腐蚀)

从表 9.12 中可以看到，钢包各层内衬损坏的方式不一样，渣线层镁碳质砖由于受到钢水冶炼过程中投入的物质的反应，损坏速度很快。工作层铝镁碳质砖和渣线层镁碳质砖相比加入了氧化铝，使其抗腐蚀能力及热震性能得到大大的提高，其使用寿命也达到了 130 炉次以上。永久层微膨胀高铝质砖由于温度没有工作层高，也没有和钢水直接接触，其受到应力在整个钢包中是最小的，所以其寿命可以达到 158 炉次以上。

由于钢包各层的工作环境不同，因此各层对耐火材料的要求也不同，如钢包永久层要求热导率低、隔热性能及保温性能要好，还要求其能够在 1000 ℃左右的温度下长期使用。钢包工作层内衬砖由于和钢水直接接触要求其具有抗侵蚀、抗剥落、热稳定性好等性能，且要求其在高温重载时具有极好的稳定性。

影响钢包内衬寿命的因素有很多，耐火材料的质量只是其中一部分也是最重要的部分，钢包内衬砖的布置也很重要，一般同一层内衬结构应该使其均匀分布。同时钢包内衬的寿命还和内衬砖的砌筑工艺密切相关，要提高钢包内衬的使用寿命，需要钢包工作层内衬砖具有以下良好的性能：

① 具有较高的抗侵蚀能力。高温钢水易侵蚀工作层耐火材料，导致耐火材料厚度减薄，较高的抗侵蚀能力能够大大节约耐火材料的使用量，减少成本。

② 具有良好的高温稳定性能。在高温状态下耐火材料不和钢水发生化学反应，不对钢水的质量造成影响。同时也要求其在高温状态下有较高的刚度和强度以抵抗钢水对包壁的压力。

③ 具有良好的抗热震性能。要求工作层耐火材料不会因为钢水温度的变化而发生大的位移，同时也要求其有较低的热膨胀系数，使其受热后不会因为过度膨胀而产生裂纹。

④ 便于施工且具有较高的可靠性。工作层内衬砖在砌筑时要方便，按正常方法砌筑出的钢包能够达到较高的可靠性。且施工周期不能过长，钢包周转的时间减少可以大大提高其利用率，对生产率的提高有重大意义。

9.3 具有纳米保温内衬的新型钢包结构的CAE

9.3.1 具有纳米保温内衬的新型钢包有限元模型

传统钢包一般只包括三层：工作层，永久层，包壳，其内衬结构示意图如图9.81所示。与传统钢包不同，新型钢包在永久层和包壳之间加入了保护层和纳米绝热层，由于纳米绝热材料的价格昂贵，且安装拆卸较为复杂，为了在后续使用中能尽可能减少更换的频次，所以使用一层5 mm的钢板焊接而成，保护层保护纳米绝热层，这种具有纳米绝热材料的钢包称为新型钢包。新型钢包结构如图9.82所示。新型钢包内衬中纳米绝热层采用气相氧化硅和硅酸钙技术制备的纳米微孔材料，具有优异的绝热性能、良好的力学性能以及火焰阻断性能，它可耐1000 ℃的温度。这种纳米微孔绝热材料采用具有大孔隙、低热导率的超细颗粒制成，孔隙率达到90%，采用的是自身热导率为1.4 W/(m・K)的无定形态氧化硅颗粒，该颗粒是超细颗粒，可以提高固体热传导的路径长度，这样使平均孔隙空间小到无法进行对流循环而对对流换热进行控制；又通过在绝热材料中加入具有最佳粒度分布的遮光剂，其粒径尺寸与入射辐射的波长一致，由此分散了红外辐射光从而使辐射传热量降至最低。该纳米材料的绝热性能极为优异。新型钢包桶身和包底材料及尺寸分别如表9.13和表9.14所示。

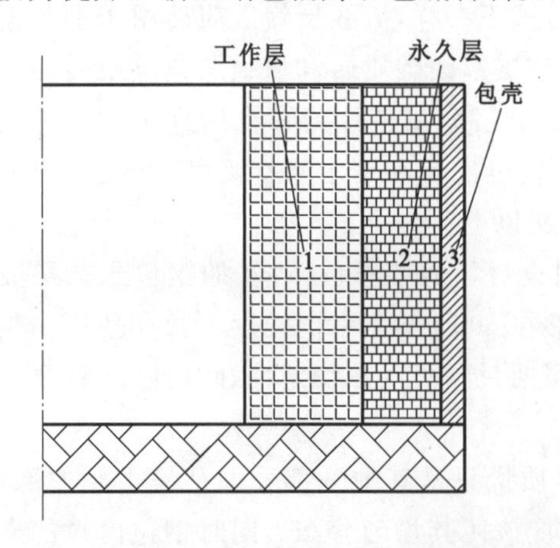

图9.81 传统钢包内衬结构示意图

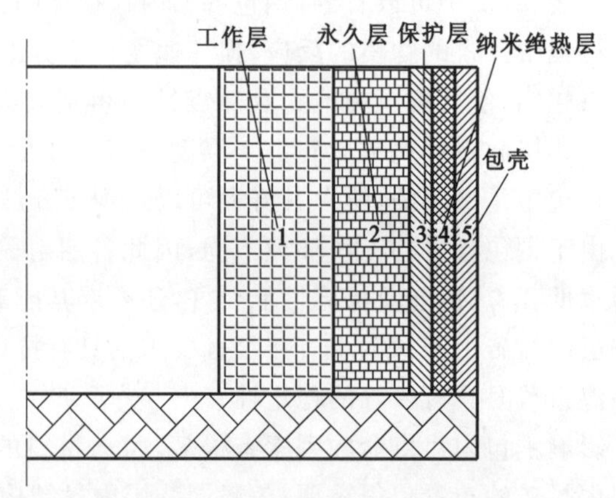

图9.82 新型钢包内衬结构示意图

表 9.13 新型钢包各部分筒身材料及尺寸

钢包层	材料	厚度(mm)
工作层	铝镁碳质	170
永久层	高铝质	105
保护层	Q345B	5
纳米绝热层	气相氧化硅和硅酸钙	20
包壳	Q345B	32

表 9.14 新型钢包各部分包底材料及尺寸

内衬	材料	厚度(mm)
工作层	铝镁碳质	240
永久层	高铝质	155
保护层	Q345B	5
纳米绝热层	气相氧化硅和硅酸钙	20
包壳	Q345B	32

细长比、锥度比、内角、翘曲量等参数会影响到有限元网格的质量,有限元网格质量不高,会影响计算精度,网格的疏密程度和数量又会影响计算的工作量和效率,所以对于一个具体的模型,必须在把握模型整体结构的情况下对模型进行网格划分。一般是在保证计算精度的前提下尽可能减少模型的网格数量,这样可以减少计算时间,提高效率。

新型钢包分为五层,包括工作层、永久层、保护层、纳米绝热层及包壳,利用 ANSYS 命令流的方式进行建模,从外向内、从下向上依次建模,建模中运用 ANSYS 的"add"命令将包壳及包壳上的加强箍、肋板和耳轴结构连接在一起,而工作层、永久层、保护层、纳米绝热层及包壳运用 ANSYS 粘接命令"glue"粘接在一起,这样在后续有限元网格的划分过程中可以保证网格的连续性,同时也保证了计算的准确性。以米为单位 1∶1 建立三维模型,建成的钢包三维模型如图 9.83 所示。因为本书不仅要研究钢包的温度场还需要知道钢包内衬的应力分布,所以分析时采用顺序耦合法,即分析温度场时先用一种单元,待温度场分析后,转换另一种单元再将分析结果加载到模型上进行应力场分析,这种方法对于高度非线性的情况更为灵活、有效,可以独立执行两种分析。本文在做分析时先选用 ANSYS13.0 中的 SOLID70 单元分析钢包温度场,再将单元转换为 SOILID185 进行应力场分析。钢包网格的划分采用自由划分,单元尺寸 0.1,自由划分后得到 112663 个网格,23913 个节点。钢包有限元模型如图 9.84 所示。

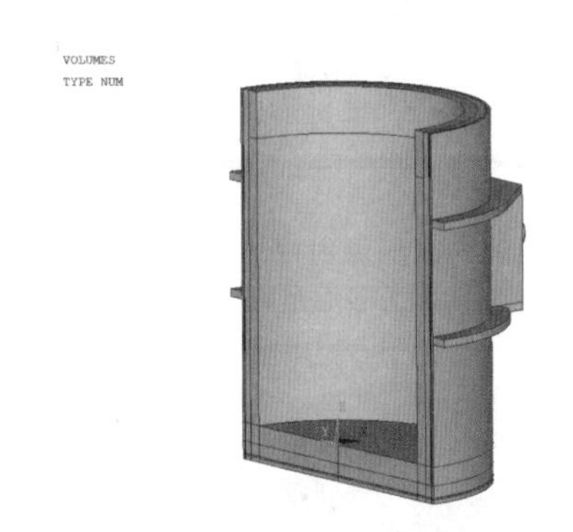

图 9.83 具有纳米保温内衬的新型钢包的三维模型

图 9.84 具有纳米保温内衬的新型钢包的有限元模型

9.3.2 典型工况下具有纳米保温内衬的新型钢包的温度场和应力场的数值模拟

烤包是一个长时间的过程,要保证最终钢包工作层内壁温度达到指定温度。稳态分析是确定在各种给定条件下系统稳定后的温度分布,所以应用有限元稳态分析可得到烤包的最终稳态结果。烤包时将钢包内衬工作层的内表面温度设定为 1000 ℃,添加各内衬材料的物性参数,加载综合对流换热系数到包壳外表面、包底、耳轴和箍板各表面,环境温度设定为

30 ℃。在研究中需要钢包达到热稳定状态，这样可以使用稳态分析法模拟钢包达到稳定状态下的温度分布情况，所以应用 ANSYS 进行烤包稳态分析，并以该稳态分析的结果作为热应力分析的初始条件，加载的边界条件如图 9.85 所示。图 9.86～图 9.91 分别是新型钢包烤包后的整体包衬温度和各内衬层的温度分布云图，在相同的单元类型和边界条件下，也分析了传统钢包的烤包应力分布。图 9.92～图 9.94 是传统钢包烤包后内衬各层的温度场分布。

图 9.85 烤包边界条件的加载

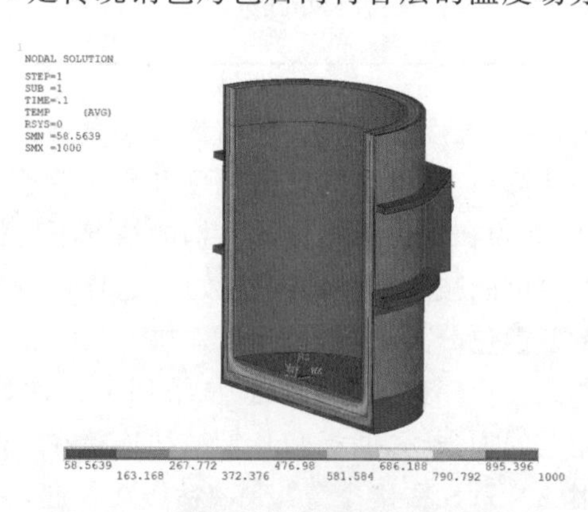

图 9.86 具有纳米保温内衬的新型钢包烤包后整体温度场

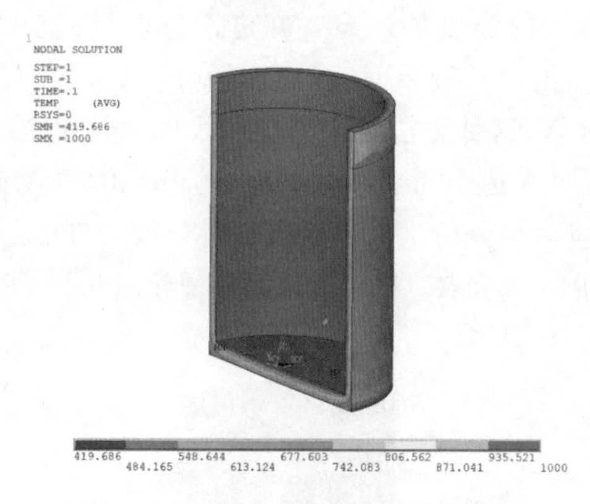

图 9.87 具有纳米保温内衬的新型钢包烤包后工作层温度场

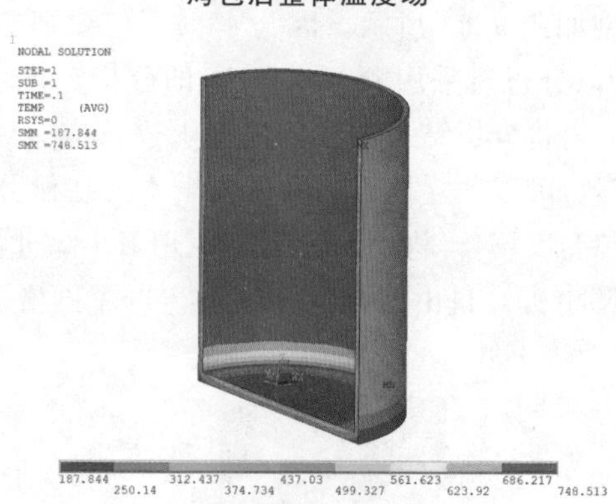

图 9.88 具有纳米保温内衬的新型钢包烤包后永久层温度场

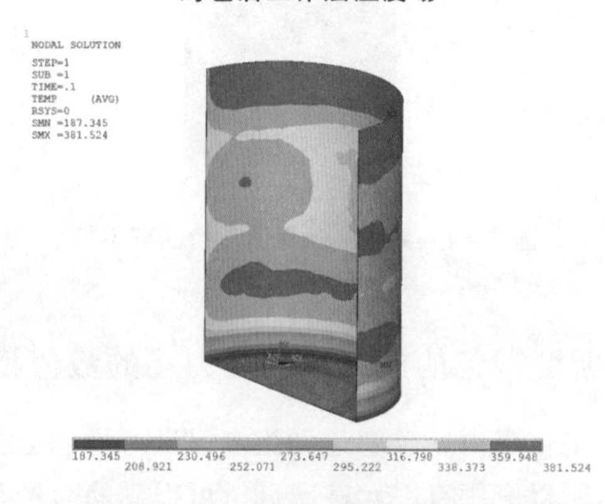

图 9.89 具有纳米保温内衬的新型钢包烤包后保护层温度场

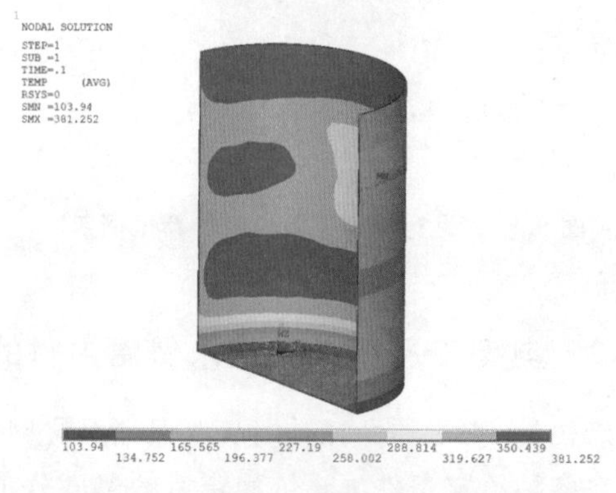

图 9.90 具有纳米保温内衬的新型钢包烤包后纳米绝热层温度场

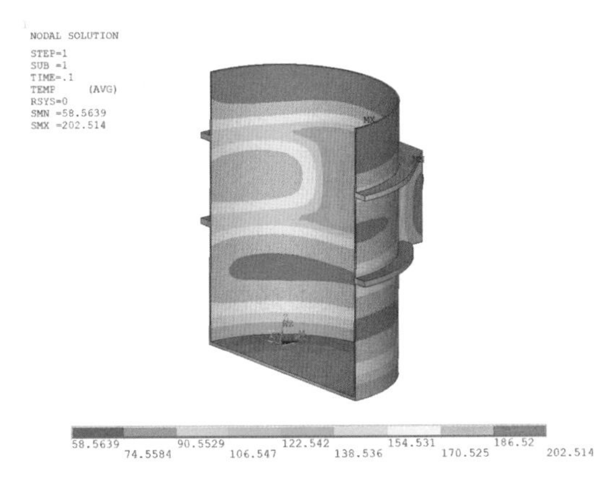

图 9.91 具有纳米保温内衬的新型钢包烤包后包壳温度场

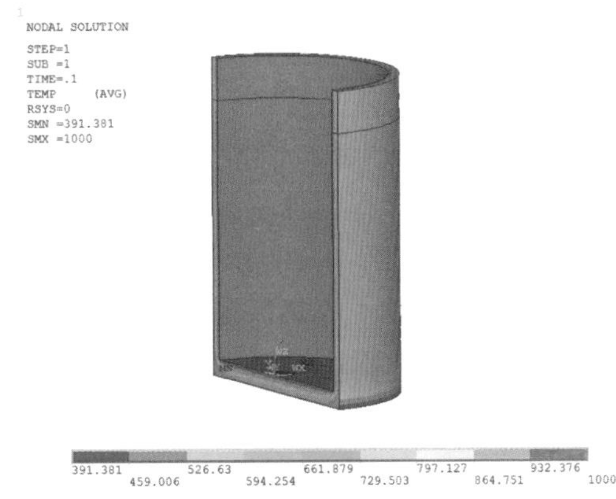

图 9.92 传统钢包烤包工作层温度场

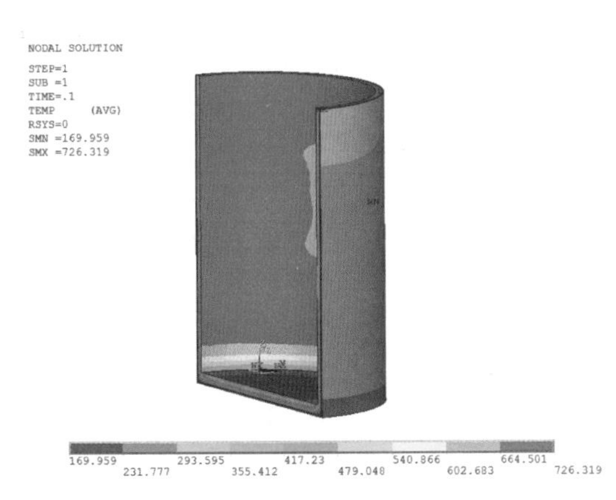

图 9.93 传统钢包烤包后永久层温度场

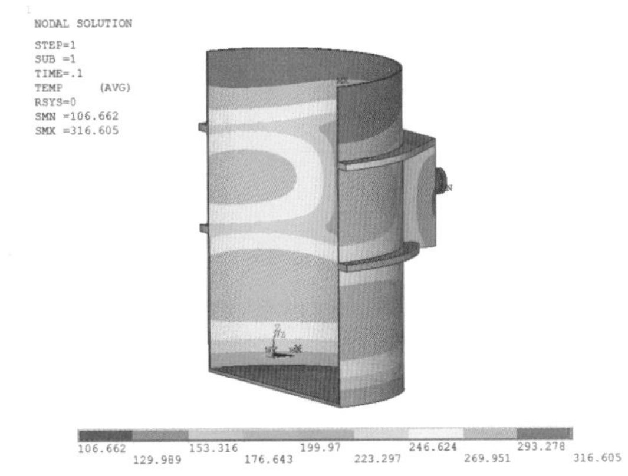

图 9.94 传统钢包烤包后包壳温度场

从图 9.86 中可以看出，新型钢包整体温度分布较均匀，在耳轴、上下箍板、肋板及包底边缘处温度较低，内衬温度分布由内至外依次降低。工作层和永久层的温度分布如图 9.87 和图 9.88所示，由图 9.87 可以看出工作层在水平方向上内外表面的温差为 323 ℃，由图 9.88 可以看出永久层在水平方向上内外表面的温差为 436 ℃，热量损失较少。由图 9.89 可以看出保护层的温度分布与包壳的类似，因为这两层材料相同，都是 Q345B，但保护层的温度分布处在一个较高的水平，最高达到 382 ℃。由图 9.90 可以看出绝热层内外表面的温差分布，内层最高温度为 381 ℃，外表面只有 103 ℃，尽管纳米绝热层的厚度只有 20 mm，但从内外表面的温差可以看出其优良的保温绝热性能。由于纳米绝热材料的热导率只有 0.023 W/(m·K)，所以热量在通过纳米绝热层时，受到热阻较大，热量损失较小，从保护层传来的热量在经过纳米绝热层时会被大量地阻流在纳米层内侧，所以纳米绝热层起到了优良的保温绝热作用。如图 9.91所示，可以看出在有纳米绝热层的情况下钢包外壳最高温度在包壳上沿为 202 ℃，且新型钢包的包壳大部分区域温度为 154～186 ℃，其最高温集中在包壳上沿、钢包底半径位置处、包壳下半部，还有包壳中部位置。由于上下箍板、肋板及耳轴与热源距离较远且与空气对流换热作用较强，热量散失较大，所以包壳中间部位的温度较低，只有 154 ℃，耳轴和肋板的温度更低，只有 60 ℃。从图 9.94 中可以看到传统钢包包壳的最高温度达到 316℃，也出现在包壳的最上沿，温度分布规律与新型钢包类似，但传统钢包的包壳大部分区域的温度为 246～269 ℃，新型钢包的最高温度比传统钢包低 114 ℃，其保温效果尤为突出，对于节能减排具有重要意义。通过对新型钢包各层的温度场分析可知，由于纳米绝热材料优越的绝热保温性能，新型钢包的整体保温性得到提升。

工作层和永久层的温度分布规律如同纳米绝热层，由于都是绝热保温材料，所以内外表面的温差较大，起到了隔热保温的作用。表 9.15 和表 9.16 所示分别为烤包后新型钢包和传统钢包内衬各层的温度分布。

表 9.15 烤包后具有纳米保温内衬的新型钢包内衬各层温度分布

内衬各层 \ 温度(℃)	大部分温度范围	最高	最低	内外温差
工作层	677～935	1000	419	258
永久层	249～656	748	187	407
保护层	252～360	382	187	108
纳米绝热层	165～350	381	103	185
包壳	122～186	202	58	64

表 9.16 烤包后传统钢包内衬各层温度分布

内衬各层 \ 温度(℃)	大部分温度范围	最高	最低	内外温差
工作层	661～932	1000	391	271
永久层	417～664	726	169	433
包壳	246～269	316	106	116

热应力场分析时采用顺序耦合法，将烤包工况下分析的温度场结果作为应力场分析时的初始条件加载到模型，将有限元模型的单元转换为结构分析单元 SOLID185，模型结构和网格不变。在包壳底部施加全约束，对称面上施加对称约束，然后分析计算。新型钢包的应力分析结果如图 9.95～图 9.99 所示。在相同的单元类型和边界条件下，也分析了传统钢包的烤包应力分布，图 9.100～图 9.102 所示是传统钢包各内衬层的应力分布云图。

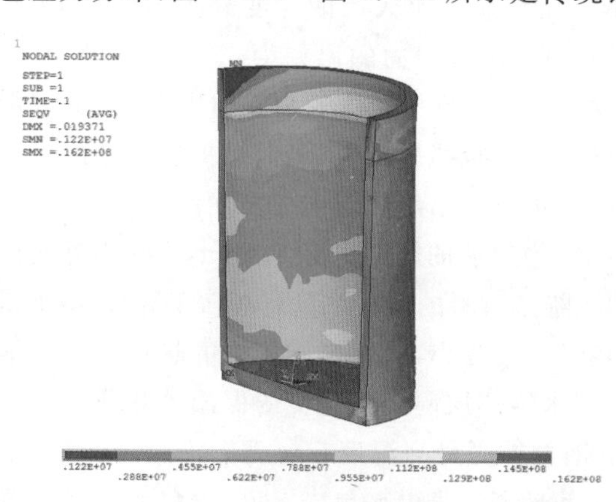

图 9.95 烤包状态下具有纳米保温内衬的新型钢包工作层应力场分布

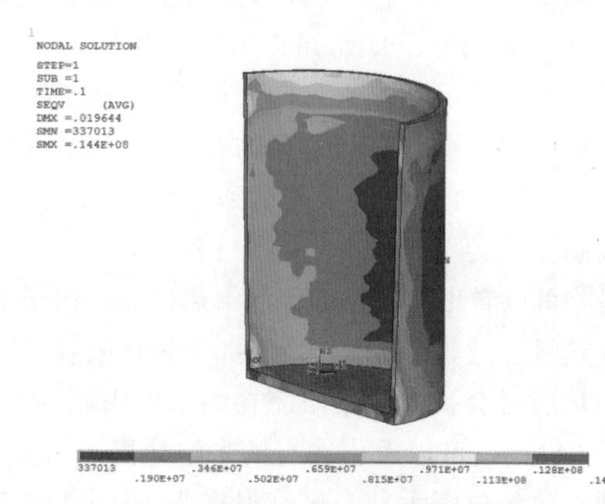

图 9.96 烤包状态下具有纳米保温内衬的新型钢包永久层应力场分布

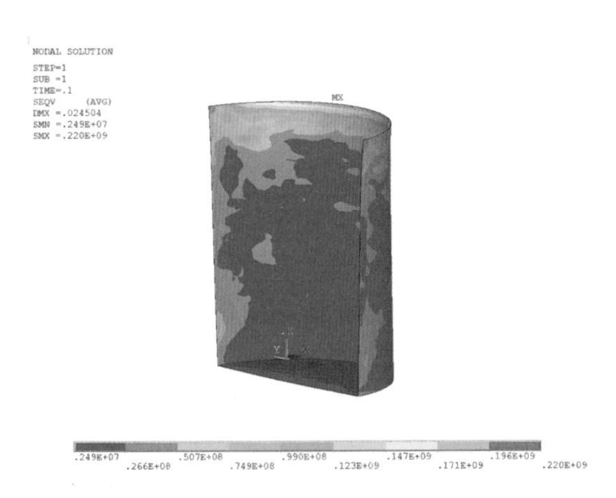

图 9.97 烤包状态下具有纳米保温内衬的新型钢包保护层应力场分布

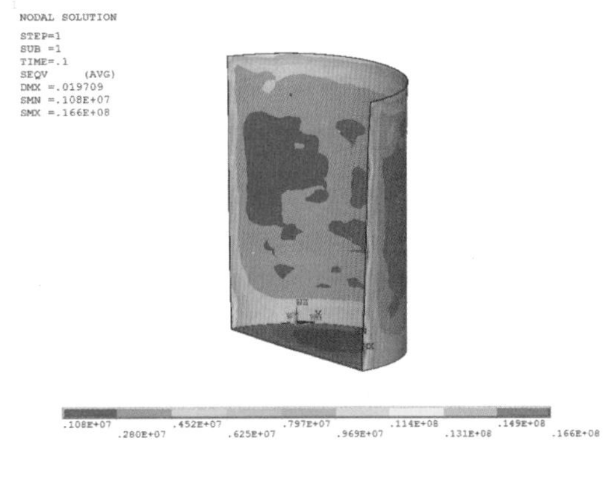

图 9.98 烤包状态下具有纳米保温内衬的新型钢包纳米绝热层应力场分布

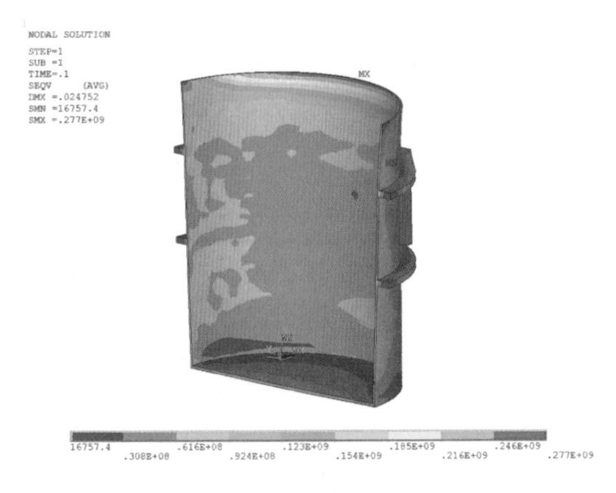

图 9.99 烤包状态下具有纳米保温内衬的新型钢包包壳应力场分布

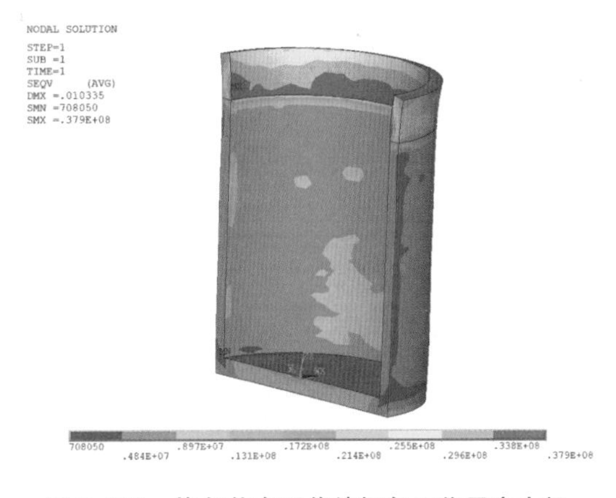

图 9.100 烤包状态下传统钢包工作层应力场

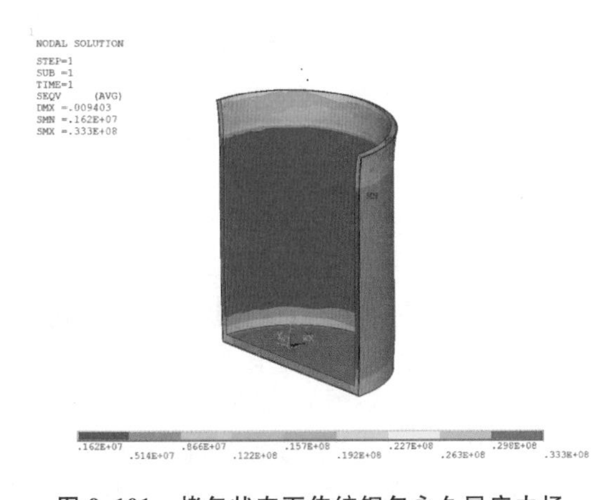

图 9.101 烤包状态下传统钢包永久层应力场

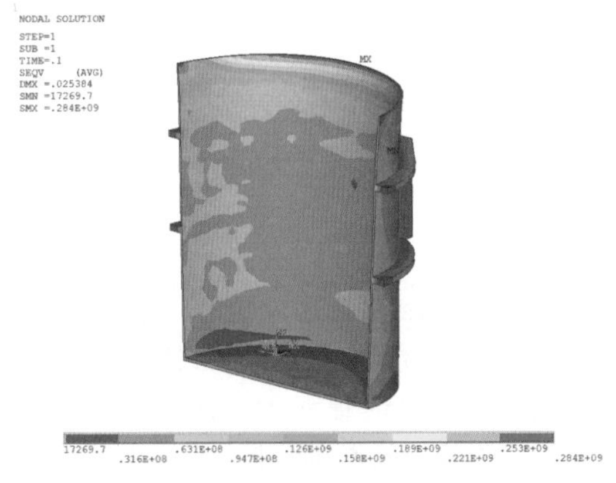

图 9.102 烤包状态下传统钢包包壳应力场

由图 9.95 和图 9.96 的应力场分析结果可以看出新型钢包工作层和永久层最大应力分

别是 16 MPa 和 14 MPa。由图 9.97 应力场分析结果可以看出新型钢包保护层的大部分区域的应力水平为 26.6～196 MPa，保护层的最大应力达到 220 MPa，在 Q345 的许用应力范围内。由图 9.98 可以看出纳米绝热层的最大应力是 16.6 MPa。而通过图 9.100 和图 9.101 可以发现传统钢包的工作层和永久层最大应力分别是 26 MPa 和 30 MPa。比较图 9.99 和图 9.102，可以发现新型钢包包壳的应力水平大部分区域为 30.8～246 MPa，包壳的最大应力达到277 MPa，这完全在 Q345B 的许用应力范围内，钢包是安全可靠的；而传统钢包包壳应力水平为 31.6～253 MPa，最大应力达到 284 MPa。新型钢包与传统钢包比较，在同等工况条件下，新型钢包在使用中所受到的载荷较小，所以理论上使用寿命会更长。对于新型钢包来说，烤包应力主要集中在包壳和保护层上，这是因为这两层是金属材料，其热导率和热膨胀系数比保温耐火材料要大很多，在同样热流量密度时相应的变形量也比保温耐火材料要大，但保护层处在工作层和纳米绝热层之间，工作层和纳米绝热层由于热膨胀系数小，其受热膨胀的变形量较小，但处在这两层中间的保护层则表现为所受到约束较强，大量的形变都集中在该位置，所以包壳和保护层的上边沿所受约束更强。由热应力理论，热应力是由于受热部件各部分受热不同，金属相互约束和牵制而产生由温差引起的热应力，所以包壳和保护层上沿是应力集中区域，应力水平在整个钢包内衬中都是最大的，该分析结果符合热应力理论，说明了有限元建模的准确性及边界条件加载的合理性。烤包工况下新型钢包和传统钢包内衬各层应力如表 9.17 和表 9.18所示。

表 9.17 烤包后具有纳米保温内衬的新型钢包内衬各层应力分布

内衬各层 \ 应力(MPa)	大部分应力范围	最大	最小	屈服极限
工作层	2.88～14.5	16.2	1.22	70
永久层	1.9～12.8	14.4	0.337	60
保护层	26.6～196	220	2.49	345
纳米绝热层	2.8～14.9	16.6	1.08	25
包壳	30.8～246	277	0.167	345

表 9.18 烤包后传统钢包内衬各层应力分布

内衬各层 \ 应力(MPa)	大部分应力范围	最大	最小	屈服极限
工作层	4.84～25.5	37.9	0.71	70
永久层	5.14～29.8	33.3	1.62	60
包壳	31.6～253	284	0.17	345

烤包完成后，就要进行盛钢，盛钢是在烤包的基础上进行的，所以在计算机模拟下将烤包温度场作为初始温度载荷加载到钢包有限元模型上，同时再加载钢液温度 1600 ℃到包衬工作层内壁，这里不考虑钢液由于自然对流产生的温度分层现象，盛钢时钢包处于吊装状态，所以在耳轴面处加载弹性约束。盛钢工况下的包壳平均温度比烤包时温度高，所以此时的对流换热系数和热辐射系数要有所改变，即综合对流换热系数有变化，可算得综合对流换热系数为 $h_t=17.811\ W/(m^2 \cdot K)$。盛钢工况下新型钢包的温度场如图 9.103～图 9.108 所示，传统钢包在盛钢工况下的温度场如图 9.109～图 9.111 所示。

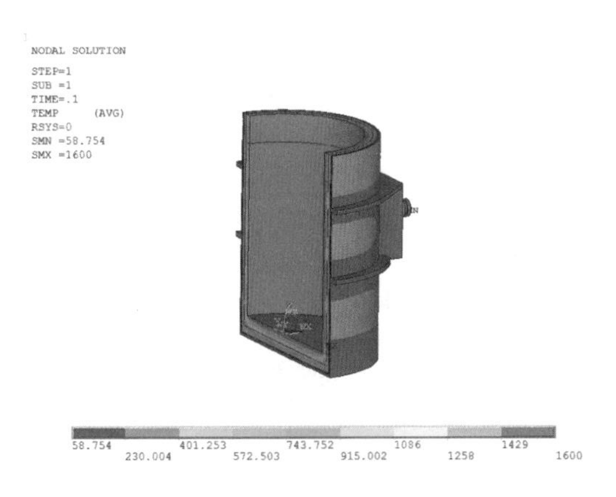

图 9.103　具有纳米保温内衬的新型钢包盛钢状态下钢包整体温度分布

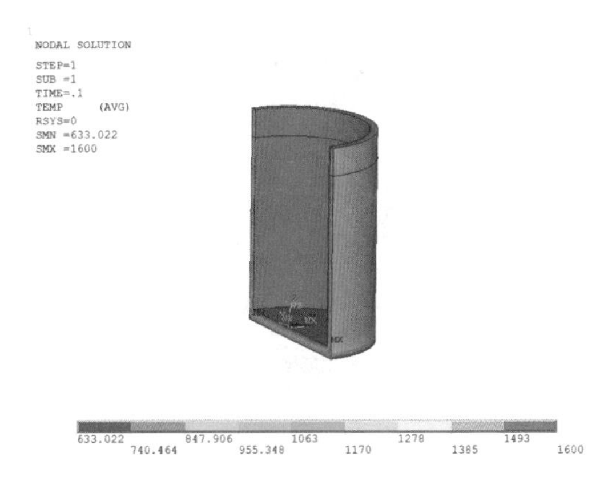

图 9.104　具有纳米保温内衬的新型钢包盛钢状态下工作层温度分布

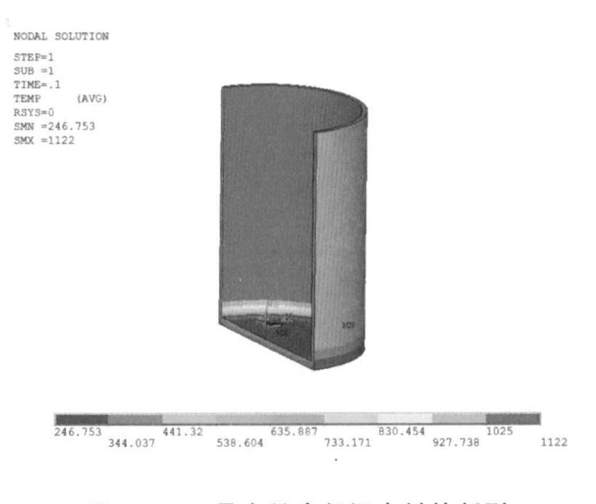

图 9.105　具有纳米保温内衬的新型钢包盛钢状态下永久层温度分布

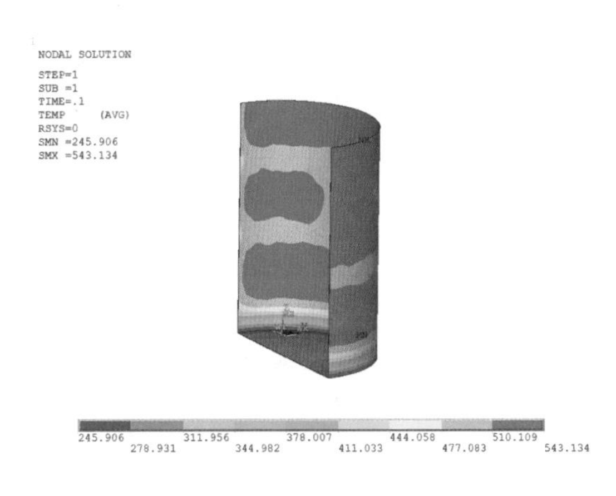

图 9.106　具有纳米保温内衬的新型钢包盛钢状态下保护层温度分布

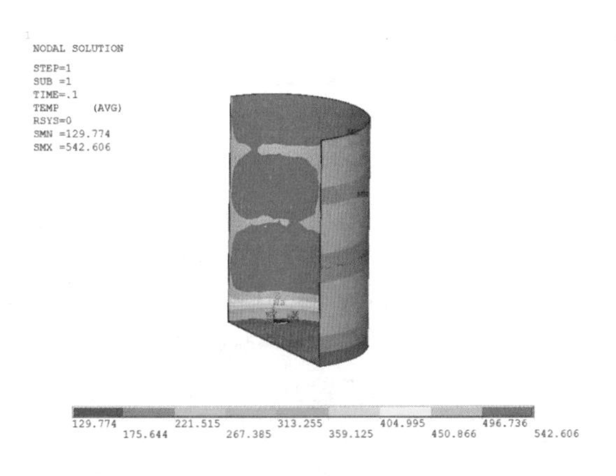

图 9.107　具有纳米保温内衬的新型钢包盛钢状态下纳米绝热层温度分布

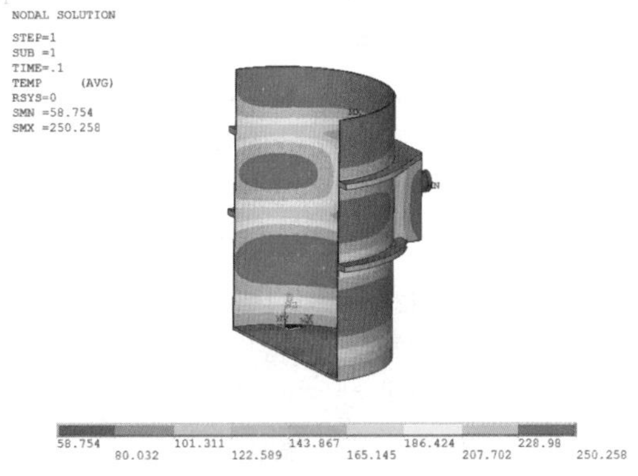

图 9.108　具有纳米保温内衬的新型钢包盛钢状态下包壳温度分布

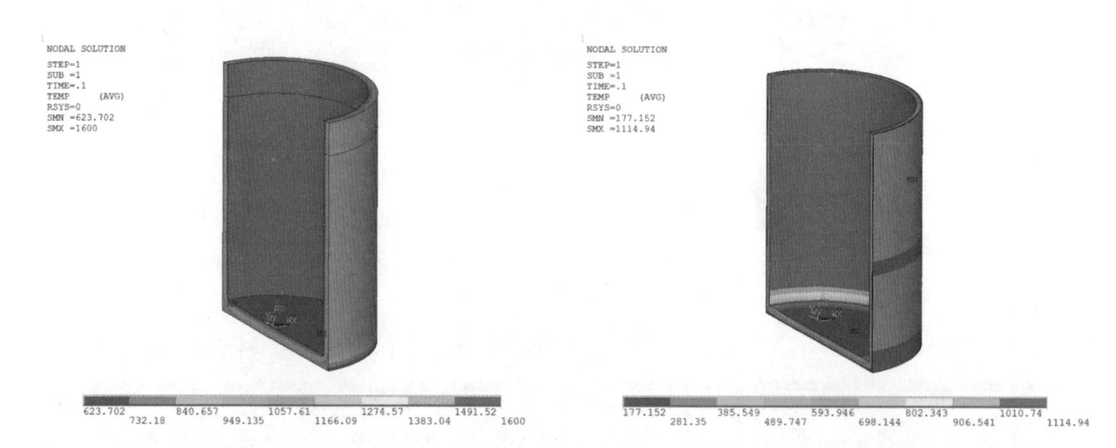

图 9.109　传统钢包盛钢工况下工作层温度分布　　图 9.110　传统钢包盛钢工况下永久层温度分布

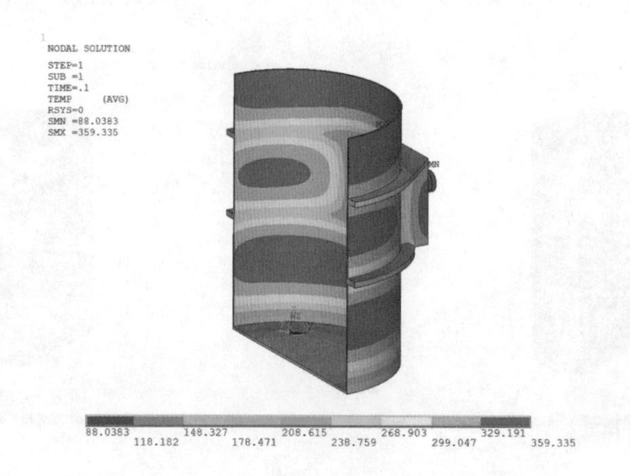

图 9.111　传统钢包盛钢工况下包壳温度分布

从图 9.103 可以看出在盛钢工况下新型钢包的整体温度分布与烤包工况下类似。从图 9.104可以看出工作层的大部分温度分布在 1063～1493 ℃，最高温度出现在工作层内壁，为 1600 ℃，最低温度处于工作层包衬与工作层包底接触位置的外侧，为 633 ℃，工作层内外壁温差为 430 ℃，内外壁温差较高，这体现了工作层保温绝热材料的优良保温性能。从图 9.105可以看出永久层的大部分温度分布在 441～1025℃，最高温度在永久层内壁，为 1122 ℃，最低温度处于永久层包衬与永久层包底接触位置，为 246 ℃，永久层内外壁温差为 584 ℃。从图 9.106可以看出保护层的大部分温度分布在 378～510 ℃，最高温度在保护层内壁，为543 ℃，最低温度处于保护层包衬与保护层包底接触位置，为 245 ℃，保护层内外壁温差为 132℃。从图 9.107 可以看出纳米绝热层的大部分温度分布在 313～496 ℃，最高温度在纳米绝热层内壁为 542 ℃，最低温度处于纳米绝热层包衬与纳米绝热层包底接触位置，为 129 ℃，纳米绝热层内外壁温差位 275 ℃。从图 9.108 可以看出包壳的大部分温度分布在 143～228 ℃，最高温度在包壳内壁，为 250 ℃，最低温度处于包壳外挂件的耳轴位置，为 58 ℃，包壳内外壁温差为 85 ℃。即使在盛钢状态下，包壳的温度仍然不是很高，这充分说明具有纳米绝热材料内衬的钢包的保温绝热能力优良。从图 9.111 可以看出传统钢包在盛钢工况下的包壳温度高达 359 ℃，在盛钢工况下新型钢包的包壳温度比传统钢包低 109 ℃，充分表明新型钢包的保温绝热性能优良。盛钢工况下新型钢包和传统钢包内衬各层温度分布如表 9.19 和表 9.20所示。

表 9.19　盛钢工况下新型钢包内衬各层温度分布

温度(℃) 内衬各层	大部分温度范围	最高	最低	内外壁温差
工作层	1063～1493	1600	633	430
永久层	441～1025	1122	246	584
保护层	378～510	543	245	330
纳米绝热层	313～496	542	129	275
包壳	143～228	250	58	85

表 9.20　盛钢工况下传统钢包内衬各层温度分布

温度(℃) 内衬各层	大部分温度范围	最高	最低	内外壁温差
工作层	732～1491	1600	623	759
永久层	281～1010	1114	177	729
包壳	238～329	359	88	91

将盛钢工况下得到的温度分布结果作为初始条件加载到钢包模型上，在盛钢工况下钢包所受到的载荷还包括钢液本身的质量对钢包工作层内壁的均匀压力，所以再将钢液 190 t 的质量均匀加载到工作层内壁表面的所有节点上，包括钢包底面内表面的 550 个节点和钢包桶身圆柱面的 1736 个节点，分析时仍然将单元转换为 SOLID185。新型钢包在盛钢工况下的应力分布如图 9.112～图 9.117 所示。同样的条件加载到传统钢包的有限元模型，传统钢包在盛钢工况下的应力分布如图 9.118～图 9.120 所示。

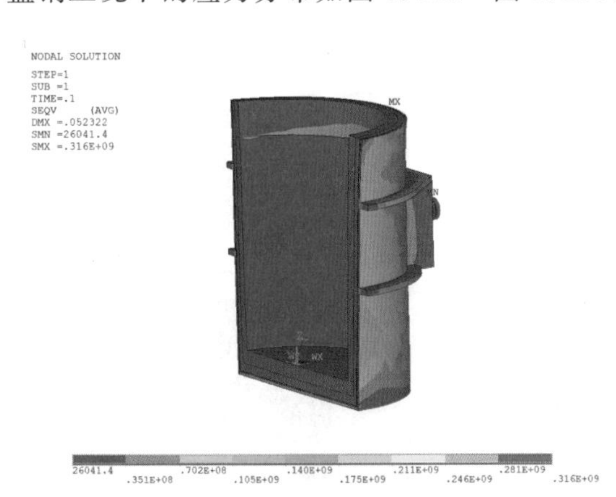

图 9.112　具有纳米保温内衬的新型钢包盛钢工况下整体应力分布

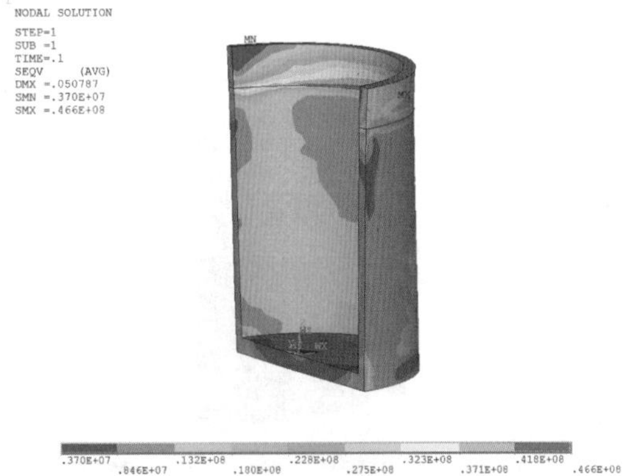

图 9.113　具有纳米保温内衬的新型钢包盛钢工况下工作层应力分布

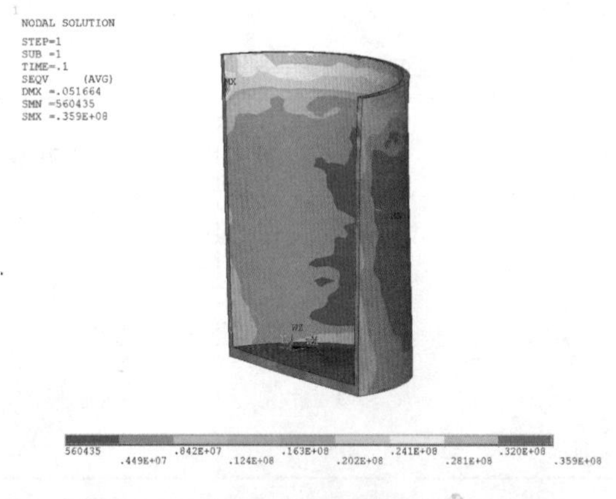

图 9.114 具有纳米保温内衬的新型钢包盛钢工况下永久层应力分布

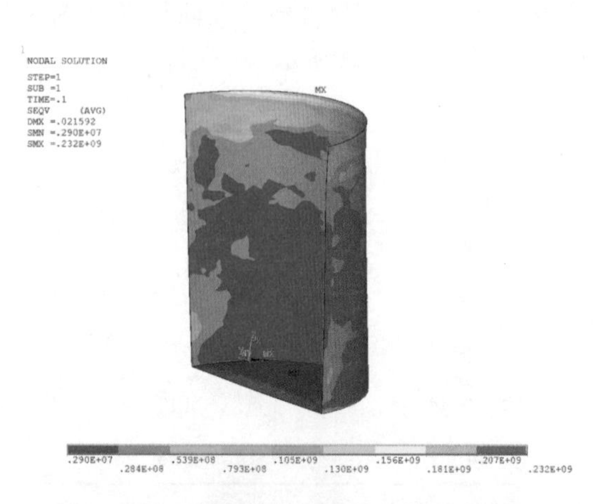

图 9.115 具有纳米保温内衬的新型钢包盛钢工况下保护层应力分布

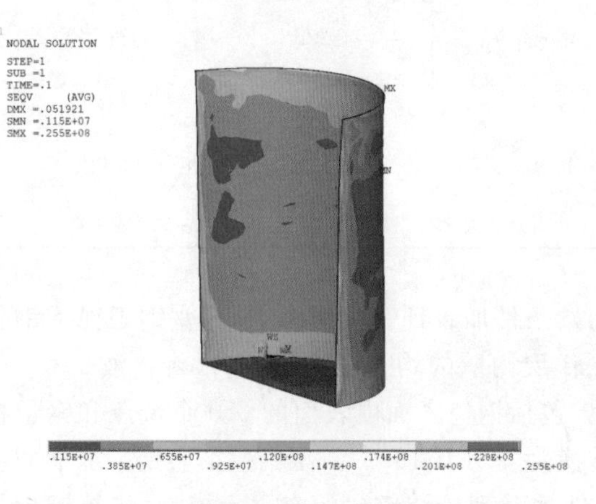

图 9.116 具有纳米保温内衬的新型钢包盛钢工况下纳米绝热层应力分布

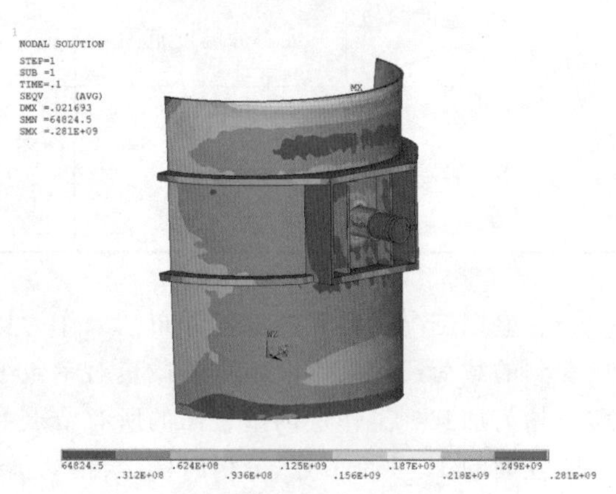

图 9.117 具有纳米保温内衬的新型钢包盛钢工况下包壳应力分布

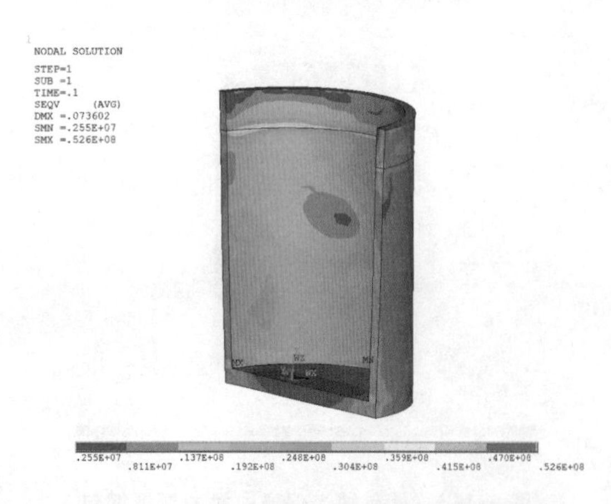

图 9.118 传统钢包盛钢工况下工作层应力分布

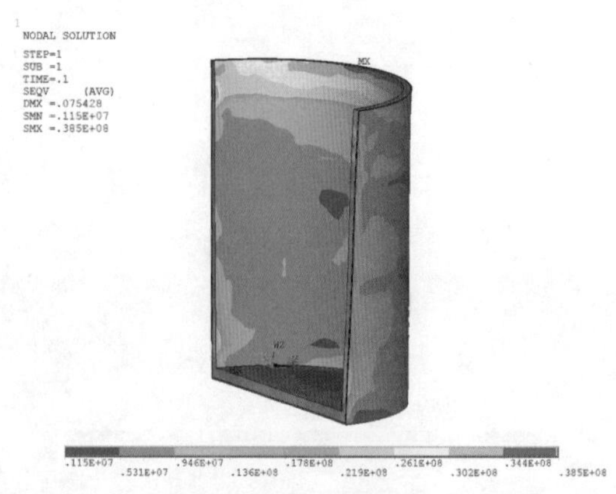

图 9.119 传统钢包盛钢工况下永久层应力分布

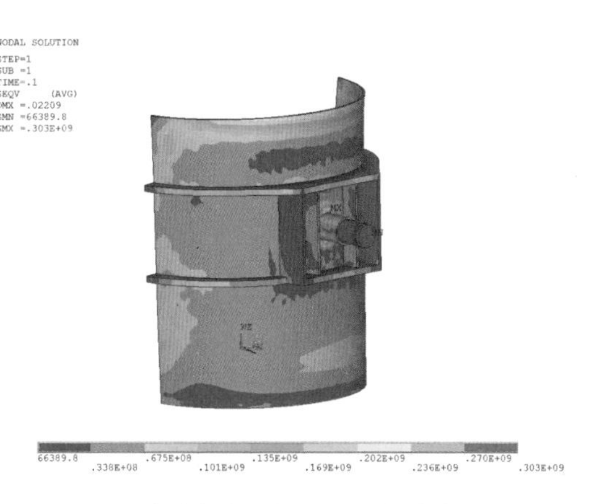

图 9.120 传统钢包盛钢工况下包壳应力分布

从图 9.112～图 9.117 可以看出在盛钢工况下工作层的最大应力为 46.6 MPa，永久层最大应力为 35.9 MPa，纳米绝热层的最大应力为 25.5 MPa。工作层、永久层和纳米绝热层的最大应力都在其可承受的范围内，而保护层的最大应力为 232 MPa，包壳的最大应力达到 281 MPa，且包壳的最大应力发生在耳轴与包壳连接处，因为盛钢钢包内装载 190 t 的钢液再加上钢液热应力的作用，耳轴面是钢包外表面的唯一约束，在耳轴会发生应力集中，所以该处应力最大。新型钢包在盛钢工况下主要受到钢液重力的作用和钢液温度对钢包内衬的热应力影响，保护层和包壳都是普通碳素结构钢，其热膨胀系数较耐火材料要高，故在相同温度下其热形变较大，当形变受到其他各部件的相互阻碍制约，形变无法释放便在结构内部产生热应力。再对比传统钢包在盛钢工况下的应力分布，由图 9.118～图 9.120 可以观察出，传统钢包的工作层和永久层的应力水平与新型钢包基本相同，传统钢包工作层的应力最大为 52.6 MPa，永久层的最大应力为 38.5 MPa，但包壳的最大应力高达 303 MPa。可以看出新型钢包的包壳比传统钢包在应力水平上低 22 MPa，仿真结果表明新型钢包具有更好的保温效果与更高寿命。表 9.21 和表 9.22 是盛钢工况下新型钢包和传统钢包内衬各层应力分布统计表。

表 9.21 盛钢工况下具有纳米保温内衬的新型钢包内衬各层应力分布

应力(MPa) 内衬各层	大部分应力范围	最大	最小	屈服极限
工作层	13.2～41.8	46.6	3.7	70
永久层	8.42～32	35.9	0.56	60
保护层	28.4～207	232	2.9	345
纳米绝热层	6.55～22.8	25.5	1.15	25
包壳	31.2～249	281	0.6	345

表 9.22 盛钢工况下传统钢包内衬各层应力分布

应力(MPa) 内衬各层	大部分应力范围	最大	最小	屈服极限
工作层	5.11～47	52.6	2.55	70
永久层	5.37～34.4	38.5	1.15	60
包壳	33.8～270	303	0.6	345

9.3.3 具有纳米保温内衬的新型钢包的温度场和应力场的影响因素

新型钢包应用了纳米绝热材料，为探讨新型钢包的保温绝热能力与其本身参数的关系，有必要对新型钢包纳米绝热材料的物性参数进行研究。通过前面的分析结果可以看出新型钢包内衬结构包壳的温度分布和应力分布要相互协调，才能更好地满足实际生产需要。绝热材料有五个重要特性参数，分别是导热系数、比热容、泊松比、弹性模量和热膨胀系数，对每一个参数分别研究是较为烦琐的，每一种物性参数的变化对其他物性参数又会产生影响。因此，要逐一弄清楚是不现实的。一般而言，材料的热传导系数对温度场和应力场影响较大，热膨胀系数和弹性模量对应力场影响较大。所以本节以纳米材料的导热系数、弹性模量和热膨胀系数为研究对象，分别研究各个物性参数在盛钢工况下对钢包的影响。再针对钢包的结构对钢包内衬结构做出分析，以提升新型钢包在温度分布和应力分布上的均衡性。

在保证分析时的工况和加载载荷及其他条件不变的情况下，以表 9.23 所设定的纳米绝热层材料的导热系数分别对钢包进行盛钢状态下的模拟分析。盛钢状态比烤包状态的工况更为恶劣，不仅有钢液温度的热应力效果，还有钢液本身质量对钢包产生的机械应力作用，两种作用共同作用于钢包，更能反映钢包抵抗温度和应力的能力，所以选取盛钢工况来研究钢包的整体性能是一个较好的选择。对结果进行对比分析，所以每组数据分析结果选取包壳温度场进行对比研究。可以看出具有纳米绝热材料的新型钢包在烤包和盛钢工况下都展示了优良的保温性能，纳米保温材料在新型钢包内衬中保温效果显著，其纳米水平的组织结构决定了宏观保温作用的优越性，最直观的反映是包壳的温度相对于传统钢包在两种工况下更低，所以包壳可以作为一个衡量钢包整体保温性能的载体。图 9.121～图 9.124 所示为降低纳米材料导热系数后模拟分析的结果。

表 9.23 纳米绝热层导热系数下降比例表

纳米材料导热系数下降百分比	纳米绝热层在不同温度下的导热系数[W/(m·K)]			
	20 ℃	400 ℃	800 ℃	1200 ℃
未改变	0.02	0.028	0.038	0.041
20%	0.016	0.0224	0.0304	0.0328
40%	0.012	0.0168	0.0228	0.0246
60%	0.008	0.0112	0.0152	0.0164
80%	0.004	0.0056	0.0076	0.0082

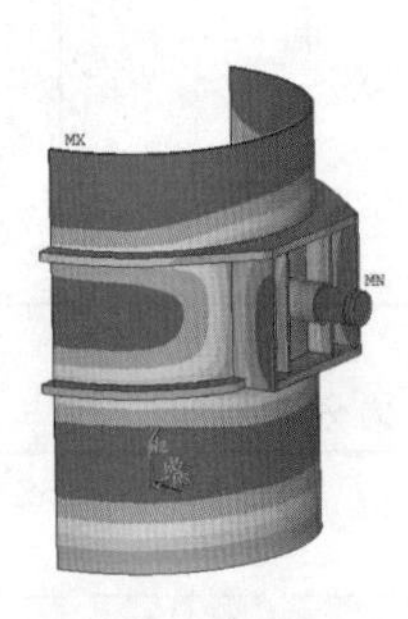

图 9.121 纳米材料导热系数降低 20%的具有纳米保温内衬的新型钢包包壳温度场

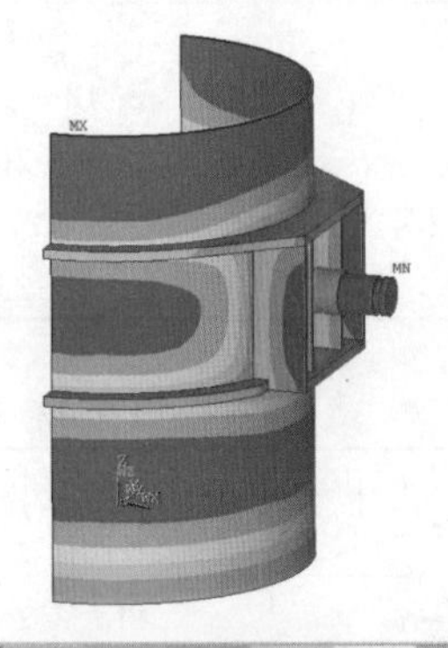

图 9.122 纳米材料导热系数降低 40%的具有纳米保温内衬的新型钢包包壳温度场

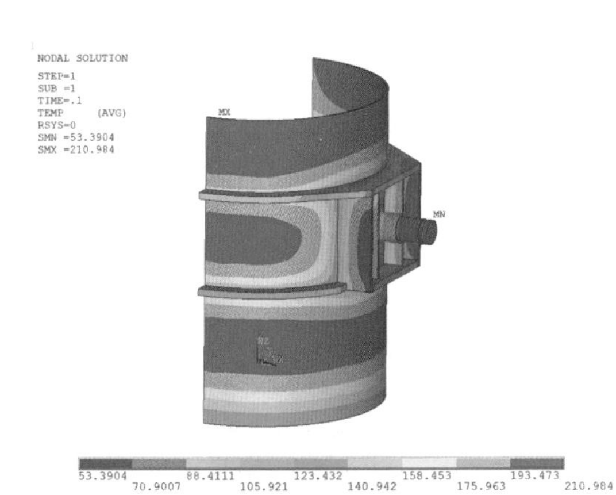

图 9.123　纳米材料导热系数降低60%的具有纳米保温内衬的新型钢包包壳温度场

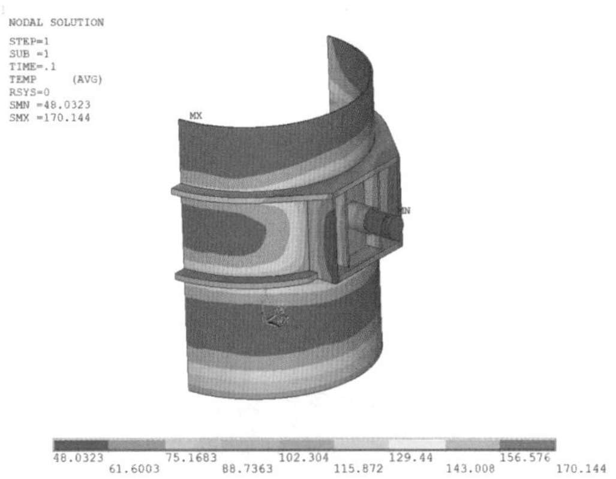

图 9.124　纳米材料导热系数降低80%的具有纳米保温内衬的新型钢包包壳温度场

对分析结果进行汇总，分析考虑包壳和纳米绝热层的最高温度、最低温度以及大部分区域温度与所处的温度范围，在未改变纳米材料导热系数时分析所得的包壳最低温度是58 ℃，最高温度是250 ℃，包壳的大部分区域温度在143～228 ℃的范围内，纳米材料导热系数降低后包壳温度如表9.24所示。

表 9.24　纳米材料导热系数降低后包壳温度分布

纳米材料导热系数降低百分比	导热系数降低后包壳温度(℃)		
	最低	最高	大部分区域
未改变	58	250	143～228
20%	57	242	119～221
40%	56	230	133～191
60%	53	210	123～193
80%	48	170	102～156

经过模拟分析后发现，随着纳米材料导热系数的降低，包壳的最低温度是不断降低的，通过图9.121～图9.124可以看出包壳最低温度依次降低为57 ℃、56 ℃、53 ℃、48 ℃，且最低温度都处在包壳加强箍的肋板位置。肋板与包壳是通过其他方式连接起来的，本不是一体，热阻会更大，且肋板外沿离包壳外表面仍有一段距离，最终通过热传导方式传递到肋板的热量较少，所以温度必然较低，在同样的温度水平下其可以下降的程度就较低，比未改变纳米材料导热系数时的包壳最低温度分别降低了1 ℃、2 ℃、5 ℃、10 ℃。随着纳米材料导热系数的降低，包壳最高温度为242 ℃、230 ℃、210 ℃、170 ℃，比未改变时的包壳最高温度分别降低8 ℃、20 ℃、40 ℃、80 ℃，且包壳外表面的大部分区域所处的温度范围比未改变纳米材料导热系数时低。从局部上和整体上观察可知，随着纳米材料导热系数的减小，包壳外表面的温度是在不断降低的且呈线性降低。从传热学的理论出发，减小了纳米材料的导热系数，其实质是增大了纳米材料的热阻。热传导对于固体材料而言，导热系数降低了，壁厚未变，所以热阻变大，单位时间内通过纳米保温层的热量就减小，热散失就少，最终能够传递到包壳的热量就

少，所以包壳温度是随着纳米材料导热系数的减小而不断降低的。在导热系数降低 80%时，包壳的最高温度降到了 170 ℃，这是一个较为理想的温度值。

分析钢包应力场时发现包壳和保护层的应力都在较高的水平，本节针对改变纳米材料的钢包应力场进行分析研究，得到纳米材料的导热系数对于钢包结构应力场的影响规律。分析结果如图 9.125～图 9.128 所示。

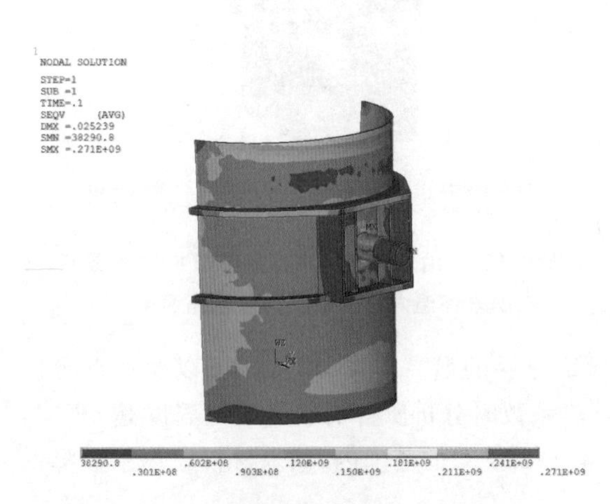

图 9.125　纳米材料导热系数降低 20%的具有纳米保温内衬的新型钢包包壳应力场

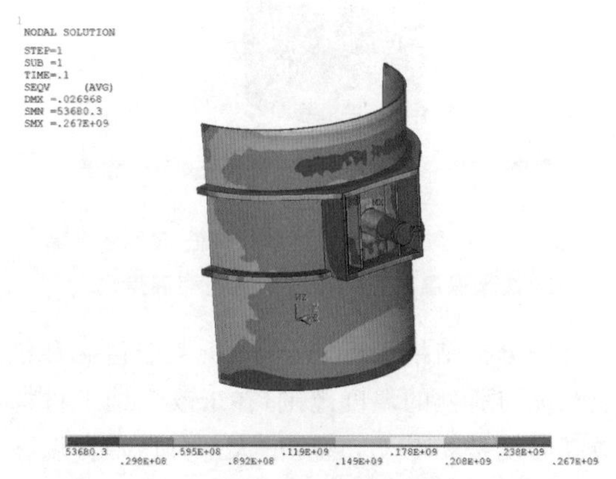

图 9.126　纳米材料导热系数降低 40%的具有纳米保温内衬的新型钢包包壳应力场

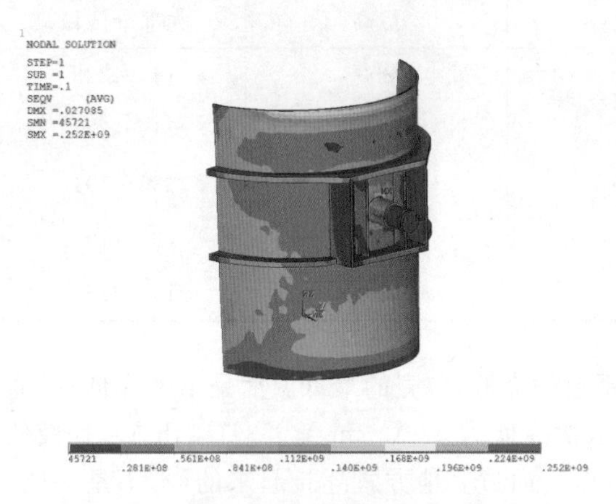

图 9.127　纳米材料导热系数降低 60%的具有纳米保温内衬的新型钢包包壳应力场

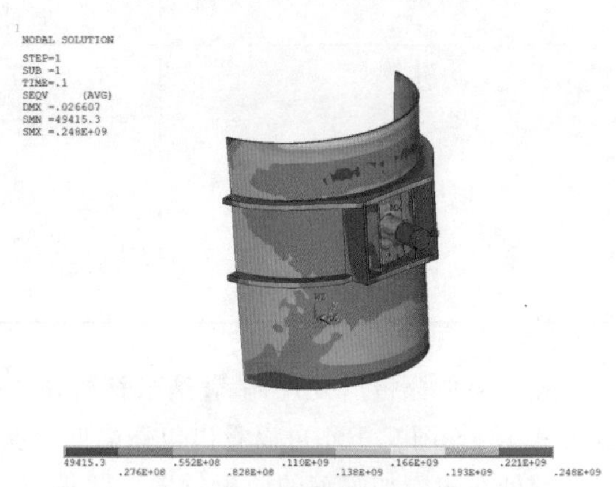

图 9.128　纳米材料导热系数降低 80%的具有纳米保温内衬的新型钢包包壳应力场

纳米材料导热系数降低后包壳应力最大值和最小值如表 9.25 所示。从图 9.125～图 9.128和表 9.25 可以看出，当纳米材料的导热系数减小 20%时，新型钢包包壳最大应力为 271 MPa，最小应力为 0.38 MPa，随着纳米材料的导热系数依次减小 40%、60%、80%时，包壳最大应力分别为 267 MPa、252 MPa、248 MPa，最小应力分别为 0.53 MPa、0.49 MPa、0.45 MPa，包壳的最大应力水平分别降低 10 MPa、14 MPa、29 MPa、33 MPa，包壳的应力水平降低并不大，但使钢包具有足够的应力富裕，安全性进一步提高。表 9.25 统计了纳米材料导热系数降低后包壳应力分布情况，从最大应力、最小应力和大部分应力分布范围三个方面进行统计，可以看出包壳的最大应力水平呈下降趋势。减小纳米绝热材料的导热系数，其实质是增大了纳米材料的热阻，热阻增大，通过纳米绝热层的热量就减小，包壳得到的热量就减少，故其受热影响产生的变形就小，热应力就减小，保护层与包壳是同一种材料，在相同条件下其宏观表现是一样的，都是应力减小，总的说来纳米绝热层的导热系数越小，包壳的温度和应力水平都越小，对提高钢包的使用寿命以及节能降耗都具有积极的作用。

表 9.25　纳米材料导热系数降低后包壳应力分布

纳米材料导热系数降低百分比	导热系数降低后包壳应力(MPa)		
	最小	最大	大部分区域
未改变	0.6	281	31.2～249
20%	0.38	271	30.1～241
40%	0.53	267	29.8～238
60%	0.49	252	28.1～224
80%	0.45	248	27.4～221

弹性模量是一个衡量材料抵抗弹性变形能力的物理量，旨在揭示外力作用对物体材料本身产生力的效果，是由材料本身属性决定的，这也就表明它的改变不会对钢包温度产生影响。钢包在盛钢工况下受到钢液本身热量及钢液重量的双重作用，两种作用对钢包产生的效果与纳米材料的弹性模量的关系是一个研究对象，本节针对纳米绝热材料的弹性模量研究及其对钢包在盛钢工况下的应力分布规律的影响。纳米材料本身的弹性模量是 2×10^9 Pa，研究其变化对钢包应力场的影响规律，仍然保持其他参数不变，只改变纳米绝热材料的弹性模量这一参数，来观察包壳温度场和应力场的变化。工作层和永久层的耐火材料的弹性模量分别是 6.3×10^9 Pa和 5.7×10^9 Pa，所以在设置纳米绝热材料的弹性模量时不应该与工作层和永久层的弹性模量值相近或者比他们更高，否则无法体现纳米绝热材料的优良性能，设定纳米绝热材料的弹性模量值分别为 1×10^9 Pa、1.5×10^9 Pa、2.5×10^9 Pa、3×10^9 Pa。根据不同弹性模量的纳米材料来进行钢包盛钢工况下的应力场分析。分析结果如图 9.129～图 9.132 所示。

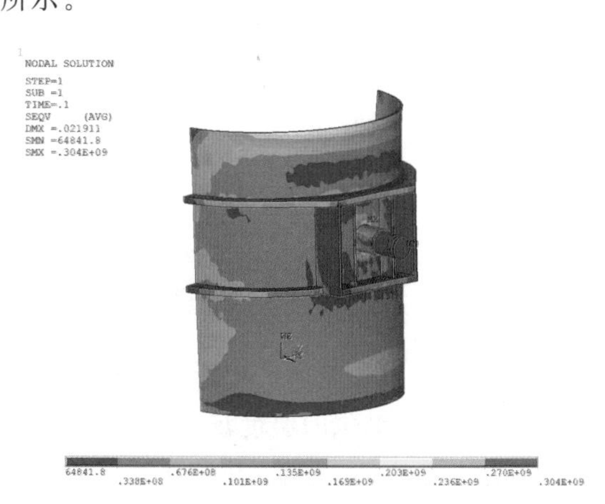

图 9.129　弹性模量为 1×10^9 Pa 的具有纳米保温内衬的新型钢包包壳应力场

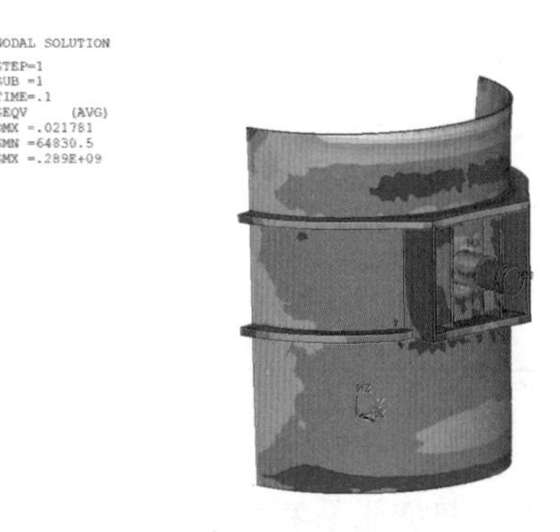

图 9.130　弹性模量为 1.5×10^9 Pa 的具有纳米保温内衬的新型钢包包壳应力场

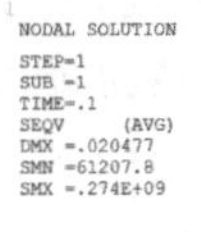

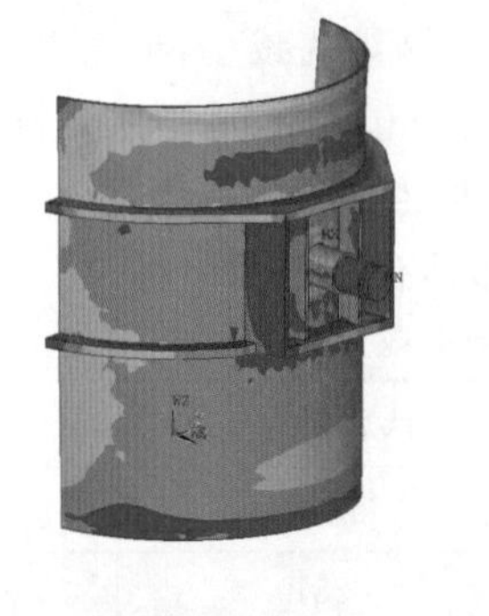

图 9.131　弹性模量为 2.5×10^9 Pa 的具有纳米保温内衬的新型钢包包壳应力场

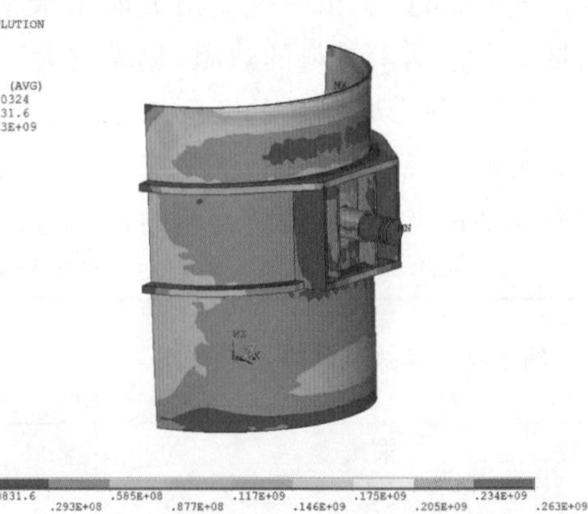

图 9.132　弹性模量为 3×10^9 Pa 的具有纳米保温内衬的新型钢包包壳应力场

改变纳米材料弹性模量后包壳应力最大值和最小值如表 9.26 所示，当纳米绝热材料的弹性模量为 1×10^9 Pa 时，包壳的最大应力是 304 MPa，最小应力是 0.648 MPa；当纳米绝热材料的弹性模量为 1.5×10^9 Pa 时，包壳的最大应力是 289 MPa，最小应力是 0.6 MPa；当纳米绝热材料的弹性模量为 2.5×10^9 Pa 时，包壳的最大应力是 274 MPa，最小应力是 0.612 MPa；当纳米绝热材料的弹性模量为 3×10^9 Pa 时，包壳的最大应力是 263 MPa，最小应力是0.608 MPa。可以看出，随着纳米绝热材料弹性模量的增大，包壳的最大应力在不断减小，弹性模量是衡量材料抵抗变形能力大小的物理量，也就是说弹性模量的值越大，在相同的力的作用下，其形变越小。所以，在纳米绝热材料的弹性模量不断增大的过程中，其抵抗变形的能力也在增大，同时其相应的形变量在减小。纳米绝热层的形变减小，纳米绝热层对其他钢包内衬层的制约和牵制作用就相应减小，最终的结果就是钢包内衬的总形变量较之前减小了，钢液本身重力作用对包壳产生的机械应力也相应减小了。

表 9.26　改变纳米材料弹性模量后具有纳米保温内衬的新型钢包包壳应力分布

纳米材料弹性模量的设定值	包壳应力(MPa)		
	最小	最大	大部分区域
1×10^9 Pa	0.648	304	33.8～270
1.5×10^9 Pa	0.6	289	32.1～256
未改变(2×10^9 Pa)	0.6	281	31.2～249
2.5×10^9 Pa	0.612	274	30.5～243
3×10^9 Pa	0.608	263	29.3～234

讨论新型钢包的热膨胀系数可以从宏观上观察钢包内衬由于受热产生形变对包壳造成的热应力程度。热膨胀系数只对钢包的应力分布产生影响，对钢包的温度场无作用，所以分析只关注盛钢工况下的应力场。保证其他边界条件不变的情况下，以当前热膨胀系数的值为标准值将其减小为 1.0×10^{-6} K^{-1}、0.8×10^{-6} K^{-1}、0.6×10^{-6} K^{-1}、0.4×10^{-6} K^{-1} 来观察新型包壳应力场的变化情况。分析结果如图 9.133～图 9.136 所示。

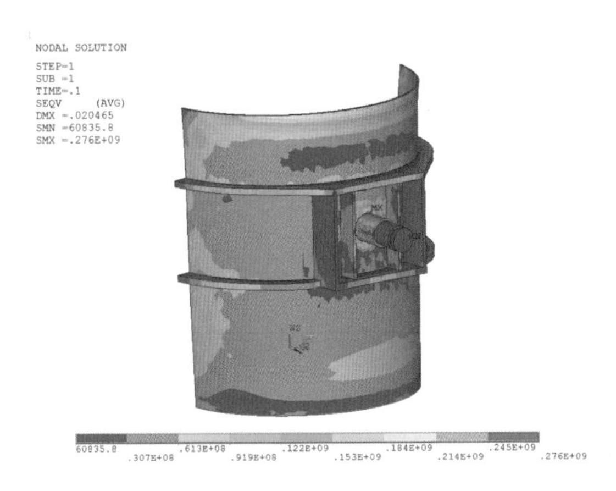

图 9.133　热膨胀系数为 $1.0\times10^{-6}\ K^{-1}$ 具有纳米保温内衬的新型钢包包壳应力场

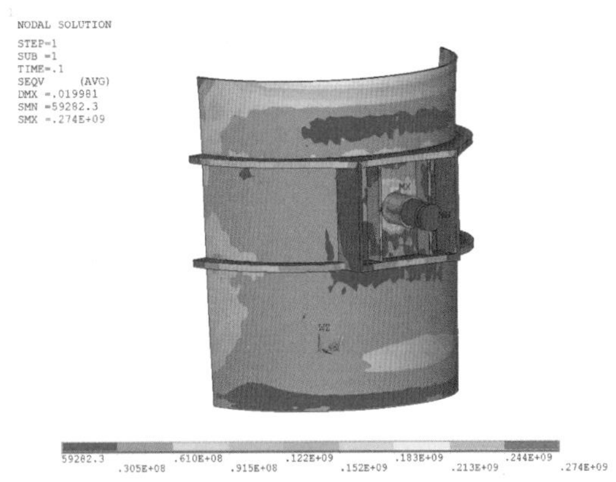

图 9.134　热膨胀系数为 $0.8\times10^{-6}\ K^{-1}$ 具有纳米保温内衬的新型钢包包壳应力场

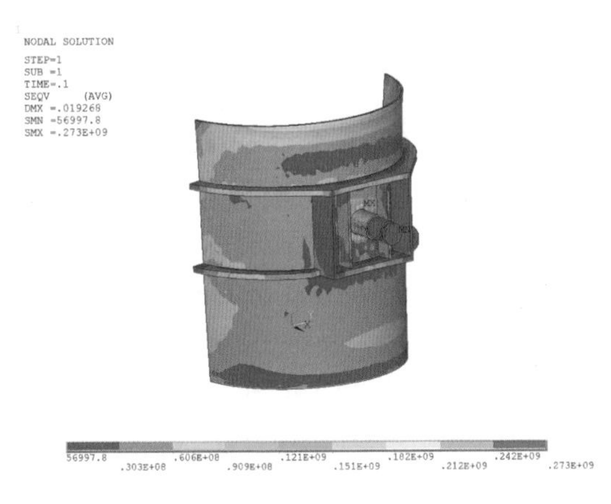

图 9.135　热膨胀系数为 $0.6\times10^{-6}\ K^{-1}$ 具有纳米保温内衬的新型钢包包壳应力场

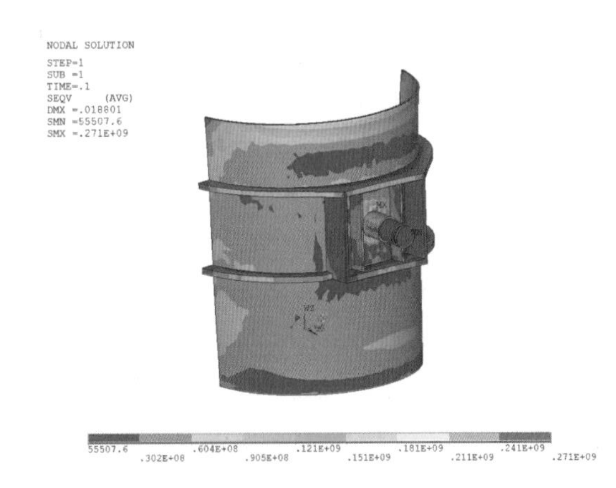

图 9.136　热膨胀系数为 $0.4\times10^{-6}\ K^{-1}$ 具有纳米保温内衬的新型钢包包壳应力场

改变纳米热膨胀系数后包壳应力最大值和最小值如表 9.27 所示。当纳米材料的热膨胀系数改为 $1.0\times10^{-6}\ K^{-1}$，包壳最大应力为 276 MPa，最小应力为 0.6 MPa；当纳米材料的热膨胀系数改为 $0.8\times10^{-6}\ K^{-1}$，包壳最大应力为 274 MPa，最小应力为 0.59 MPa；当纳米材料的热膨胀系数改为 $0.6\times10^{-6}\ K^{-1}$，包壳最大应力为 273 MPa，最小应力为 0.56 MPa；当纳米材料的热膨胀系数改为 $0.4\times10^{-6}\ K^{-1}$，包壳最大应力为 271 MPa，最小应力为 0.55 MPa。可以看出改变纳米绝热材料的热膨胀系数后，包壳的应力变化不大，比未改变热膨胀系数时最大应力分别减小 5 MPa、7 MPa、8 MPa、10 MPa。热膨胀系数反映的是物体材料温度改变时其体积率的大小，热膨胀系数减小，也就是物体在相同温度变化下的体积变化较小，这样纳米材料的形变量就小，最终导致钢包内衬的总体形变量较小，其宏观表现就是应力减小。

表9.27 改变纳米材料热膨胀系数后具有纳米保温内衬的新型钢包包壳应力分布

改变纳米材料热膨胀系数(K^{-1})	包壳应力(MPa)		
	最小	最大	大部分区域
未改变(1.2×10^{-6})	0.6	281	31.2～249
1.0×10^{-6}	0.6	276	30.7～245
0.8×10^{-6}	0.59	274	30.5～244
0.6×10^{-6}	0.56	273	30.3～242
0.4×10^{-6}	0.55	271	30.2～241

参考文献

[1] 程本军,赵启成,陈旺. 整体浇铸钢包烘烤过程中内衬温度场和应力场分析[J]. 硅酸盐通报, 2012, 31(1): 24-28.

[2] 蒋国璋,郭志清,李公法. 钢包复合结构体工作层参数对其温度场的影响研究[J]. 现代制造工程, 2010, (12): 77-80.

[3] 杨文刚,刘国齐,王建国, 等. 钢包透气砖服役过程中应力分布研究[J]. 耐火材料, 2013, 47(2): 107-110.

[4] 罗家志,黄成永,仇龙,等. 节能型加盖钢包钢水热耦合数值模拟研究[J]. 钢铁钒钛, 2017,38(2):98-103.

[5] LI G F, LIU J, JIANG G Z, et al. Simulation of expansion joint of bottom lining in ladle and its influence on thermal stress [J]. International Journal of Online Engineering, 2013, 9(2): 5-8.

[6] MARIO T. Optimising ladle furnace operations by controlling the heat loss of casting ladles [J]. SEAISI Quarterly (South East Asia Iron and Steel Institute), 2013, 42(1): 40-46.

[7] LI G F, LI Z, KONG J Y. Structure optimization of ladle bottom based on finite element method [J]. Journal of Digital Information Management, 2013, 11(2): 120-124.

[8] 陈义峰,蒋国璋,李公法, 等. 新型钢包保温节能衬体对钢包温度及保温性能的影响[J]. 机械科学与技术, 2012, 31(11): 1796-1800.

[9] KASHAKASHVILI G. V, KASHAKASHVILI I G, MIKADZE O S. Steel smelting in an improved ladle-furnace unit [J]. Steel in Translation, 2013, 43(7): 436-440.

[10] VASIL'EV D V, GRIGOR'EV V P. On the problem of thermo mechanical stresses in the lining and shell of steel-pouring ladles [J]. Refractories and Industrial Ceramics, 2012, 53(2): 118-122.

[11] MOHAMMADI D, SEYEDEIN S H, ABOUTALEBI M R. Numerical simulation of thermal stratification and destratification in secondary steelmaking ladle [J]. Ironmaking & Steelmaking, 2013, 40(5): 342-349.

[12] SOLORIO-DIAZ G, GILDARDO, DAVILA-MORALES R, et al. Numerical model-

ling of dissipation phenomena in a new ladle shroud for fluidynamic control and its effect on inclusions removal in a slab tundish [J]. Steel Research International, 2014, 85(5): 863-874.

[13] LI G F, LIU J, JIANG G Z, et al. Numerical simulation of temperature field and thermal stress field in the new type ladle with the nanometer adiabatic material [J]. Advances in Mechanical Engineering, 2015, 7(4): 1-13.

[14] ANASTASIOU EK, PAPAYIANNI I, PAPACHRISTOFOROU M. Behavior of self compacting concrete containing ladle furnace slag and steel fiber reinforcement [J]. Materials and Design, 2014, 59(6): 454-460.

[15] LI G F, LIU Z, JIANG G Z, et al. Numerical simulation of the influence factors for rotary kiln in temperature field and stress field and the structure optimization [J]. Advances in Mechanical Engineering, 2015, 7(6): 1-15.

[16] LI G F, QU P X, KONG J Y, et al. Influence of working lining parameters on temperature and stress field of ladle [J]. Applied Mathematics & Information Sciences, 2013, 7(2): 439-448.

[17] LI G F, KONG J Y, JIANG G Z, et al. Stress field of ladle composite construction body [J]. International Review on Computers and Software, 2012, 7(1): 420-425.

[18] LI G F, LIU J, XIONG H G, et al. Numerical simulation of airflow temperature field in rotary kiln [J]. Sensors and Transducers, 2013, 161(12): 271-276.

[19] LI G F, LIU J, XIONG H G, et al. Numerical simulation of flame temperature field in rotary kiln [J]. Sensors and Transducers, 2013, 159(11): 66-73.

[20] 李公法,蒋国璋,孔建益,等. 钢包复合结构体的钢包底内衬膨胀缝对钢包应力的影响研究[J]. 机械设计与制造, 2010, (1): 113-114.

[21] 李公法,蒋国璋,孔建益,等. 钢包复合结构体工作层物性参数对其应力场的影响研究[J]. 机械设计与制造, 2010, (5): 221-223.

[22] CHEN D S, LI G F, LIU H H, et al. Analysis of thermal-mechanical coupling and structural optimization of continuous casting roller bearing [J]. Computer Modelling and New Technologies, 2014, 18(11): 1312-1319.

[23] LIU Z, LI G F, LIU H H, et al. Temperature field and thermal stress field of continuous casting roller bearing [J]. Computer Modelling and New Technologies, 2014, 18(10): 503-509.

[24] CHENG F W, LI G F, LIU H G, et al. Temperature data acquisition and remote monitoring of ladle based on LabVIEW [J]. Computer Modelling and New Technologies. 2014, 18(11): 1320-1325.

[25] JIANG G Z, LI G F, KONG J Y, et al. Influence of expansion joint of bottom lining in ladle composite construction body on thermal stress [J]. Sensors and Transducers, 2012, 16(11): 61-67.

[26] 赵贤平,刘东,方善超,等. 钢包及中间包的保温性能[J]. 钢铁研究学报, 2005, 17(6): 26-29.

[27] 蒋国璋,郭志清,李公法,等. 钢包包壁内衬膨胀缝对钢包应力的影响仿真研究[J]. 现代制造工程，2010，(10)：85-88.

[28] 蒋国璋,孔建益,李公法,等. 250 t/300 t 钢包包底工作衬热应力模型及应用研究[J]. 炼钢，2008，24(2)：22-25.

[29] 蒋国璋,孔建益,李公法,等. 中间包温度分布的模拟研究[J]. 钢铁,2007，42(4)：27-29.

[30] 李公法,刘泽,孔建益,等. 新型钢包温度场及其影响因素模拟分析[J]. 武汉科技大学学报,2015，38(6)：401-407.

[31] 李公法,李喆,孔建益,等. 新型钢包应力场及其影响因素模拟分析[J]. 武汉科技大学学报,2016，39(1)：19-23.

[32] 陈义峰. 考虑整体砖缝的钢包热机械损毁分析及模拟研究[D]. 武汉:武汉科技大学，2012.

[33] 郭志清. 新型钢包结构及其高效保温性能的研究[D]. 武汉:武汉科技大学，2011.

[34] 刘佳. 具有纳米保温内衬的新型钢包结构的 CAE 研究[D]. 武汉:武汉科技大学，2015.

[35] 蒋国璋,孔建益,李公法,等. 钢包温度分布模型及其测试实验研究[J]. 中国冶金,2006，16(11)：30-32.

[36] LUO B W，LI G F，KONG J Y，et al. Simulation analysis of temperature field and its influence factors of the new structure ladle [J]. Applied Information Mechanic Science，2017，11(2)：589-599.

[37] CHENG W T，SUN Y，LI G F，et al. Simulation analysis of stress distribution and its influence factors of the new structure ladle [J]. Applied Information Mechanic Science，2017，11(2)：1-9.

[38] 李蛟龙,王兴东,孔建益,等. 基于热机械应力分析的钢包透气砖结构仿真计算研究[J]. 铸造技术，2012，33(9)：1070-1073.

[39] 王志刚,李楠,孔建益,等. 钢包底温度场和应力场数值模拟[J]. 冶金能源，2004，23(4)：16-19，25.

[40] 王志刚,李楠,孔建益,等. 钢包底工作衬的热应力分布及结构优化[J]. 耐火材料,2004，38(4)：271-274.

[41] 孔建益,李楠,李友荣,等. 有限元法在钢包温度场模拟中的应用[J]. 湖北工学院学报,2002，17(2)：6-8.

[42] 刘麟瑞,林彬荫. 工业窑炉耐火材料手册[M]. 北京:冶金工业出版社，2007.

[43] 杨挺. 优化设计[M]. 北京:机械工业出版社，2014.